住房和城乡建设部“十四五”规划教材
教育部高等学校建筑电气与智能化专业教学指导分委员会规划推荐教材

建筑总线技术

杨亚龙　张　睿　主　编
吴征天　周小平　张永明　朱徐来　副主编

中国建筑工业出版社

图书在版编目(CIP)数据

建筑总线技术 / 杨亚龙，张睿主编 ；吴征天等副主编. -- 北京 ：中国建筑工业出版社，2024. 11.
（住房和城乡建设部“十四五”规划教材）（教育部高等学校建筑电气与智能化专业教学指导分委员会规划推荐教材）. -- ISBN 978-7-112-30415-8

Ⅰ. TU18

中国国家版本馆 CIP 数据核字第 2024F51C76 号

本书共分 8 章，分别是：建筑总线技术概述、控制网络基础、CAN 总线、LonWorks 控制网络、BACnet 控制网络、EIB/KNX 控制网络、工业以太网、智能建筑中的总线与数字孪生集成。

本书选取建筑测控领域主流、成熟、公开的建筑总线技术进行讲解，深入浅出地介绍了建筑总线技术在建筑不同功能子系统中的应用，涵盖了从基础通信原理到具体总线协议的实现，再到智慧建筑系统集成与数字孪生技术的融合。

本书可供建筑类高校建筑电气与智能化、自动化、计算机等专业的师生使用，也供相关专业技术人员使用。

为了更好地支持相应课程的教学，我们向采用本书作为教材的教师提供课件，可直接扫封面二维码兑换查看，有需要下载者可与出版社联系。

建工书院：http：//edu. cabplink. com

邮箱：jckj@cabp. com. cn　电话：（010）58337285　QQ 群：792163234

责任编辑：胡欣蕊

责任校对：赵　力

住房和城乡建设部“十四五”规划教材

教育部高等学校建筑电气与智能化专业教学指导分委员会规划推荐教材

建筑总线技术

杨亚龙　张　睿　主　编

吴征天　周小平　张永明　朱徐来　副主编

*

中国建筑工业出版社出版、发行（北京海淀三里河路 9 号）

各地新华书店、建筑书店经销

北京红光制版公司制版

建工社（河北）印刷有限公司印刷

*

开本：787 毫米×1092 毫米　1/16　印张：11¼　字数：264 千字

2025 年 3 月第一版　　2025 年 3 月第一次印刷

定价：**35.00** 元（赠教师课件，含数字资源）

ISBN 978-7-112-30415-8

（43703）

出 版 说 明

党和国家高度重视教材建设。2016 年，中办国办印发了《关于加强和改进新形势下大中小学教材建设的意见》，提出要健全国家教材制度。2019 年 12 月，教育部牵头制订了《普通高等学校教材管理办法》和《职业院校教材管理办法》，旨在全面加强党的领导，切实提高教材建设的科学化水平，打造精品教材。住房和城乡建设部历来重视土建类学科专业教材建设，从“九五”开始组织部级规划教材立项工作，经过近 30 年的不断建设，规划教材提升了住房和城乡建设行业教材质量和认可度，出版了一系列精品教材，有效促进了行业部门引导专业教育，推动了行业高质量发展。

为进一步加强高等教育、职业教育住房和城乡建设领域学科专业教材建设工作，提高住房和城乡建设行业人才培养质量，2020 年 12 月，住房和城乡建设部办公厅印发《关于申报高等教育职业教育住房和城乡建设领域学科专业“十四五”规划教材的通知》（建办人函〔2020〕656 号），开展了住房和城乡建设部“十四五”规划教材选题的申报工作。经过专家评审和部人事司审核，512 项选题列入住房和城乡建设领域学科专业“十四五”规划教材（简称规划教材）。2021 年 9 月，住房和城乡建设部印发了《高等教育职业教育住房和城乡建设领域学科专业“十四五”规划教材选题的通知》（建人函〔2021〕36 号），以下简称为《通知》。为做好“十四五”规划教材的编写、审核、出版等工作，《通知》要求：（1）规划教材的编著者应依据《住房和城乡建设领域学科专业“十四五”规划教材申请书》（简称《申请书》）中的立项目标、申报依据、工作安排及进度，按时编写出高质量的教材；（2）规划教材编著者所在单位应履行《申请书》中的学校保证计划实施的主要条件，支持编著者按计划完成书稿编写工作；（3）高等学校土建类专业课程教材与教学资源专家委员会、全国住房和城乡建设职业教育教学指导委员会、住房和城乡建设部中等职业教育专业指导委员会应做好规划教材的指导、协调和审稿等工作，保证编写质量；（4）规划教材出版单位应积极配合，做好编辑、出版、发行等工作；（5）规划教材封面和书脊应标注“住房和城乡建设部‘十四五’规划教材”字样和统一标识；（6）规划教材应在“十四五”期间完成出版，逾期不能完成的，不再作为《住房和城乡建设领域学科专业“十四五”规划教材》。

住房和城乡建设领域学科专业“十四五”规划教材的特点：一是重点以修订教育部、住房和城乡建设部“十二五”“十三五”规划教材为主；二是严格按照专业标准规范要求编写，体现新发展理念；三是系列教材具有明显特点，满足不同层次和类型的学校专业教学要求；四是配备了数字资源，适应现代化教学的要求。规划教材的出版凝聚了作者、主审及编辑的心血，得到了有关院校、出版单位的大力支持，教材建设管理过程有严格保障。希望广大院校及各专业师生在选用、使用过程中，对规划教材的编写、出版质量进行反馈，以促进规划教材建设质量不断提高。

住房和城乡建设部“十四五”规划教材办公室

2021 年 11 月

序

自20世纪80年代智能建筑出现以来，智能建筑技术迅猛发展，其内涵不断创新丰富，外延不断扩展渗透，成为世界范围内教育界和工业界的研究热点。21世纪以来，随着我国国民经济的快速发展，新型工业化、信息化、城镇化的持续推进，智能建筑产业不但完成了“量”的积累，更是实现了“质”的飞跃，已成为现代建筑业的“龙头”，为绿色、节能、可持续发展和“碳达峰、碳中和”目标的实现做出了重大的贡献。智能建筑技术已延伸到建筑结构、建筑材料、建筑设备、建筑能源以及建筑全生命周期的运维服务等方面，促进了“绿色建筑”“智慧城市”日新月异地发展。国家“十四五”规划纲要提出，要推动绿色发展，促进人与自然和谐共生。智能建筑产业结构逐步向绿色低碳转型，发展绿色节能建筑、助力实现碳中和已经成为未来建筑行业实现可持续发展的共同目标。建筑电气与智能化专业承载着建筑电气与智能建筑行业人才培养的重任，肩负着现代建筑业的未来，且直接关系到国家“碳达峰、碳中和”目标的实现，其重要性愈加凸显。教育部高等学校土木类专业教学指导委员会、建筑电气与智能化专业教学指导分委员会十分重视教材在人才培养中的基础性作用，多年来积极推进专业教材建设高质量发展，取得了可喜的成绩。为提升新时期专业人才服务国家发展战略的能力，进一步推进建筑电气与智能化专业建设和发展，贯彻住房和城乡建设部《关于申报高等教育、职业教育住房和城乡建设领域学科专业“十四五”规划教材的通知》（建办人函〔2020〕656号）精神，建筑电气与智能化专业教学指导分委员会依据专业标准和规范，组织编写建筑电气与智能化专业“十四五”规划教材，以适应和满足建筑电气与智能化专业教学和人才培养需求。该系列教材的出版目的是为培养专业基础扎实、实践能力强、具有创新精神的高素质人才。真诚希望使用本规划教材的广大读者多提宝贵意见，以便不断完善与优化教材内容。

教育部高等学校土木类专业教学指导委员会副主任委员
建筑电气与智能化专业教学指导分委员会主任委员
方潜生

前　言

随着绿色建筑、智慧城市的飞速发展，建筑设备、市政设施等的集成与监控要求越来越高，现场总线不仅应用于传统的自动控制领域，同时也广泛应用于智能建筑、智慧城市的各个监控领域。为此，要求从事建筑智能化施工、管理和运维的人员必须掌握建筑总线相关的知识和技能。

本书深入贯彻高等学校建筑电气与智能化本科指导性专业规范中对建筑总线技术的编写要求，精选了在建筑测控领域应用广泛、技术成熟的总线形式进行了详细讲解，并以建筑子系统内的总线设计方法作为实例来对各总线形式进行应用讲解，帮助读者能够更好地学习建筑测控场景下的技术方法和应用。本书既可作为建筑电气与智能化、建筑环境与能源应用工程等专业的教材，又可供相关工程技术人员参考。

本书共分 8 章，分别是：建筑总线技术概述、控制网络基础、CAN 总线、LonWorks 控制网络、BACnet 控制网络、EIB/KNX 控制网络、工业以太网、智能建筑中的总线与数字孪生集成。

本书编写工作由杨亚龙教授主持完成，安徽建筑大学、同济大学、北京建筑大学、苏州科技大学等高校老师共同参与。具体编写分工：第 1 章由杨亚龙编写，第 2 章由张睿编写，第 3 章由汪明月编写，第 4 章由朱徐来和窦艳共同编写，第 5 章由吴征天编写，第 6 章由胡惠杉、邓盈和张永明编写，第 7 章由张鸿恺编写，第 8 章由周小平编写。全书由杨亚龙、张睿统稿。山东建筑大学的张运楚老师和西安建筑科技大学的冯增喜老师为本书提供了许多宝贵意见，使本书增色不少，在此表示衷心的感谢。

限于编者水平，书中难免有错漏之处，敬请广大师生和读者批评指正。

目 录

第 1 章　建筑总线技术概述

本章提要

随着控制、计算机、通信、网络等技术的发展，自动化系统结构产生了巨大的变革，逐步形成了以网络集成自动化系统为基础的信息系统。现场总线（Fieldbus）就是顺应这一形势发展起来的新技术。

本章主要介绍现场总线简介、现场总线在建筑中的应用，包括建筑电气领域对控制网络的需求和几种主流的建筑总线。通过本章的学习，使读者对现场总线技术、建筑总线技术的概念、特点和主要形式有一个框架性的认识，便于后续章节的学习。

1.1　现场总线简介

现场总线是应用在生产现场、在计算机化测量控制设备之间实现双向串行多节点数字通信的系统，也被称为开放式、数字化、多点通信的底层控制网络。它在制造业、流程工业、交通、楼宇等方面的自动化系统中具有广泛的应用前景。

现场总线技术将专用微处理器置入传统的测量控制仪表中，使它们各自都具有数字计算和数字通信能力，采用可进行简单连接的双绞线等作为总线，把多个测量控制仪表连接成的网络系统，并按公开、规范的通信协议，在位于现场的多个计算机化测量控制设备之间以及现场仪表与远程监控计算机之间，实现数据传输与信息交换，形成各种适应实际需要的自动控制系统。简而言之，它把单个分散的测量控制设备变成网络节点，以现场总线为纽带，把它们连接成可以相互沟通信息、共同完成自控任务的网络系统与控制系统。它给自动化领域带来的变化，正如众多分散的计算机被网络连接在一起，使计算机的功能、作用发生的变化。现场总线则使自控系统与设备具有了通信能力，把它们连接成网络系统，加入信息网络的行列。

现场总线自 20 世纪 80 年代中期在国际上发展起来，随着微处理器与计算机功能的不断增强和价格的急剧降低，计算机与计算机网络系统得到迅速发展，而处于生产过程底层的测控自动化系统，采用一对连线，用电压、电流的模拟信号进行测量控制，或采用自封闭式的集散系统，难以实现设备之间以及系统与外界之间的信息交换，使自动化系统成为“信息孤岛”。要实现整个企业的信息集成，要实施综合自动化，就必须设计出一种能在工业现场环境运行的、性能可靠的、造价低廉的通信系统，形成工厂底层网络，完成现场自动化设备之间的多点数字通信，实现底层现场设备之间以及生产现场与外界的信息交换。现场总线就是在这种实际需求的驱动下应运而生的。它作为过程自动化、制造自动化、楼宇、交通等领域现场智能设备之间的互联通信网络，沟通生产过程现场控制设备之间及其与更高控制管理层网络之间的联系，为彻底打破自动化系统的信息孤岛创造了条件。

现场总线控制系统既是一个开放通信网络，又是一种全分布控制系统。它作为智能设备的联系纽带，把挂接在总线上作为网络节点的智能设备连接为网络系统，并进一步构成自动化系统，实现基本控制、补偿计算、参数修改、报警、显示、监控、优化及控管一体化的综合自动化功能。这是一项以智能传感器、控制、计算机、数字通信、网络为主要内容的综合技术。

现场总线系统在技术上具有以下特点：

(1) 系统的开放性。开放是指对相关标准的一致性、公开性，强调对标准的共识与遵从。一个开放系统，是指它可以与世界上任何地方遵守相同标准的其他设备或系统连接。通信协议一致、公开，各不同厂家的设备之间可实现信息交换。现场总线开发者就是要致力于建立统一的工厂底层网络的开放系统。用户可按自己的需要和考虑，把来自不同供应商的产品组成大小随意的系统。通过现场总线构筑自动化领域的开放互联系统。

(2) 互可操作性与互用性。互可操作性，是指实现互联设备间、系统间的信息传送与沟通；而互用性，则意味着不同生产厂家的性能类似的设备可实现相互替换。现场设备的智能化与功能自治性它将传感测量、补偿计算、工程量处理与控制等功能分散到现场设备中完成，仅靠现场设备即可完成自动控制的基本功能，并可随时诊断设备的运行状态。

(3) 系统结构的高度分散性。现场总线已构成一种新的全分散性控制系统的体系结构。从根本上改变了现有 DCS 集中与分散相结合的集散控制系统体系，简化了系统结构，提高了可靠性。

(4) 对现场环境的适应性。工作在生产现场前端，作为工厂网络底层的现场总线，是专为现场环境而设计的，可支持双绞线、同轴电缆、光缆、射频、红外线、电力线等，具有较强的抗干扰能力，能采用两线制实现供电与通信，并可满足本质安全型防爆要求等。

由于现场总线适应了工业控制系统向分散化、网络化、智能化发展的方向，它一经产生便成为全球工业自动化技术的热点，受到全世界的普遍关注。现场总线的出现，使目前生产的自动化仪表、集散控制系统、可编程控制器在产品的体系结构、功能结构方面产生较大变革，自动化设备的生产厂家面临产品更新换代的挑战。传统的模拟仪表将逐步让位于智能化数字仪表，并具备数字通信功能。出现了一批集检测、运算控制功能于一体的变送控制器；出现了集检测温度、压力、流量于一身的多变量变送器和带控制模块和具有故障信息的执行器，极大地改变了现有的设备维护管理方法。

1.2 现场总线在建筑中的应用

随着当今社会人们生活水平的提高以及计算机和信息产业的发展，智能建筑已成为建筑行业的主流，为人们提供更加便捷和舒适的体验。智能建筑是使用计算机技术自动控制建筑设备、管理信息资源并向用户提供信息服务的高级居住环境。其基本要求是拥有完整的控制、管理、维护和通信设施，以促进环境监控、安全管理、监控和警报。建筑智能化的基础是实现传感器和电控设备的联网和控制，即实现现场控制网络。这种控制网络将借鉴工业应用中现场总线的做法，实现被控对象的串联。本书中，我们将在建筑中涉及的控制网络称作建筑总线。

1.2.1　建筑总线的需求及优势

建筑智能化的基础是实现建筑设备自动化。建筑智能化系统主要包括对照明、给水、电气、供暖、空调、排水和消防系统的监控，其特点是设备众多、功能各异、分布极广、结构复杂。为了实现高效的数据传输和集中控制，建筑总线被广泛应用于电气设备和传感器之间的连接，使不同系统之间可以实现信息的快速交互和协同工作，从而提高整个建筑智能化系统的运行效率和稳定性。在大中型建筑物的建筑控制系统中引入建筑总线，并实现一体化的集成管理体系，具有重要意义，尤其是对在科技相对滞后的建筑行业中引入现代先进技术，有着积极的推动作用。

建筑自动化系统设备涉及众多子系统，按照功能进行细分，如图 1-1 所示，包括：

（1）电力供应控制子系统（高压变配电控制、低压配电控制、应急发电控制）。

（2）照明控制子系统（正常照明控制、事故照明控制、装饰照明控制）。

（3）环境子系统（空调及冷热源控制、通风环境监控、给水排水监控、卫生设备监控、污水处理监控）。

（4）消防子系统（火灾自动监测与报警、自动灭火排烟控制、消防联动控制）。

（5）安防子系统（防盗报警、视频监控、出入查证监控、电子巡更监控）。

（6）交通运输子系统（电梯运行监控、停车场监控、车船队运行管理）。

（7）广播子系统（背景音乐多媒体、紧急事故广播）。

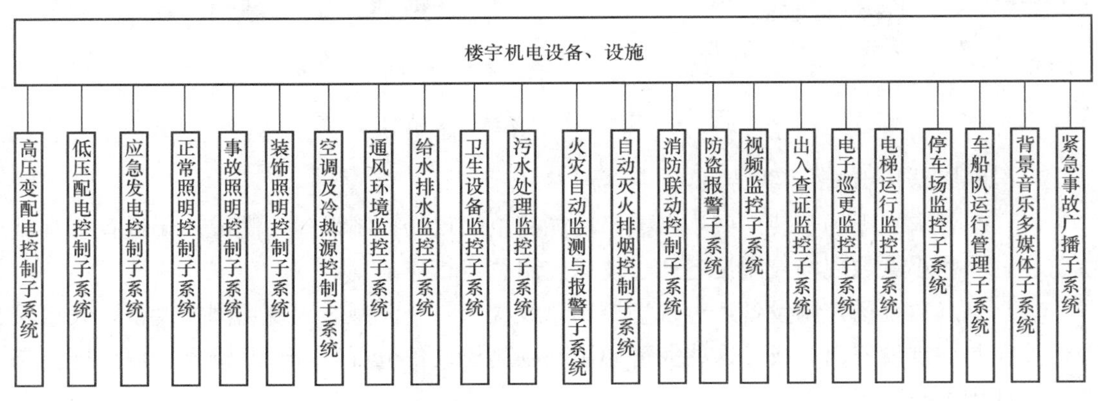

图 1-1　建筑自动化系统设备组成图

其中，安防子系统和消防子系统通常都是单独招标建设的，其后期的运行管理分别隶属不同的政府职能部门（安防子系统归公安治安管理，消防子系统归武警消防管理），所使用的设备和传感器也需要专门的认证和监管，其总线多为制造商专用总线，通信协议不对外公开，以保证安防系统和消防系统的安全性。

这些设备多而散。多，即数量多，被控制、监视、测量的对象多，多达上千点到上万点；散，即这些设备分散在各楼层和角落。在楼宇中以建筑总线串联设备，并形成自动化系统的目的就是为了优化生活和工作的环境，确保这些设备安全、正常、高效运行。安全、正常是指设备能按照设计性能指标运转，高效是指节省能源、节省人力和长寿命运行。

目前，建筑自动化系统以三层结构为主，如图 1-2 所示。现场设备通过现场控制网络互相连接；操作站（工程师站、服务器）采用局域网中比较成熟的以太网等技术构建；现场大型通用控制设备采用中间层控制网络实现互联。中间层控制网络和以太网等上层网络之间通过通信控制器实现协议转换、路由选择等。三层网络结构适用于监控点相对分散、联动功能复杂的建筑自动化系统。

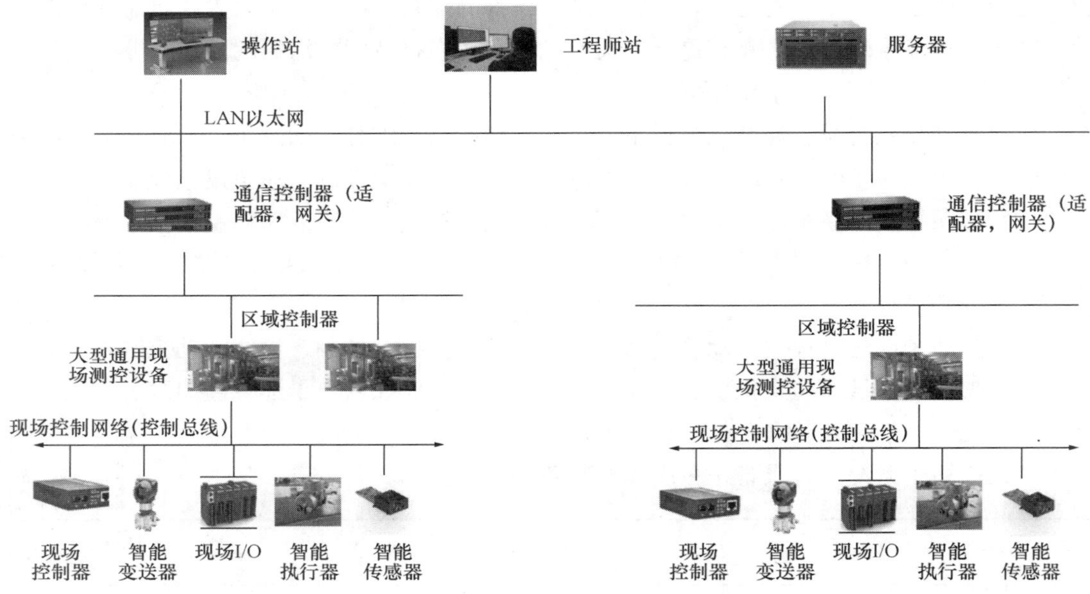

图 1-2　建筑自动化系统三层结构

三层网络结构 BAS 系统特点：

（1）在各末端现场安装一些小点数、功能简单的现场控制设备，完成末端设备基本监控功能，这些小点数现场控制设备通过现场控制总线相连。

（2）小点数现场控制设备通过现场控制总线接入一个大型通用现场测控设备，大量联动运算在此控制设备内完成。这些大型通用现场测控设备也可以带一些输入、输出模块直接监控现场设备。

（3）大型通用现场测控设备之间通过中间控制网络实现互联，这层网络在通信效率、抗干扰能力等方面的性能介于以太网和现场控制总线之间。

采用建筑总线形式使设备互联互通，进行控制和集成，具有诸多优势。建筑总线系统结构的简化，使控制系统从设计、安装、投运到正常生产运行及其检修维护，都体现出优越性。

1. 节省硬件数量与投资

由于建筑总线系统中分散在现场的智能设备能直接执行多种传感控制报警和计算功能，因而可减少变送器的数量，不再需要单独的调节器、计算单元等，也不再需要集散控制系统的信号调理、转换、隔离等功能单元及其复杂接线，还可以用工控PC机作为操作站，从而节省一大笔硬件投资，并可减少控制室的占地面积。

2. 节省安装费用

建筑总线系统的接线十分简单，一对双绞线或一条电缆上通常可挂接多个设备，因而电缆、端子、槽盒、桥架的用量大大减少，连线设计与接头校对的工作量也大大减少。当需要增加现场控制设备时，无须增设新的电缆，可就近连接在原有的电缆上，既节省了投资，也减少了设计、安装的工作量。据有关典型试验工程的测算资料表明，可节约安装费用60%以上。

3. 节省维护开销

由于现场控制设备具有自诊断与简单故障处理的能力，并通过数字通信将相关的诊断维护信息送往控制室，用户可以查询所有设备的运行、诊断维护信息，以便早期分析故障原因并快速排除，缩短维护停工时间，同时由于系统结构简化，连线简单而减少了维护工作量。

4. 用户具有高度的系统集成主动权

用户可以自由选择不同厂商提供的设备来集成系统。避免因选择了某一品牌的产品而被限制了使用设备的选择范围，不会受限于不兼容的协议和接口。使系统集成过程中的主动权牢牢掌握在用户手中。

5. 提高了系统的准确性与可靠性

由于现场总线设备的智能化、数字化，与模拟信号相比，它从根本上提高了测量与控制的精确度，减少了传送误差。同时，由于系统的结构简化，设备与连线减少，现场仪表内部功能加强，减少了信号的往返传输，提高了系统的工作可靠性。

1.2.2 几种主要的建筑总线

目前，世界上开放的现场总线协议共40多种，有几种总线技术在建筑电气领域十分流行，下面对这些建筑总线作简要介绍。

1. CAN总线

CAN是控制局域网络（Control Area Network）的简称，最早由德国BOSCH公司推出，其总线规范现已被国际标准化组织（ISO）制订为国际标准。由于得到了Motorola（摩托罗拉）、Intel（英特尔）、Philip（菲利普）、Siemens（西门子）、NEC（日本电气）等公司的支持，它广泛应用在离散控制领域。CAN协议也是建立在国际标准化组织的开放系统互联模型基础上的，不过，其模型结构只有三层，即只取OSI底层的物理层、数据链路层和顶层的应用层。在信号传输介质为双绞线的条件下，CAN通信速率最高可达1Mbps/40m，直接传输距离最远可达10km/5kbps，可挂接设备数最多可达110个。CAN的信号传输采用短帧结构，每一帧的有效字节数为8个，因而传输时间短，受干扰的概率低。当节点严重错误时，具有自动关闭的功能，以切断该节点与总线的联系，使总线上的其他节点及其通信不受影响，具有较强的抗干扰能力。

2. LonWorks 总线

LonWorks 总线是一种具有强劲实力的现场总线技术。它是由美国 Echelon 公司推出并与摩托罗拉、东芝公司共同倡导于 1990 年正式公布而形成的。它采用了 ISO/OSI 模型的全部七层通信协议，采用面向对象的设计方法，通过网络变量把网络通信设计简化为参数设置，其通信速率从 300bps 至 1.5Mbps 不等，直接通信距离可达 2700m（78kbps，双绞线）；支持双绞线、同轴电缆、光纤、射频、红外线、电力线等多种通信介质，并开发了相应的本质安全型防爆产品，被誉为通用控制网络。

LonWorks 总线技术所采用的 LonTalk 协议被封装在 Neuron 的神经元芯片中而得以实现。集成芯片中有 3 个 8 位 CPU，第一个用于完成开放互联模型中第 1 层和第 2 层的功能，称为媒体访问控制处理器，实现介质访问的控制与处理。第二个用于完成第 3～6 层的功能，称为网络处理器，进行网络变量的寻址、处理、背景诊断、路径选择、软件计时、网络管理，并负责网络通信控制，收发数据包等。第三个是应用处理器，执行操作系统服务与用户代码。芯片中还具有存储信息缓冲区，以实现 CPU 之间的信息传递，并作为网络缓冲区和应用缓冲区。

Echelon 公司的技术策略是鼓励各 OEM 开发商运用 LonWorks 技术和神经元芯片，开发自己的应用产品，据称目前已有 2600 多家公司在不同程度上卷入了 LonWorks 技术，1000 多家公司已经推出了 LonWorks 产品，并进一步组织起 LonMARK 互操作协会，开发推广 LonWorks 技术与产品。它已被广泛应用在楼宇自动化、家庭自动化、保安系统、办公设备、交通运输、工业过程控制等行业。另外，在开发智能通信接口、智能传感器方面，LonWorks 神经元芯片也具有独特的优势。

3. BACnet 总线

BACnet 总线是用于智能建筑的通信协议，是国际标准化组织（ISO）、美国国家标准协会（ANSI）及美国供暖、制冷与空调工程师学会（ASHRAE）定义的通信协议。BACnet 总线是针对智能建筑及控制系统的应用所设计的通信，可用在暖通空调系统（HVAC，包括供暖、通风、空气调节等），也可以用在照明控制、门禁系统、火警侦测系统及其相关的设备。其优点是安装简易、维护成本低，并且提供五种业界常用的标准协议，可以有效防止设备供应商及系统业者的垄断，同时使未来系统的扩展性与兼容性增强。

4. EIB/KNX 总线

EIB（European Installation Bus，欧洲安装总线）与其他控制系统最大的区别在于它的开放性以及兼容性。在协议标准下所有元器件与系统能互相兼容和交互操作。1990 年 5 月 8 日，以 ABB、Siemens、MERTEN、GIRA、JUNG 等共七家欧洲著名的电气产品制造商为核心组成联盟，制订了欧洲安装总线规范，成立了中立的非商业性组织 EIBA（European Installation Bus Association，欧洲安装总线协会）。

KNX 是 Konnex 的缩写。2002 年 5 月，欧洲三大总线协议 EIB、EHSA 和 BatiBus

合并成立了Konnex协会，提了KNX协议。KNX标准以EIB标准为基础，针对智能家居和网络控制制订了同EIB完全兼容的标准，提供了家庭、楼宇自动化的完整解决方案。KNX技术是目前世界上唯一的、开放式家庭和楼宇自动化控制的国际标准，适用于照明、百叶窗和各种安全系统的控制，可以应用于供暖、通风、空调、监视、异常情况报警、供水、能源计划管理以及家用电器、音响设备的控制等领域。KNX技术配有开发工具，因此各制造商可以采用这项技术独立开发产品。目前全世界有100多个会员公司生产近7000种经过认证的KNX产品，广泛应用于不同的领域。

5. 工业以太网

工业以太网是在以太网技术和TCP/IP技术的基础上发展起来的工业网络。人们习惯将用于工业控制系统的以太网统称为工业以太网。如果仔细划分，按照国际电工委员会SC65C的定义，工业以太网是用于工业自动化环境、符合IEEE 802.3标准、按照IEEE 802.1D“媒体访问控制（MAC）网桥”规范和IEEE 802.1Q“局域网虚拟网桥”规范、对其没有进行任何实时扩展而实现的以太网。通过采用减轻以太网负荷、提高网络速度、采用交换式以太网和全双工通信、采用信息优先级和流量控制以及虚拟局域网等技术，到目前为止可以将工业以太网的实时响应时间做到5～10ms，相当于现有的现场总线。采用工业以太网，由于具有相同的通信协议，能实现办公自动化网络和工业控制网络的无缝连接。

本章小结

本章主要介绍了现场总线的内涵，现场总线在建筑中的应用以及几种主要的建筑总线，读者通过对本章的学习，能够初步掌握建筑总线的概念、特点和主要形式，进而展开对后续各章节的学习。

本章习题

1. 什么是现场总线，现场总线有哪些特点？
2. 现场总线的本质含义表现在哪些方面？
3. 建筑总线的优势有哪些？
4. 列举若干主流的建筑总线，并简要阐述其特点。

第 2 章　控制网络基础

本章提要

党的二十大报告中指出，“坚持把发展经济的着力点放在实体经济上，推进新型工业化，加快建设制造强国、质量强国、航天强国、交通强国、网络强国、数字中国。”没有稳定、健壮的通信网络，这种建设将无从谈起。我们学习建筑总线技术也需要以掌握通信网络为基础。本章将向读者介绍控制网络基础，包括网络通信基础、网络互联的通信参考模型、网络互联设备、网络设备接口和一个重要的总线协议——Modbus 协议。通过本章的学习，读者能够掌握控制网络底层的通信知识，并对建筑总线关联的设备与接口产生具象化的认识。

2.1　网络通信基础

2.1.1　基本概念

1. 总线的基本术语

（1）总线与总线段。从广义上讲，总线就是传输信号或信息的公共路径，是遵循同一技术规范的连接与操作方式。一组设备通过总线连在一起称为“总线段”（Bus Segment），可以通过总线段相互联接，把多个总线段连接成一个网络系统。

（2）总线主设备。可在总线上发起信息传输的设备称为总线主设备（Bus Master）。也就是说，主设备具备在总线上主动发起通信的能力，又称命令者。

（3）总线从设备。不能在总线上主动发起通信，只能挂接在总线上，对总线信息进行接收查询的设备称为总线从设备（ Bus Slaver），也称基本设备。

在总线上可能有多个主设备，这些主设备都可主动发起信息传输。某一设备既可以是主设备，也可以是从设备，但不能同时既是主设备，又是从设备。被总线主设备连上的从设备称为“响应者”（Responder），它参与命令者发起的数据传送。

（4）控制信号。总线上的控制信号通常有三种类型。一类控制连在总线上的设备，让它进行所规定的操作，如设备清零、初始化、启动和停止等。另一类是用于改变总线操作的方式，如改变数据流的方向，选择数据字段的宽度和字节等。还有一些控制信号表明地址和数据的含义，如对于地址，可用于指定某一地址空间，或表示出现了广播操作；对于数据，可用于指定它能否转译成辅助地址或命令。

（5）总线协议。管理主、从设备使用总线的一套规则称为总线协议（ Bus Protocol）。这是一套事先规定的、必须共同遵守的规约。

2. 总线操作的基本内容

（1）总线操作。总线上命令者与响应者之间的连接，数据传送→脱开这一操作序列称为一次总线“交易”（Transaction），或者称为一次总线操作。脱开（Disconnect）是指完成数据传送操作以后，命令者断开与响应者的连接。命令者可以在做完一次或多次总线操作后放弃总线占有权。

（2）总线传送。一旦某一命令者与一个或多个响应者连接上以后，就可以开始数据的读写操作规程。“读”（Read）数据操作是读来自响应者的数据；“写”（Write）数据操作是向响应者写数据。读写数据都需要在命令者和响应者之间传递数据。为了提高数据传送操作的速度，有些总线系统采用了块传送和管线方式，加快了长距离的数据传送速度。

（3）通信请求。通信请求是由总线上某一设备向另一设备发出的请求信号，要求后者注意并进行某种服务。它们有可能要求传送数据，也有可能要求完成某种动作。

（4）寻址。寻址过程是命令者与一个或多个从设备建立起联系的一种总线操作。通常有以下三种寻址方式。

1）物理寻址：用于选择某一总线段上某一特定位置的从设备作为响应者。由于大多数从设备都包含有多个寄存器，因此物理寻址常常有辅助寻址，以选择响应者的特定寄存器或某一功能。

2）逻辑寻址：用于指定存储单元的某一个通用区，而并不顾及这些存储单元在设备中的物理分布。某一设备监测到总线上的地址信号，看其是否与分配给它的逻辑地址相符，如果相符，它就成为响应者。物理寻址与逻辑寻址的区别在于前者是选择与位置有关的设备，而后者是选择与位置无关的设备。

3）广播寻址：广播寻址用于选择多个响应者。命令者把地址信息放在总线上，从设备将总线上的地址信息与其内部的有效地址进行比较，如果相符，则该从设备被“连上”（Connect）。能使多个从设备连上的地址称为“广播地址”（Broadcast Addresses）。命令者为了确保所选的全部从设备都能响应，系统需要有适应这种操作的定时机构。

每一种寻址方法都有其优点和适用范围。逻辑寻址一般用于系统总线，而现场总线则较多采用物理寻址和广播寻址。不过，现在有一些新的系统总线常常具备上述两种寻址方式，甚至三种寻址方式。

（5）总线仲裁。总线在传送信息的操作过程中有可能会发生冲突。为解决这种冲突，就需进行总线占有权的“仲裁”。总线仲裁是用于裁决哪一个主设备是下一个占有总线的设备。某一时刻只允许某一主设备占有总线，等到它完成总线操作，释放总线占有权后才允许其他总线主设备使用总线。当前的总线主设备称为命令者。总线主设备为获得总线占有权而等待仲裁的时间称为访问等待时间，而命令者占有总线的时间称为总线占有期。命令者发起的数据传送操作，可以在称为“听者”和“说者”的设备之间进行，而更常见的是在命令者和一个或多个从设备之间进行。

（6）总线定时。总线操作用“定时”信号进行同步。定时信号用于指明总线上的数据和地址在什么时刻是有效的。大多数总线标准都规定命令者可置起控制信号，用来指定操作的类型，还规定响应者要回送从设备状态响应信号。主设备获得总线控制权以后，就进入总线操作，即进行命令者和响应者之间的信息交换。这种信息可以是地址和数据。定时信号就是用于指明这些信息何时有效。定时信号有同步和异步两种。

（7）出错检测。在总线上传送信息时会因噪声和串扰而出错，因此在高性能的总线中一般设有出错码产生和校验机构，以实现传送过程的出错检测。传送地址时的奇偶出错会使要连接的从设备连不上；传送数据时如果有奇偶错误，通常是再发送一次。也有一些总线由于出错率很低而不设检错机构。

（8）容错。设备在总线上传送信息出错时，如何减少故障对系统的影响，提高系统的重配置能力是十分重要的。故障对分布式仲裁的影响就比菊花链式仲裁小。后者在设备出故障时，会直接影响它后面设备的工作。总线系统应能支持软件利用一些新技术，如动态重新分配地址，把故障隔离开来，关闭或更换故障单元。

2.1.2 介质访问控制方式

如前所述，在总线形和环形拓扑中，网上设备必须共享传输线路。为解决在同一时间有几个设备同时争用传输介质，需有某种介质访问控制方式，以便协调各设备访问介质的顺序，在设备之间交换数据。通信中对介质的访问可以是随机的，即各工作站可在任何时刻、任意地访问介质，也可以是受控的，即各工作站可用一定的算法调整各站访问介质顺序和时间。在随机访问方式中，常用的争用总线技术为CSMA/CD（载波监听多路访问/冲突检测）。在控制访问方式中则常用令牌总线、令牌环，或称为标记总线、标记环。

1. CSMA/CD

这种控制方式对任何工作站都没有预约发送时间。工作站的发送是随机的，必须在网络上争用传输介质，故称为争用技术。若同一时刻有多个工作站向传输线路发送信息，则这些信息会在传输线上相互混淆而遭破坏，称为冲突。为尽量避免由于竞争引起的冲突，每个工作站在发送信息之前，都要监听传输线上是否有信息在发送，这就是载波监听。载波监听CSMA的控制方案是先听再讲。一个站要发送，首先需监听总线，以决定传输介质上是否存在其他站的发送信号。如果传输介质是空闲的，则可以发送。如果传输介质是忙的，则等待一定间隔后重试。当监听总线状态后，可采用以下三种CSMA坚持退避算法：

（1）不坚持CSMA。假如传输介质是空闲的，则发送。假如传输介质是忙的，则等待一段随机时间，重复第一步。

（2）1-坚持CSMA。假如传输介质是空闲的，则发送。假如传输介质是忙的，继续监听，直到介质空闲，立即发送。假如冲突发生，则等待一段随机时间，重复第一步。

（3）P-坚持CSMA。假如传输介质是空闲的，则以P的概率发送，或以（1～P）的概率延迟一个时间单位后重复处理，该时间单位等于最大的传输延迟。假如传输介质是忙的，继续监听，直到传输介质空闲，重复第一步。

由于传输线上不可避免地有传输延迟，有可能多个站同时监听到线上空闲并开始发送，从而导致冲突。故每个工作站发送信息之后，还要继续监听线路，判定是否有其他站正与本站同时向传输线发送。一旦发现，便中止当前发送，这就是冲突检测。

载波监听多路访问/冲突检测的协议，简写为 CSMA/CD，已广泛应用于局域网中。每个站在发送帧期间，同时有检测冲突的能力，即边讲边听。一旦检测到冲突，就立即停止发送，并向总线上发一串阻塞信号，通知总线上各站冲突已发生，这样，通道的容量不致因白白传送已损坏的帧而浪费。

2. 令牌（标记）访问控制方式

CSMA 的访问存在发报冲突问题，产生冲突的原因是由于各站点发报是随机的。为了解决冲突问题，可采用有控制的发报方式，令牌方式是一种按一定顺序在各站点传递令牌（Token）的方法。谁得到令牌，谁才有发报权。令牌访问原理可用于环形网络，构成令牌环形网；也可用于总线网，构成令牌总线网络。

(1) 令牌环（Token-Ring）方式。令牌环是环形结构局域网采用的一种访问控制方式。由于在环形结构网络上，某一瞬间可以允许发送报文的站点只有一个，令牌在网络环路上不断地传送，只有拥有此令牌的站点，才有权向环路上发送报文，而其他站点仅允许接收报文。站点在发送完毕后，便将令牌交给网上下一个站点，如果该站点没有报文需要发送，便把令牌顺次传给下一个站点。因此，表示发送权的令牌在环形信道上不断循环。环上每个相应站点都可获得发报权，而任何时刻只会有一个站点利用环路传送报文，因而在环路上保证不会发生访问冲突。

(2) 令牌传递总线（Token-Passing Bus）方式。这种方式和 CSMA/CD 方式一样，采用总线网络拓扑，但不同的是在网上各工作站按一定顺序形成一个逻辑环。每个工作站在环中均有一个指定的逻辑位置，末站的后站就是首站，即首尾相连。每站都了解先行站（PS）和后继站（NS）的地址，总线上各站的物理位置与逻辑位置无关。

2.2　网络互联的通信参考模型

2.2.1　OSI 参考模型

为了实现不同厂家生产的设备之间的互联操作与数据交换，国际标准化组织 ISO/TC97 在 1978 年建立了“开放系统互联”分技术委员会，起草了开放系统互联参考模型 OSI（Open System Interconnection）的建议草案，并于 1983 年成为正式的国际标准 ISO7498，1986 年又对该标准进行了进一步的完善和补充，形成了为实现开放系统互联所建立的分层模型，简称 OSI 参考模型。这是为异种计算机互联提供的一个共同基础和标准框架，并为保持相关标准的一致性和兼容性提供了共同的参考。“开放”并不是指对特定系统实现具体的互联技术或手段，而是对标准的认同。一个系统是开放系统，是指它可以与世界上任一遵守相同标准的其他系统互联通信。

OSI 参考模型把开放系统的通信功能划分为 7 个层次。从连接物理介质的层次开始，分别赋予 1 层、2 层、3 层、4 层、5 层、6 层、7 层的顺序编号，相应地称为物理层、数据链路层、网络层、传输层、会话层、表示层和应用层。OSI 参考模型如图 2-1 所示。

OSI 模型有 7 层，其分层原则如下：

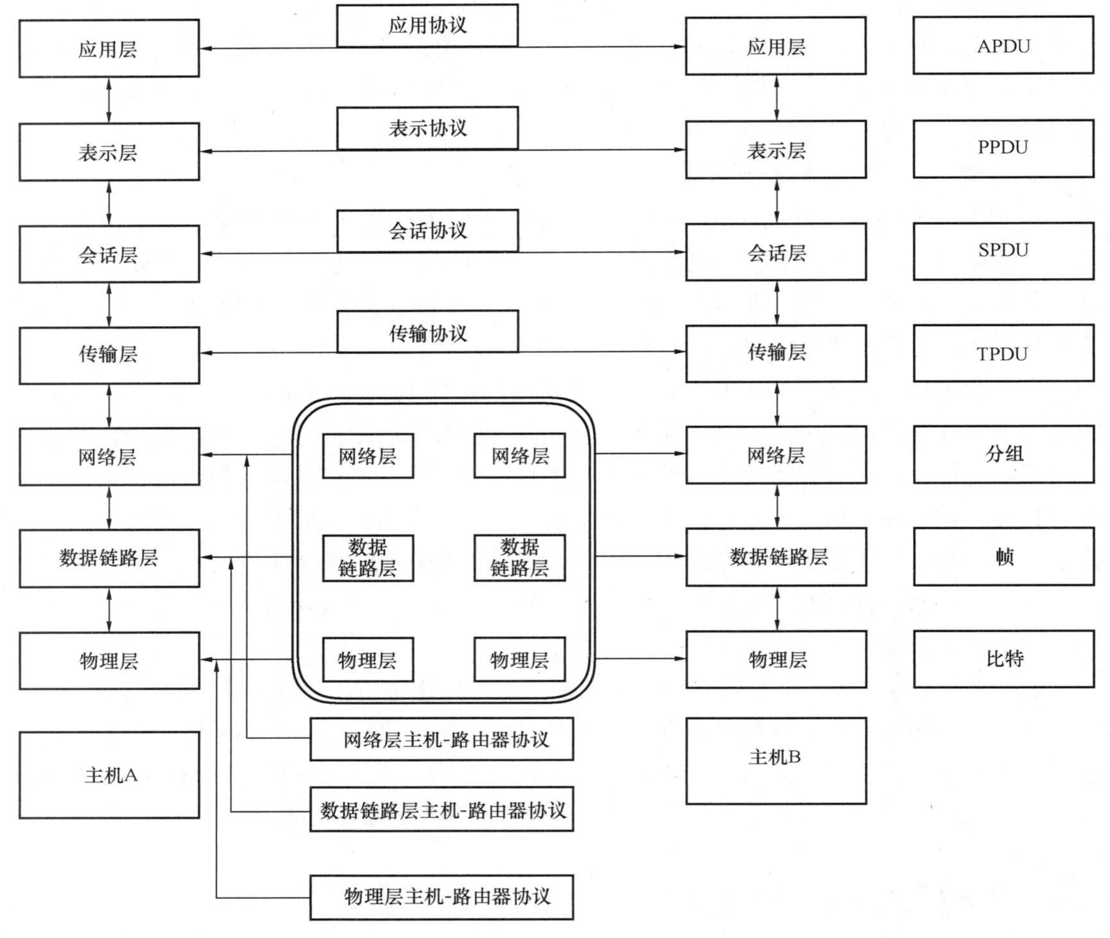

图 2-1　OSI 参考模型

（1）根据不同层次的抽象分层。

（2）每层应当实现七个定义明确的功能。

（3）每层功能的选择应该有助于制订网络协议的国际标准。

（4）各层边界的选择应尽量减少跨过接口的通信量。

（5）层次应足够多，以避免不同的功能混杂在同一层中，但层次也不能太多，否则体系结构会过于庞大。

下面将从最下层开始，依次讨论 OSI 参考模型的各层。OSI 模型本身不是网络体系结构的全部内容，这是因为它只描述每层的职责，并未确切地描述用于各层的协议和服务，作为独立的国际标准发布。

1. 物理层

物理层（Physical Layer）涉及通信在信道上传输的原始比特流。设计上必须保证一方发出二进制“1”时，另一方收到的也是“1”而不是“0”。这里的典型问题是用多少伏特电压表示“1”，多少伏特电压表示“0”；1 比特持续多少微秒：传输是否在两个方向上同时进行；最初的连接如何建立和完成通信后连接如何终止；网络接插件有多少针以及各针的用途。这里的设计主要是处理机械的、电气的和过程的接口，以及物理层下的物理传输介质等问题。

2. 数据链路层

数据链路层（Data Link Layer）的主要任务是加强物理层传输原始比特的功能，使之对网络层显现为一条无错线路。发送方把输入数据分装在数据帧（Data Frame）里（典型的帧为几百字节或几千字节），按顺序传送各帧，并处理接收方回送的确认帧（Acknowledgement Frame）。因为物理层仅仅接收和传送比特流，并不关心它的意义和结构，所以只能依赖各链路层来产生和识别帧边界。可以通过在帧的前面和后面附加上特殊的二进制编码模式来达到这一目的。如果这些二进制编码偶然在数据中出现，则必须采取特殊措施以避免混淆。

3. 网络层

网络层（Network Layer）关系子网的运行控制，其中一个关键问题是确定分组从源端到目的端如何选择路由。路由既可以选用网络中固定的静态路由表，几乎保持不变，也可以在每一次会话开始时决定（例如通过终端对话决定），还可以根据当前网络的负载状况，高度灵活地为每一个分组决定路由。

4. 传输层

传输层（Transport Layer）的基本功能是从会话层接收数据，并且在必要时把它分成较小的单元，传递给网络层，并确保到达对方的各段信息正确无误，而且，这些任务都必须高效率地完成。从某种意义上来说，传输层使会话层不受硬件技术变化的影响。

5. 会话层

会话层（Session Layer）允许不同计算机上的用户建立会话（Session）关系。会话层允许进行类似传输层的普通数据的传输，并提供了对某些应用有用的增强服务会话，也可被用于远程登录到分时系统或在两台计算机间传递文件。

6. 表示层

表示层（Presentation Layer）完成某些特定的功能，由于这些功能常被请求，因此人们希望找到通用的解决办法，而不是让每个用户来实现。值得一提的是，表示层以下的各层只关心可靠地传输比特流，而表示层关心的是所传输的信息的语法和语义。

7. 应用层

应用层（Application Layer）是OSI参考模型的最高层。其功能是实现应用进程（如用户程序、终端操作员等）之间的信息交换。同时，还具有一系列业务处理所需要的服务功能。

2.2.2 OSI参考模型与建筑总线通信模型

建筑总线存在大量传感器、控制器、执行器等，它们通常相当零散地分布在一个较大范围内。对由它们组成的底层网络来说，单个节点面向控制的信息量不大，信息传输的任务相对比较简单，但实时性、快速性的要求较高。如果按照七层模式的参考模型，由于层间操作与转换的复杂性，网络接口的造价与时间开销显得过高。为满足实时性要求，也为了实现工业网络的低成本，建筑总线采用的通信模型大多在 OSI 模型的基础上进行了不同程度的简化。

OSI 与部分建筑总线通信模型的关系如图 2-2 所示。建筑总线协议多采用 OSI 模型中的三个典型层：物理层、数据链路层和应用层，不选用中间的 3～6 层。它具有结构简单、执行协议直观、价格低廉等优点，也满足智能建筑应用的性能要求。它是 OSI 模型的简化形式，其流量与差错控制在数据链路层中进行，因而与 OSI 模型不完全保持一致。总之，开放系统互联模型是建筑总线技术的基础。建筑总线参考模型既要遵循开放系统集成的原则，又要充分兼顾智能建筑应用的特点和特殊要求。

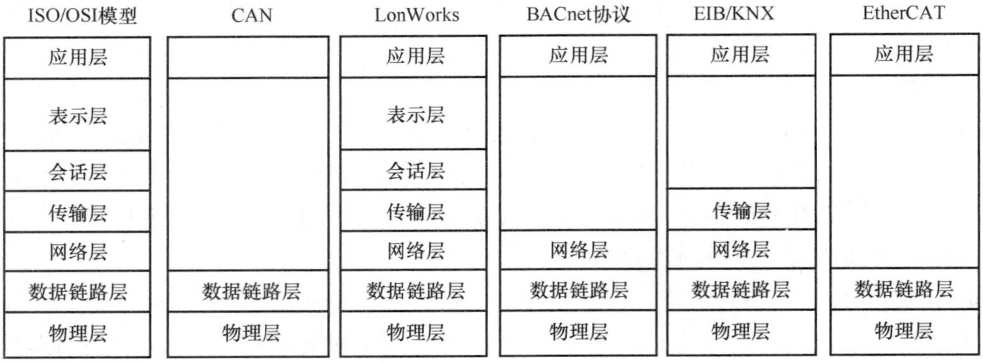

ISO/OSI模型	CAN	LonWorks	BACnet协议	EIB/KNX	EtherCAT
应用层		应用层	应用层	应用层	应用层
表示层		表示层			
会话层		会话层			
传输层		传输层		传输层	
网络层		网络层	网络层	网络层	
数据链路层	数据链路层	数据链路层	数据链路层	数据链路层	数据链路层
物理层	物理层	物理层	物理层	物理层	物理层

图 2-2　OSI 与部分建筑总线通信模型的关系

自 20 世纪 80 年代末以来逐渐形成了几种较为成熟的现场总线技术成为建筑总线的内核，它们大多以国际标准化组织的开放系统互联模型作为基本框架，并根据行业的应用需要施加某些特殊规定后形成的标准，在较大范围内取得了用户与制造商的认可。

2.3　网络互联设备

网络互联是将分布在不同地理位置的网络、网络设备连接起来，构成更大规模的网络系统，以实现网络的数据资源共享。网络互联可以是同种类型的网络，也可以是运行不同网络协议的异型系统。网络互联是计算机网络和通信技术迅速发展的结果，也是网络系统应用范围不断扩大的自然要求。网络互联要求不改变原有子网内的网络协议、通信速率、硬件和软件配置等，通过网络互联技术使原来不能相互通信和共享资源的网络间有条件实现相互通信和信息共享。此外，还要求将因连接对原有网络的影响减至最小。

在相互联接的网络中，每个子网成为网络的一个组成部分，每个子网的网络资源都应该成为整个网络的共享资源，可以为网上任何一个节点所享用。同时，又应该屏蔽各子网在网络协议、服务类型、网络管理等方面的差异。网络互联技术能实现更大规模、更大范围的网络连接，使网络、网络设备、网络资源、网络服务成为一个整体。

网络互联必须遵循一定的规范，随着计算机和计算机网络的发展，以及应用对局域网络互联的需求，电气与电子工程师协会（IEEE）于1980年2月成立了局域网标准委员会（IEEE 802委员会），建立了802课题，制订了开放式系统互联（OSI）模型的物理层、数据链路层的局域网标准。已经发布了IEEE 802.1～IEEE802.11标准，其主要文件所涉及的内容如图2-3所示。其中，IEEE 802.1～IEEE 802.6已经成为国际标准化组织（ISO）的国际标准ISO 8802-1～ISO8802-6。

图 2-3 IEEE802 标准内容

2.3.1 物理层设备

1. 中继器

中继器又称转发器，主要功能是将信号整形并放大再转发出去，以消除信号经过一长段电缆后，因噪声或其他原因而造成的失真和衰减，使信号的波形和强度达到所需要的要求，进而扩大网络传输的距离。中继器有两个端口，数据从一个端口输入，再从另一个端口发出。端口仅作用于信号的电气部分，而不管数据中是否有错误数据或不适用于网段的数据。中继器是局域网环境下用来扩大网络规模的最简单、最廉价的互联设备。使用中继器连接的几个网段仍然是一个局域网。一般情况下，中继器的两端连接的是相同的媒体，但有的中继器也可以完成不同媒体的转接工作。但由于中继器工作在物理层，因此它不能连接两个具有不同速率的局域网。中继器两端的网络部分是网段，而不是子网。中继器若出现故障，对相邻两个网段的工作都将产生影响。它属于一种模拟设备，用于连接两根电缆段。中继器不理解帧、分组和头的概念，他们只理解电压值。

在采用同轴电缆的10BASE5的以太网规范中，互相串联的中继器的个数不能超过4个，而且用4个中继器串联的5段通信介质中只有3段可以挂接计算机，其余两段只能用作扩展通信范围的链路段，不能挂接计算机。这就是“5-4-3规则”。

2. 集线器

集线器实质上是一个多端口的中继器，它也工作在物理层。当集线器工作时，一个端口接收到数据信号后，由于信号在从端口到集线器的传输过程中已有衰减，所以集线器便将该信号进行整形放大，使之恢复到发送时的状态，紧接着转发到其他所有（除输入端口外）处于工作状态的端口。如果同时有两个或多个端口输入，那么输出时会发生冲突，致使这些数据都无效。从集线器的工作方式可以看出，它在网络中只起信号放大和转发作用，目的是扩大网络的传输范围，而不具备信号的定向传送能力，即信号传输的方向是固定的，是一个标准的共享式设备。

集线器主要使用双绞线组建共享网络，是从服务器连接到桌面的最经济方案。在交换式网络中，集线器直接与交换机相连，将交换机端口的数据送到桌面上。使用集线器组网灵活，它把所有节点的通信集中在以其为中心的节点上，对节点相连的工作站进行集中管理，不让出问题的工作站影响整个网络的正常运行，并且用户的加入和退出也很自由。

由集线器组成的网络是共享式网络，但逻辑上仍是一个总线网。集线器的每个端口连接的网络部分是同一个网络的不同网段。同时集线器也只能在半双工状态下工作，网络的吞吐率因而受到限制。

2.3.2 数据链路层设备

1. 网桥

网桥是一个局域网与另一个局域网之间建立连接的桥梁，是早期的两端口二层网络设备。网桥的两个端口分别有一条独立的交换信道，不是共享一条背板总线，可隔离冲突域，相对于共享同一条背板总线的集线器来说，网桥的性能更好。后来，网桥被具有更多端口、同时也可隔离冲突域的交换机所取代。

虽然网桥和集线器外观相似，但是网桥处理数据的对象是帧，所以它是工作在数据链路层的设备，中继器、放大器处理数据的对象是电气信号，所以它是工作在物理层的设备。

两个或多个以太网通过网桥连接后，就成为一个覆盖范围更大的以太网，而原来的每个以太网就成为一个网段。网桥工作在数据链路层的 MAC 子层，可以使以太网各网段进行隔离。如果把网桥换成工作在物理层的转发器，那么就没有这种过滤通信量的功能。由于各网段相对独立，因此一个网段的故障不会影响到另一个网段的运行。

2. 交换机

交换机能以自身为中心连接网络节点，能对接收到的信息进行再生放大以增加网络的传输距离；作为一种交换式设备，交换机的每个端口能为与之相连的节点提供专用的带宽，让每个节点独占信道。其工作原理为：在接收到数据时，会先检查数据中包含的 MAC 地址，再将数据从目的主机所在的端口转发出去。交换机之所以能实现这一功能，是因为交换机内存有一张 MAC 地址表，该表记录了网络中所有 MAC 地址与该交换机各端口的对应信息。当有数据帧需要通过该交换机进行转发时，交换机根据内部存储的 MAC 地址表获取目的设备所对应的端口，通过找到的端口转发数据。

交换机主要具有以下特点：

（1）独享带宽。若一台端口速率为 100Mbps 的交换机同时连接 N 台计算机，那么网络的总带宽为 $N\times100$Mbps。换言之，采用交换机组建的交换式以太网的网络带宽不会因节点数量的增加而减少，网络性能也不会因负荷的增加而降低。

（2）多对节点可并行通信。交换机允许自身连接的多对设备同时建立通信链路，进行数据交换。

(3) 可灵活配置端口速率。交换机允许各节点按照自身需求灵活配置端口速率，且交换机不仅支持某种速率的端口，还支持端口自适应配置。

(4) 便于管理。交换机支持构造虚拟局域网（VLAN），以软件的方式通过逻辑工作组划分和管理网络中的设备。

另外，交换机可与使用集线器搭建的网络兼容，在从共享式局域网过渡到交换式以太网时可替代集线器，实现网络的无缝连接。

2.3.3 网络层设备

路由器是连接两个或多个网络的硬件设备，在网络间起网关的作用，所以又可以称为网关设备。路由器完成第三层中继任务，对不同的网络之间的数据包进行存储、分组转发处理。数据从一个子网传输到另一个子网，可以通过路由器的路由功能进行处理。路由器读取每一个数据包中的地址，然后决定如何传送的专用智能性的网络设备。它能够理解不同的协议，例如某个局域网使用的以太网协议，因特网使用的 TCP/IP 协议。这样，路由器可以分析各种不同类型网络传来的数据包的目的地址，把非 TCP/IP 网络的地址转换为 TCP/IP 地址，或者反之；再根据选定的路由算法把各数据包按最佳路线传送到指定位置。

在网络通信中，路由器具有判断网络地址以及选择 IP 路径的作用，可以在多个网络环境中，构建灵活的链接系统，通过不同的数据分组以及介质访问方式对各个子网进行链接。路由器在操作中仅接收源站或者其他相关路由器传递的信息，是一种基于网络层的互联设备。

2.3.4 网络层以上设备

网关又称网间连接器、协议转换器。网关在网络层以上实现网络互联，是复杂的网络互联设备，仅用于两个高层协议不同的网络互联。网关既可以用于广域网互联，也可以用于局域网互联。网关是一种充当转换重任的计算机系统或设备。使用在不同的通信协议、数据格式或语言，甚至体系结构完全不同的两种系统之间。与网桥只是简单地传达信息不同，网关对收到的信息要重新打包，以适应目的系统的需求。

2.4 网络设备接口

1. RS-232 接口

在串行通信时，要求通信双方都采用一个标准接口，使不同的设备可以方便地连接起来进行通信。RS-232 接口符合电子工业联盟（EIA）制订的串行数据通信的接口标准，原始编号全称是 EIA-RS-232（简称 232 或 RS-232）。它被广泛用于计算机串行接口外设连接，连接电缆和机械、电气特性、信号功能及传送过程。RS-232-C 接口是目前最常用的一种串行通信接口。

图 2-4 RS-232 接口

串口协议标准即 RS-232C 标准，其全称是 EIA-RS-232C 标准，其中 EIA（Electronic Industry Association）代表美国电子工业协会，RS（Recommended Standard）代表推荐标准，232 是标识号，C 代表 RS-232 的最新一次修改（1969），在这之前，有 RS-232B、RS-232A。它规定连接电缆和机械、电气特性、信号功能及传送过程。常用物理标准还有 EIARS-422A、EIA RS-423A、EIARS-485。例如，目前计算机主机上的 COM1、COM2 接口，就是 RS-232C 接口，RS-232 接口如图 2-4 所示。

串口的电气特性：

（1）RS-232 串口通信最远距离是 15m；

（2）RS-232 可做到双向传输，全双工通信。在实际应用中，常见的通信速率包括 112.5kbps 和 900kbps；

（3）RS-232 上传送的数字量采用负逻辑，且与地对称，其中，－15～－3V 表示逻辑 1，＋3～＋15V 表示逻辑 0，－3～＋3V 为非法状态。

通常 RS-232 接口以 9 个引脚（DB-9）或是 25 个引脚（DB-25）的形态出现，一般普通计算机主机上会有两组 RS-232 接口，分别称为 COM1 和 COM2。RS-232 接口按标准使用 25 针连接器，但绝大多数设备只使用其中 9 个信号，所以常用 9 针连接器。具体如下：

（1）DCD（Carrier Detected），载波检测。当本地调制解调器接收到来自对方的载波信号时，从该引脚向数据终端设备提供有效信号。

（2）RXD（Received Data），串口数据输入。

（3）TXD（Transmitted Data），串口数据输出。

（4）DTR（Data Terminal Ready），通常数据终端设备只要加电，该信号就有效，表明数据终端设备准备就绪。

（5）GND，接地。

（6）DSR（Data Set Ready），通常表示数据通信设备已接通电源连到通信线路上，并处在数据传输方式，而不是处于测试方式或断开状态，DTR 和 DSR 也可用作数据终端设备与数据通信设备间的联络信号，如应答数据接收。

（7）RTS（Request to Send），当数据终端设备准备好发送出数据时，发出有效的 RTS 信号，用于通知数据通信设备准备接收数据。

（8）CTS（Clear to Send），当数据通信设备准备接收数据时，发出有效的 CTS 信号来响应 RTS 信号，用于通知数据终端设备已经准备接收数据。

（9）RI（Ring Indicator）当调制解调器接收到对方的拨号信号时，该引脚信号作为电话铃响的指示，保持有效。

接口的电子特性：传输电平信号接口的信号电平值较高（信号“1”为“－15～－3V”，信号“0”为“＋3～＋15V”），易损坏接口电路的芯片，又因为与TTL电平不兼容，故需使用电平转换电路方能与TTL电路连接。另外接口使用一根信号线和一根信号返回线构成共地的传输形式，这种共地传输容易产生共模干扰，所以抗噪声干扰能力弱。

2. RS-485接口

RS-485接口也称为TIA-485或EIA-485接口，是一种定义UART（通用异步收发器，Universal Asynchronous Receiver/Transmitter）串行通信系统中使用的驱动器和接收器的电气特性的标准。具有电信号平衡、支持多点系统的功能。该标准由电信行业协会和电子工业联盟（TIA/EIA）联合发布。实施RS-485接口标准的数字通信网络可以在长距离和电噪声环境中有效使用。多个接收器可以通过线性多点总线连接到这样的网络，这些特性使RS-485接口在工业控制系统和类似物联网应用中得到广泛应用。

总体来说RS-485接口是一种工业规范，定义了电气设备点对点通信的电气接口和物理层。RS-485接口标准允许在电噪声环境中实现较长的布线距离，并且支持RS-485总线上多个设备的同时通信。

RS-485一般工作在半双工模式下，采用两线制。传输介质多采用屏蔽双绞线，采用总线式拓扑结构，在同一总线上最多可以挂接32个节点。RS-485端口有公头和母头之分，位序也因此不同，如图2-5所示。

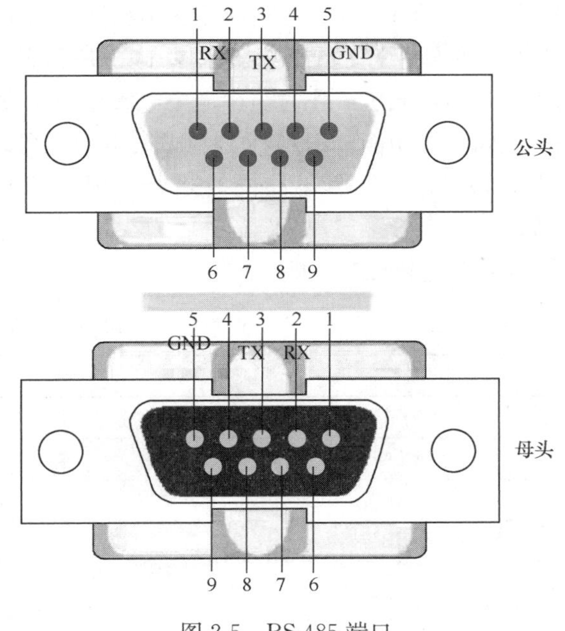

图2-5　RS-485端口

RS-485的特点为：

（1）接口电平低，不易损坏芯片。RS-485的电气特性：两线间的电压差为＋2～＋6V时表示逻辑“1”；两线间的电压差为－6～－2V时表示逻辑“0”。接口信号电平低于RS-232，不易损坏接口电路的芯片。

（2）传输速率高。传输距离为10m时，RS-485的数据最高传输速率可达35Mbps，在传输距离达到1200m时，传输速度可达100kbps。

（3）抗干扰能力强。RS-485接口是采用平衡驱动器和差分接收器的组合，抗共模干扰能力增强，即抗噪声干扰性好。

（4）传输距离远，支持节点多。RS-485总线最长可以传输1200m以上（速率小于或等于100kbps），一般最大支持32个节点，如果使用特制的485芯片，可以达到128个或者256个节点，最大的可以支持到400个节点。

3. RS-422 接口

RS-422 标准全称是“平衡电压数字接口电路的电气特性”，它定义了接口电路的特性。典型的 RS-422 是四线接口、全双工、差分传输、多点通信的数据传输协议。实际上，RS-422 还有一根信号地线，共 5 根线。硬件构成上，RS-422 相当于两组 RS-485，即两个半双工的 RS-485 构成一个全双工的 RS-422。

由于接收器采用高输入阻抗和发送驱动器，RS-422 相比 RS-232 具有更强的驱动能力，允许在相同传输线上连接多个接收节点，最多可接 256 个节点。节点之间存在主从关系，即一个节点为主设备（Master），其余节点为从设备（Slave）。从设备之间不能通信，所以 RS-422 支持点对多点的双向通信。RS-422 四线接口由于采用单独的发送和接收通道，因此不必控制数据方向，各装置之间任何必须的信号交换均可以按软件方式（XON/XOFF 握手）或硬件方式（一对单独的双绞线）实现。

RS-422 的最大传输距离为 1219m，最大传输速率为 10Mbps。其平衡双绞线的长度与传输速率成反比，通信速率在 100kbps 以下时，才可能达到最大传输距离，只有在很短的传输距离下才能获得最高速率传输。一般来说，100m 长的双绞线上所能获得的最大传输速率为 1Mbps。

RS-485 和 RS-422 电路原理基本相同，都是以差分方式发送和接收。差分工作是同速率条件下传输距离远的根本原因，这正是两者与 RS-232 的根本区别，因为 RS-232 是单端输入输出，双工工作时至少需要数字地线、发送线和接收线三条线，还可以加其他控制线完成同步等功能。RS-422 通过两对双绞线可以全双工工作收发互不影响，而 RS-485 只能半双工工作，发收不能同时进行，因此 RS-485 只需要一对双绞线，即可完成网络连接。

RS-422 引脚定义如表 2-1 所示。

RS-422 引脚定义 **表 2-1**

名称	作用	备注
TXA	发送正	TX+或 A
RXA	接收正	RX+或 Y
TXB	发送负	TX-或 B
RXB	接收负	RX-或 Z

4. 以太网接口

以太网接口包括多种接口形式，下面就其中应用较普遍的 4 种形式进行介绍，如图 2-6所示。

（1）SC 光纤接口

SC 光纤接口主要用于局域网交换环境，在一些高性能以太网交换机和路由器上提供了这种接口。它与 RJ-45 接口看上去很相似，不过 SC 光纤接口显得更扁一些，如图 2-6（a）所示。其明显区别还是里面的触片，如果是 8 条细的铜触片，则是 RJ-45 接口，如果是一根铜柱则是 SC 光纤接口。

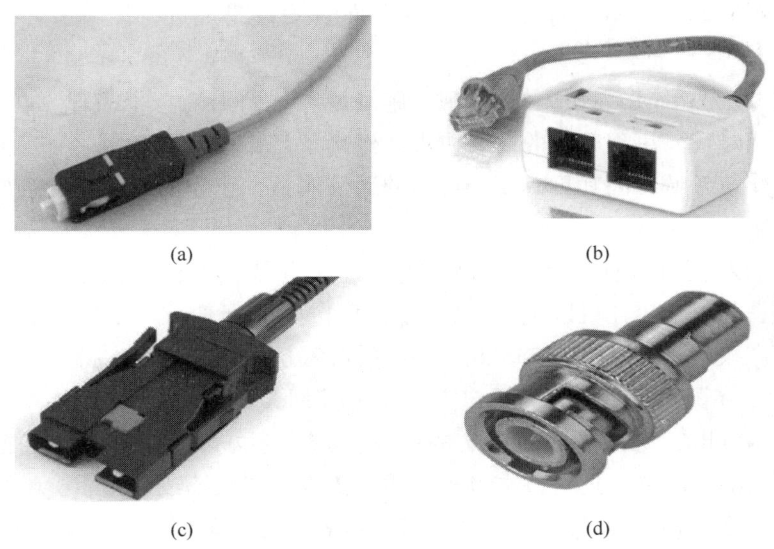

(a) (b) (c) (d)

图 2-6 4 种常见的以太网接口

(a) SC 光纤接口；(b) RJ-45 接口；(c) FDDI 接口；(d) BNC 接口

(2) RJ-45 接口

RJ-45 接口就是我们最常见的网络设备接口，如图 2-6（b）所示，俗称“水晶头”，专业术语为 RJ-45 连接器，属于双绞线以太网接口类型。RJ-45 插头只能沿固定方向插入，设有一个塑料弹片与 RJ-45 插槽卡住以防止脱落。这种接口在 10Base-T 以太网、100Base-TX 以太网、1000Base-TX 以太网中都可以使用，传输介质都是双绞线，不过根据带宽的不同对介质也有不同的要求，特别是 1000Base-TX 千兆以太网连接时，至少要使用超五类线，要保证稳定高速的话则需要使用 6 类线。

(3) FDDI 接口

光纤分布式数据接口（FDDI）是由美国国家标准化组织（ANSI）制订的在光缆上发送数字信号的一组协议。FDDI 接口在网络骨干交换机上比较常见，随着千兆的普及，一些高端的千兆交换机上也开始使用这种接口，如图 2-6（c）所示。

(4) BNC 接口

BNC 接口是专门用于与细同轴电缆连接的接口，如图 2-6（d）所示。细同轴电缆也就是我们常说的“细缆”，它最常见的应用是分离式显示信号接口，即采用红、绿、蓝和水平、垂直扫描频率分开输入显示器的接口，信号相互之间的干扰更小。BNC 接口基本上已经不再适用于交换机，只有一些早期的 RJ-45 以太网交换机和集线器中还提供少数 BNC 接口。

2.5 一个重要的总线协议——Modbus 协议

在介绍了多种总线接口后，现在介绍一个在建筑测控领域应用非常广泛的应用层协议——Modbus 协议，通过该协议的学习，读者能够更容易地进行接下来若干一体化协议的学习。

Modbus 协议是由 Modicon 公司（现为施耐德电气公司的一个品牌）在 1979 年发明的，这是一个划时代、里程碑式的网络协议。经历了四十多年的发展，如今，Modbus 协议仍广泛用于建筑领域，因其具有安全可靠的通信能力，至今依然在建筑系统的监控方面发挥着重要作用。

Modbus 协议与其他现场总线和工业网络比起来有以下 3 个特点：

（1）标准、开放：用户可以免费、放心地使用 Modbus 协议，不用缴纳许可证费，也不会侵犯知识产权。目前，支持 Modbus 协议的厂家超过 400 家，支持 Modbus 协议的产品超过 600 种，在国内也有很多的用户支持和使用 Modbus 协议的产品。

（2）由于 Modbus 协议是面向报文的协议，因此它可以支持多种电气接口，如 RS-232、RS-422、RS-485 等，还可以在各种介质上传送，如双绞线、光缆、无线射频等。要说明的是，和很多的现场总线不同，它不用专用的芯片与硬件，完全采用市售的标准部件。这就保证了采用 Modbus 协议的产品造价最低。

（3）Modbus 协议的帧格式是最简单、最紧凑的协议，可以说简单高效、通俗易懂。所以用户使用容易，厂商开发简单。用户和厂商可以通过 https：//Modbus. org 网站和其他相关网站，下载各种语言的样例程序、控件以及各种 Modbus 工具软件，更好地使用 Modbus。

2.5.1 Modbus 协议概述

Modbus 是 OSI 模型第 7 层上的应用层报文传输协议，它在连接至不同类型总线或网络的设备之间提供客户机/服务器通信，Modbus 通信栈如图 2-7 所示。

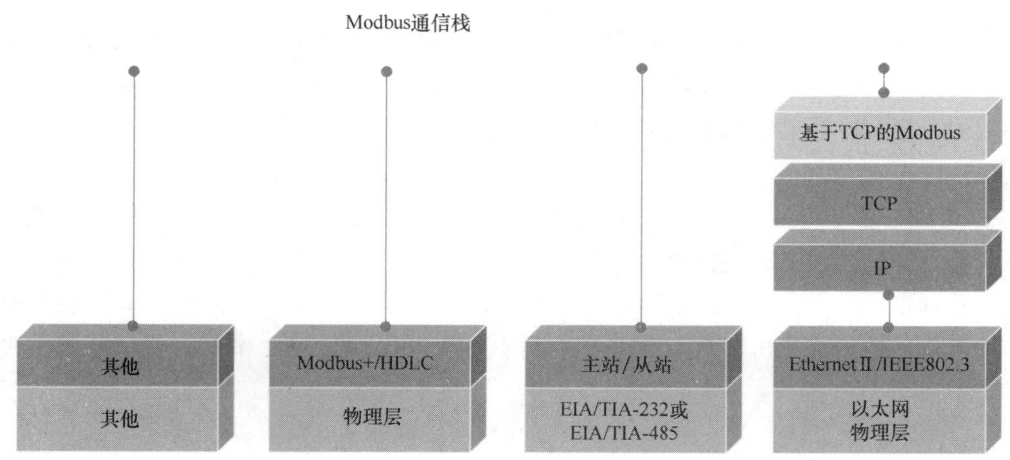

图 2-7 Modbus 通信栈

HDLC：高级数据链路控制（High-level Data Link Control）

Modbus 是一个请求/应答报文传输协议，工作在应用层，用于在通过不同类型的总线或网络连接的设备之间的客户机/服务器通信。

目前，通过下列方式实现 Modbus 通信：

(1) 各种介质（有线：EIA/TIA-232-E、EIA-422、EIA/TIA-485-A；光纤、无线等）上的异步串行传输。

(2) Modbus Plus，一种高速令牌传递网络。

(3) 以太网上的 TCP/IP。

Modbus 协议可以方便地在各种网络体系结构内进行通信，如图 2-8 所示。

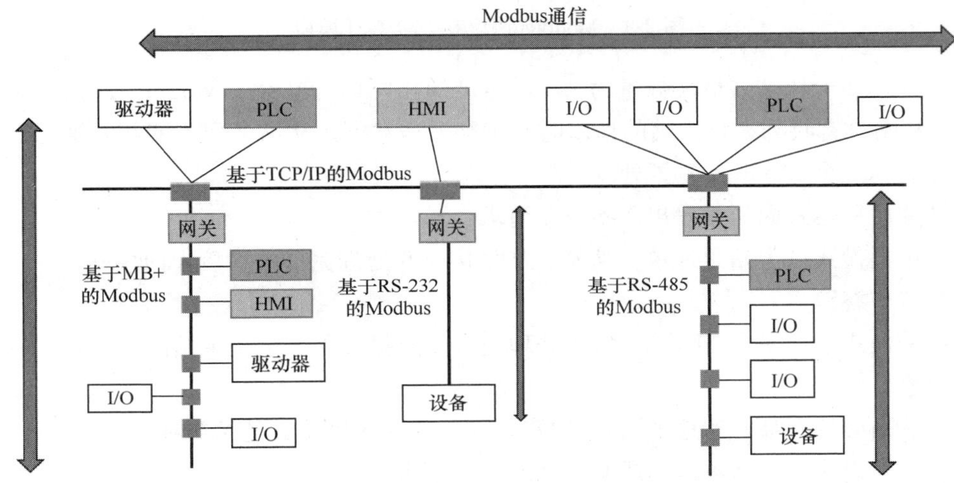

图 2-8　Modbus 网络体系结构的实例

每种设备（PLC、HMI、控制面板、驱动器、运动控制、I/O 设备……）都能使用 Modbus 协议来启动远程操作。同样的通信能够在基于串行链路和以太网 TCP/IP 网络上进行。网关能够实现在各种使用 Modbus 协议的总线或网络之间的通信。

Modbus 串行链路协议是一个主-从协议。该协议位于 OSI 模型的第 2 层。

主-从协议类型的系统有一个主节点，它向某个“从”节点发出显式命令并处理响应。从站在没有收到主站的请求时并不主动地传输数据，也不与其他从站通信。

在物理层，串行链路上的 Modbus 系统可以使用不同的物理接口（RS-485、RS-232）。最常用的物理接口是 TIA/EIA 485（RS-485）2 线制接口。作为附加选项，该物理接口也可以使用 RS-4854 线制接口。当只需要短距离的点到点通信时，也可以使用 TA/EIA-232-F（RS-232）串行接口作为 Modbus 系统的物理接口。

图 2-9 给出了与 7 层 OSI 模型对应的 Modbus 串行通信栈的一般表示。

位于 OSI 模型第 7 层的 Modbus 应用层报文传输协议提供了总线或网络上连接设备之间的客户机/服务器通信。在 Modbus 串行链路上，串行总线的主站作为客户机，从站作为服务器。

Modbus 串行链路协议是一个主—从协议。在同一时间，只能将一个主站连接到总

层	ISO/OSI模型	
7	应用层	Modbus应用协议
6	表示层	空
5	会话层	空
4	传输层	空
3	网络层	空
2	数据链路层	Modbus串行链路协议
1	物理层	EIA/TIA-485 (或EIA/TIA-232)

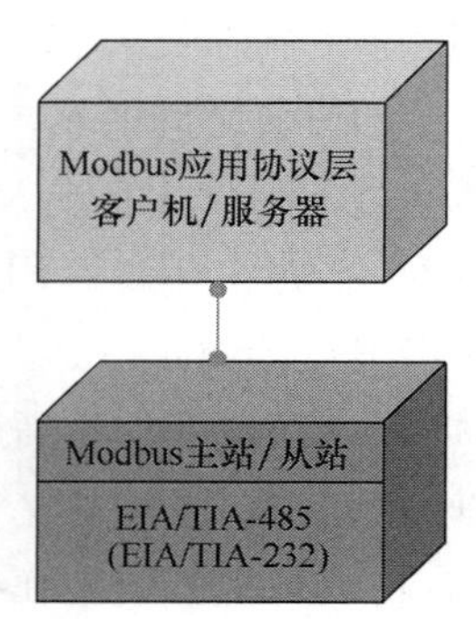

图 2-9　Modbus 协议和 ISO/OSI 模型

线，将一个或多个从站（最大数量为 247）连接到相同串行总线。Modbus 通信总是由主站发起。从站没有收到来自主站的请求时，不会发送数据。从站之间不能相互通信。主站同时只能启动一个 Modbus 事务处理。

主站用两种模式向从站发出 Modbus 请求：

（1）单播模式，主站寻址单个从站。从站接收并处理完请求之后，向主站返回一个报文（一个“应答”）。

在这种模式下，一个 Modbus 事务处理包含 2 个报文：一个是主站的请求，另一个是从站的应答。

每个从站必须有唯一的地址（1～247），这样才能区别于其他站被独立地寻址。

（2）广播模式，主站可以向所有的从站发送请求。

对于主站发送的广播请求没有应答返回。广播请求必须是写命令。所有设备必须接受写功能的广播。地址 0 被保留用来识别广播通信。

2.5.2　协议报文

Modbus 协议定义了一个与基础通信层无关的简单协议数据单元（PDU）。特定总线或网络上的 Modbus 协议映射能够在应用数据单元（ADU）上引入一些附加字段，如图 2-10所示。

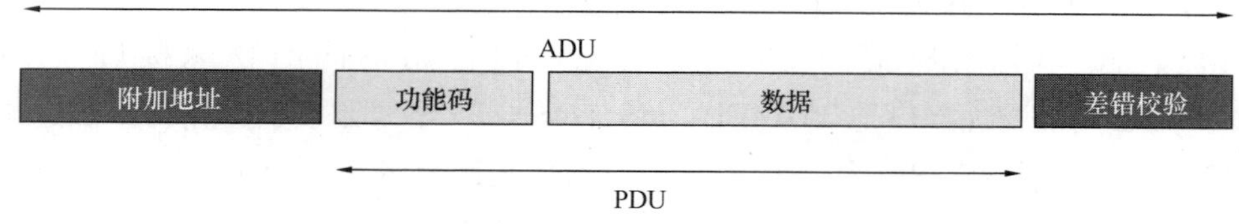

图 2-10　通用 Modbus 帧

Modbus 应用数据单元由启动 Modbus 事务处理的客户机创建。功能码向服务器指示将执行哪种操作。Modbus 协议建立了客户机启动的请求格式。

用一个字节编码 Modbus 数据单元的功能码字段。有效的码范围是十进制 1～255（128～255 保留用于异常响应）。当从客户机向服务器设备发送报文时，功能码字段通知服务器执行哪种操作。功能码“0”无效。

在某种请求中，数据字段可以是不存在的（0 长度），在此情况下服务器不需要任何附加信息。功能码仅说明操作。

Modbus 协议中定义了两种串行传输模式：RTU 传输模式和 ASCII 传输模式。这两种传输模式定义了不同的链路上串行传送报文字段的位内容，确定了信息如何打包为报文字段和如何解码。在 Modbus 协议串行链路上，所有设备的传输模式必须相同。用户应该将设备设置成所期望的模式，即 RTU 传输模式或 ASCII 传输模式。默认设置必须为 RTU 传输模式。

1. RTU 传输模式

当设备在 Modbus 串行链路上使用 RTU（远程终端单元）模式通信时，报文中每个 8 位字节含有两个 4 位十六进制字符。这种模式的主要优点是有较高的字符密度，在相同的波特率下，比 ASCII 传输模式有更高的数据吞吐量。必须以连续的字符流传输每个报文。

RTU 传输模式中每个字节（11 位）的格式为：

编码系统：8 位二进制

每个字节的位：1 个起始位

8 个数据位，首先发送最低有效位

1 个奇偶校验位

1 个停止位

偶校验是要求的，也可以使用其他模式（奇校验、无校验）。为了保证与其他产品的最大兼容性，建议支持无校验模式，默认校验模式必须是偶校验。

注：使用无校验时要求 2 个停止位。

如何串行地传送字符：发送每个字符或字节的顺序是从左到右：最低有效位（LSB）……最高有效位（MSB），如图 2-11 所示。

奇偶校验

起始	1	2	3	4	5	6	7	8	校验	停止

图 2-11 RTU 传输模式中的位序列

通过配置，设备可以接受奇校验、偶校验或无奇偶校验。如果无校验，那么传送一个附加的停止位来填充字符帧，使其成为完整的 11 位异步字符，如图 2-12 和图 2-13 所示。

无奇偶校验

起始	1	2	3	4	5	6	7	8	停止	停止

图 2-12 RTU 传输模式中的位序列（无校验的特殊情况）

从站地址	功能码	数据	CRC
1字节	1字节	0~252字节	2字节 CRC低位|CRC高位

图 2-13　RTU 报文帧

帧校验字段：循环冗余校验（CRC）

帧描述：

最大 Modbus RTU 帧是 256 个字节。

（1）Modbus 报文 RTU 帧

传送设备将 Modbus 报文放置在带有已知起始和结束点的帧中。这就允许接收新帧的设备在报文的起始处开始接收，并且知道报文传输何时结束。必须能够检测到不完整的报文，并且必须作为结果设置错误标志。

在 RTU 传输模式中，时长至少为 3.5 个字符时间的空闲间隔将报文帧区分开。在后续的部分，称这个时间区间为 $t_{3.5}$。RTU 报文帧如图 2-14 所示。

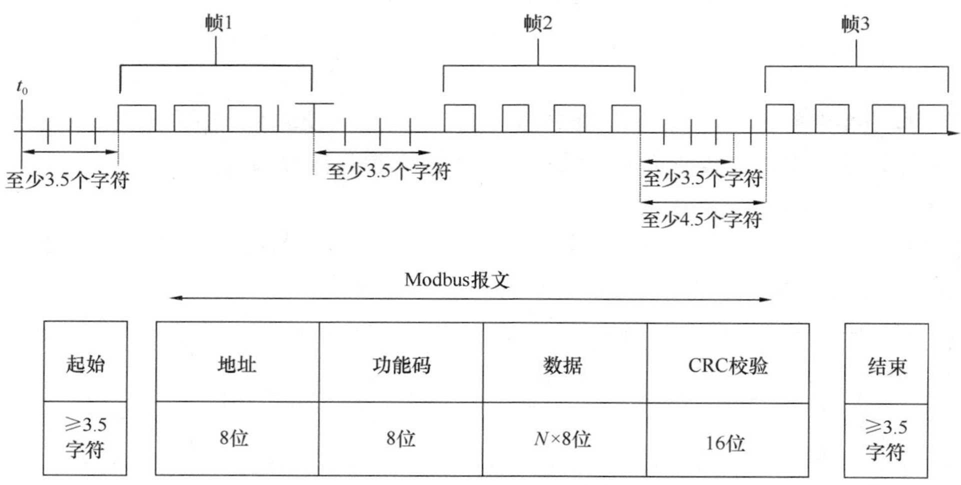

图 2-14　RTU 报文帧

必须以连续的字符流发送整个报文帧。

如果两个字符之间的空闲间隔大于 1.5 个字符时间，那么认为报文帧不完整，并且接收站应该丢弃这个报文帧，如图 2-15 所示。

注：实现了 RTU 接收的驱动程序会隐含着对由 $t_{1.5}$ 和 $t_{3.5}$ 定时器引起的大量中断的管理。在较高的通信波特率下，这将导致 CPU 负担加重。因此，当波特率等于或低于 19200bit/s 时，必须严格地遵守这两个定时；波特率大于 19200bit/s 的情况下，两个定时器应该使用固定值：建议字符间超时时间（$t_{1.5}$）为 750μs，帧间的延迟时间（$t_{3.5}$）为 1.750ms。

图 2-16 描述了 RTU 传输模式的状态图。“主站”和“从站”均在相同的图中表示。

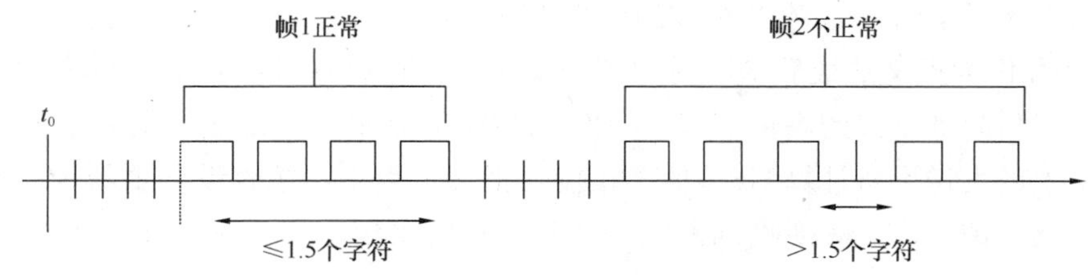

图 2-15　Modbus 帧内间隔

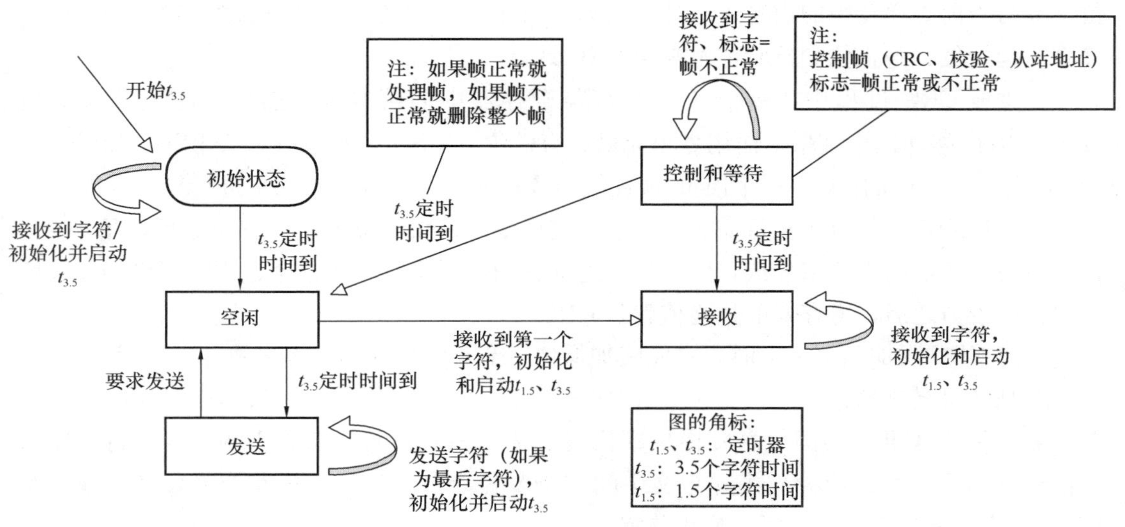

图 2-16　RTU 传输模式的状态图

RTU 传输模式的状态图说明是：

1）从“初始”状态到“空闲”状态转换需要 $t_{3.5}$超时达限：这保证帧间延迟。

2）“空闲”状态是没有发送和接收报文要处理的正常状态。

3）在 RTU 传输模式中，当至少 3.5 个字符的时间间隔之后没有传输激活时，称通信链路为“空闲”状态。

4）当链路在空闲状态时，在链路上检测到的任何传输的字符被视为帧起始。链路进入“激活”状态。然后，当时间间隔 $t_{3.5}$之后链路上还没有传输字符时，视为帧结束。

5）检测到帧结束之后，执行 CRC 计算和校验。然后，分析地址字段来确定帧是否发往这个设备。如果不是发往这个设备，那么丢弃这个帧。为了减少接收处理时间，在接收到地址字段而不需要等到整个帧结束，就可以分析地址字段。这样，CRC 计算和校验只需要在帧寻址到该节点（包括广播帧）时进行。

（2）CRC 校验

RTU 传输模式包含一个差错校验字段，该字段是基于循环冗余校验（CRC）方法对全部报文内容执行的。

CRC 字段校验整个报文的内容。无论单个字符报文使用何种奇偶校验，均应用这种 CRC 校验。

CRC 字段包含两个 8 位字节组成的一个 16 位值。

CRC 字段作为报文的最后字段附加到报文上。当进行这种附加时，首先附加字段的低位字节，然后附加字段的高位字节。CRC 高位字节是报文中发送的最后字节。将 CRC 附加到报文上的发送设备计算 CRC 值。在接收报文过程中，接收设备重新计算 CRC 值，并将计算值与 CRC 字段中接收到的实际 CRC 值相比较。如果两个值不相等，则产生错误。

通过对一个 16 位寄存器预装载全 1 来启动 CRC 计算。然后，开始将后续报文中的 8 位字节与当前寄存器中的内容进行计算。只有每个字符中的 8 个数据位参与生成 CRC 的计算。起始位、停止位和校验位不参与 CRC 计算。

在生成 CRC 过程中，每个 8 位字符与寄存器中的值异或。然后，向最低有效位（LSB）方向移动这个结果，而用零填充最高有效位（MSB）。提取并检查 LSB。如果 LSB 为 1，则寄存器中的值与一个固定的预置值异或；如果 LSB 为 0，则不进行异或操作。

这个过程将重复直到执行完 8 次移位。完成最后一次（第 8 次）移位之后，下一个 8 位字节与寄存器的当前值异或，然后像上述描述的那样重复 8 次这个过程。当已经计算所有报文中字节之后，寄存器的最终值就是 CRC。

当将 CRC 附加到报文上时，首先附加低位字节，然后附加高位字节。

2. ASCⅡ传输模式

当使用 ASCⅡ（美国信息交换标准代码）传输模式设置设备在 Modbus 串行链路上通信时，用两个 ASCⅡ字符发送报文中的一个 8 位字节。当通信链路或者设备不能满足 RTU 模式的定时管理要求时，使用该模式。

注：由于每个字节需要两个字符发送，所以这种传输模式比 RTU 传输模式效率低。

实例：将字节 0×5B 编码为两个字符：0×35 和 0×42（用 ASCⅡ表示的 0×35＝“5”，0×42＝“B”）。

ASCⅡ传输模式中每个字节（10 位）的格式为：

编码系统：十六进制，ASCⅡ字符 0～9、A～F

报文中每个 ASCⅡ字符含有 1 个十六进制字符

每个字节的位：1 个起始位

8 个数据位，首先发送最低有效位

1 个奇偶校验位

1 个停止位

偶校验是要求的，也可以使用其他模式（奇校验、无校验）。为了保证与其他产品的最大兼容性，建议还支持无校验模式。默认校验模式必须是偶校验。

注：使用无校验时要求 2 个停止位。

如何串行地传送字符：发送每个字符或字节的顺序是从左到右，如图 2-17 所示。最低有效位（LSB）……最高有效位（MSB）。

通过配置，设备可以接受奇校验、偶校验或无奇偶校验。如果无奇偶校验，那么传送一个附加的停止位来填充字符帧，如图 2-18 所示。

奇偶校验									
起始	1	2	3	4	5	6	7	校验	停止

图 2-17 ASC Ⅱ传输模式中的位序列

无奇偶校验									
起始	1	2	3	4	5	6	7	停止	停止

图 2-18 ASC Ⅱ传输模式中的位序列（无校验的特殊情况）

帧校验字段：纵向冗余校验（LRC）

（1）Modbus 报文 ASC Ⅱ帧

传送设备将 Modbus 报文放置在带有已知起始和结束点的帧中。这就允许接收新帧的设备在报文的起始处开始接收，并且知道报文传输何时结束。必须能够检测到不完整的报文，并且必须作为结果设置错误标志。

报文帧的地址字段包含两个字符。

在 ASCⅡ传输模式中，用特定的字符将报文划分为帧起始和帧结束。一个报文必须以一个“冒号”（：）字符（十六进制 ASCⅡ3A）起始，以“回车-换行”（CRLF）（十六进制 ASCⅡ0D 和 0A）结束。

注：可以通过特定的 Modbus 应用命令改变 LF 字符（见 Modbus 应用协议规范）。

对于所有的字段来说，允许传输的字符为十六进制 0～9，A～F（ASCⅡ编码）。设备不断地监视总线上的“冒号”字符。当收到这个字符之后，每个设备译码后续字符直到检测到帧结束为止。

报文中字符间的时间间隔可以达 1s。如果出现更大的间隔，则正在接收的设备认为出现错误。大于 1s 的时间间隔表示已经出现错误，除非用户已配置了较长时间的超时。某些广域网应用可以要求 4～5s 的超时。

图 2-19 展示了一个典型的报文帧。

起始	地址	功能码	数据	LRC	结束
1个字符	2个字符	2个字符	0~2×252个字符	2个字符	2个字符 CR、LF

图 2-19 ASCⅡ报文帧

注：每个字符字节需要用两个字符编码。因此，为了在 Modbus 应用级上确保 ASCⅡ传输模式和 RTU 传输模式兼容，ASCⅡ数据字段最大数据长度（2×252）为 RTU 数据字段（252）的两倍。因此，

Modbus ASCII 帧的最大长度为 513 个字符。

在图 2-20 ASCⅡ传输模式的状态图中综述了 ASCⅡ报文帧的要求。“主站”和“从站”均在相同的图中表示。

ASCⅡ传输模式的状态图的说明：

1）“空闲”状态是没有发送和接收报文要处理的正常状态。

2）每次接收到“:”字符表示新报文的开始。如果在一个报文的接收过程中收到这个字符，则当前报文被认为不完整并被丢弃。然后，分配一个新接收缓存区。

检测到帧结束之后，执行 LRC 计算和校验。然后，分析地址字段来确定帧是否发往这个设备。如果不是发往这个设备，那么丢弃这个帧。为了减少接收处理时间，在接收到地址字段而不需要等到整个帧结束，就可以分析地址字段。

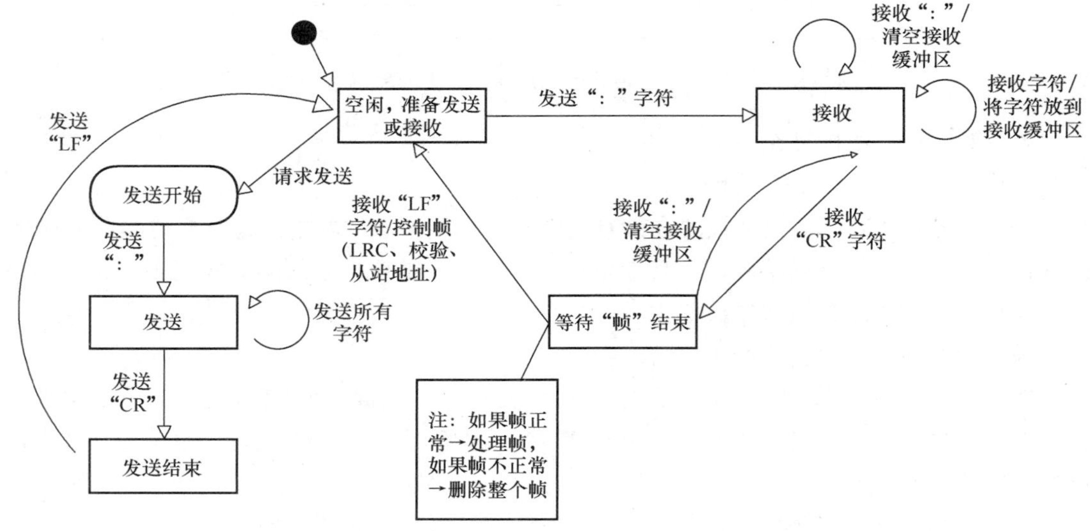

图 2-20　ASCⅡ传输模式的状态图

（2）LRC 校验

在 ASCⅡ传输模式中，报文包含一个差错校验字段，该字段是基于对全部报文内容执行的纵向冗余校验（LRC）计算结果，不包括起始“冒号”和结束 CRLF 对。无论单个字符报文使用何种奇偶校验，均应用这种 LRC 校验。

LRC 字段是一个字节，包含一个 8 位二进制值。发送设备计算 LRC 值，将 LRC 值附加到报文中。在接收报文过程中，接收设备重新计算 LRC 值，并将计算值与 LRC 字段中接收到的实际值相比较。如果两个值不相等，则产生错误。

对报文中的所有连续 8 位字节相加，忽略任何进位，计算 LRC，然后求出其二进制补码。这种计算不包括报文起始“冒号”和报文结束 CRLF 对字段。

LRC 的结果被编码为两个字节的 ASCⅡ，并将其放置在 ASCⅡ传输模式报文帧的结尾处的 CRLF 之前。

本章小结

本章主要介绍了学习总线技术前需储备的通信知识，包括网络通信基础、网络互联的通信参考模型、网络互联设备和网络设备接口。同时，我们还介绍了建筑总线中一个重要的总线协议——Modbus 协议，通过这部分的学习，可以帮助读者熟悉建筑控制总线中涉及的通信知识，便于后续部分不同控制总线内容章节的学习。

本章习题

1. 介质访问控制方式有哪几种常见的算法?
2. OSI 参考模型有哪几个层次，每个层次的作用是什么?
3. 网络互联设备有哪些，各工作在 OSI 参考模型中的哪些层次?
4. RS-232 接口和 RS-485 接口有哪些差别?
5. Modbus RTU 和 Modbus ASCⅡ两种传输模式，哪种传输效率高，请说明理由。

第 3 章　CAN 总线

本章提要

CAN 总线技术作为工业数据通信的主流技术之一，通过本章的学习，不仅要培养学生 CAN 总线技术基础知识，充分利用大数据、人工智能等技术，构建网络化、数字化、个性化、终身化的教育体系，为让学生具有可持续发展潜力，更要培养学生精益求精的大国工匠精神、勇于探索的创新精神、科技报国的家国情怀和使命担当。本章节将深入探讨 CAN 总线的技术特征以及在智能建筑领域方面的应用实例。

3.1　CAN 通信技术简介

CAN（Controller Area Network，CAN）是控制局域网的简称，它将各个单一的控制单元以某种形式（多为星形、总线形）连接起来形成一个完整的系统。在该系统中，各控制单元都以相同的规则进行数据传输交换和共享称为数据传输协议。

CAN 总线最早是德国 Bosch 公司为解决现代汽车中众多的电控模块（ECU）之间的数据交换而开发的一种串行通信协议。尽管 CAN 最初是为汽车电子系统设计的，但由于它在技术与性价比方面的独特优势，在航天、电力、石化、冶金、纺织、造纸、仓储等领域得到了广泛应用。

3.1.1　CAN 通信的特点

与其他同类技术相比，CAN 在可靠性、实时性和灵活性等方面都具有独特的技术优势，其特点如下：

（1）CAN 为多主方式工作，网络上任一节点均可以在任意时刻主动地向网络上其他节点发送信息，而不分主、从，通信方式灵活，且无须站地址等节点信息。利用这一特点可方便地构成多机备份系统。

（2）CAN 网络上的节点信息分成不同的优先级，可满足不同的实时要求，高优先级的数据最多可在 134μs 内得到传输。

（3）CAN 采用非破坏性总线仲裁技术。当多个节点同时向总线发送信息时，优先级较低节点会主动地退出发送，而最高优先级的节点可不受影响地继续传输数据，从而大大节省了总线冲突仲裁时间，尤其是在网络负载很重的情况下也不会出现网络瘫痪情况（以太网则可能会出现网络瘫痪）。

（4）CAN 只需通过报文滤波即可实现点对点、一点对多点及全局广播等几种方式传送接收数据，无需专门的“调度”。

（5）CAN 的直接通信距离最远可达 10km（速率 5kbps 以下）；通信速率最高可达 1Mbps（此时通信距离最长为 40m）。

（6）CAN 上的节点数主要取决于总线驱动电路，目前可达 110 个；报文标识符可达 2032 种（CAN2.0A），而扩展标准（CAN2.0B）的报文标识符几乎不受限制。

（7）采用短帧结构，传输时间短，受干扰概率低，具有极好的检错效果。

（8）CAN 的每帧信息都有 CRC 校验及其他检错措施，保证了数据出错率极低。

（9）CAN 的通信介质可为双绞线、同轴电缆或光纤，用户可灵活选择。

（10）CAN 节点在错误严重的情况下具有自动关闭输出功能，以使总线上其他节点的操作不受影响。

3.1.2 CAN 的基本概念

1. 报文

总线上的信息以不同格式的报文发送，但长度有限制。当总线开放时，任何连接的单元均可开始发送一个新报文。

2. 信息路由

在 CAN 系统中，一个 CAN 节点不使用有关系统结构的任何信息（如站地址）。这时包含如下重要概念：

（1）系统灵活性：节点可在不要求所有节点及其应用层改变任何软件或硬件的情况下，被接于 CAN 网络。

（2）报文通信：一个报文的内容由其标识符 ID 命名。ID 并不指出报文的目的，但描述数据的含义，以便网络中的所有节点有可能借助报文滤波决定该数据是否使它们激活。

（3）成组：由于采用了报文滤波，所有节点均可接收报文，并同时被相同的报文激活。

（4）数据相容性：在 CAN 网络中，可以确保报文同时被所有节点或者没有节点接收，因此，系统的数据相容性是借助于成组和出错处理达到的。

3. 位速率

CAN 的数据传输速率在不同的系统中是不同的，而在一个给定的系统中，此速率是唯一的，并且是固定的。

4. 优先权

在总线访问期间，标识符定义了一个报文静态的优先权。

5. 远程数据请求

通过发送一个远程帧，需要数据的节点可以请求另一个节点发送一个相应的数据帧，该数据帧与对应的远程帧以相同标识符 ID 命名。

6. 多主站

当总线开放时，任何单元均可开始发送报文，发送具有最高优先权报文的单元，以赢得总线访问权。

7. 仲裁

当总线开放时，任何单元均可开始发送报文，若同时有两个或更多的单元开始发送，总线访问冲突运用逐位仲裁规则，借助标识符 ID 解决。这种仲裁规则可以使信息和时间均无损失。若具有相同标识符的一个数据帧和一个远程帧同时发送，数据帧优先于远程帧。仲裁期间，每一个发送器都对发送位电平与总线上检测到的电平进行比较，若相同则该单元可继续发送。当发送一个“隐性”电平（Recessive Level），而在总线上检测为“显性”电平（Dominant Level）时，该单元退出仲裁，并不再传送后续位。

8. 故障界定

CAN 节点有能力识别永久性故障和短暂扰动，可自动关闭故障节点。

9. 连接

CAN 串行通信链路是一条众多单元均可被连接的总线。理论上，单元数目是无限的；实际上，单元总数受限于延迟时间和总线的电气负载能力。

10. 单通道

由单一进行双向位传送的通道组成的总线，借助数据重同步实现信息传输。在 CAN 技术规范中，实现这种通道的方法不是固定的，例如，可以是单线（加接地线）、两条差分连线、光纤等。

11. 总线数值表示

总线上具有两种互补逻辑数值：显性电平和隐性电平。在显性位与隐性位同时发送期间，总线上数值将是显性位。例如，在总线的“线与”操作情况下，显性位由逻辑“0”表示，隐性位由逻辑“1”表示。在 CAN 技术规范中未给出表示这种逻辑电平的物理状态（如电压、光、电磁波等）。

12. 应答

所有接收器均对接收报文的相容性进行检查，应答一个相容报文，并标注一个不相容报文。

3.1.3 CAN 的通信参考模型

控制局域网（CAN）为串行通信协议，能有效地支持具有很高安全等级的分布实时控制。CAN 的应用范围很广，从高速的网络到低价位的多路接线都可以使用 CAN。在汽车电子行业里，使用 CAN 连接发动机控制单元、传感器、防刹车系统等，其传输速度可达 1Mbps，同时，可以将 CAN 安装在卡车本体的电子控制系统里，诸如车灯组、电气车窗等，用以代替接线配线装置。制订技术规范的目的是在任何两个 CAN 仪器之间建立兼容性。可是，兼容性有不同的方面，比如电气特性和数据转换的解释。为了达到设计透明度以及实现柔韧性，CAN 被细分为以下不同的层次数据链路层和物理层。而数据链路层又包括逻辑链路控制子层 LLC（Logic Link Control，LIC）和媒体访问控制子层 MAC（Medium Access Control，MAC），而在 CAN 技术规范 2.0A 的版本中，数据链路层的 LLC 和 MAC 子层的服务和功能被描述为“目标层”和“传送层”，CAN 通信模块的分层结构如图 3-1 所示。

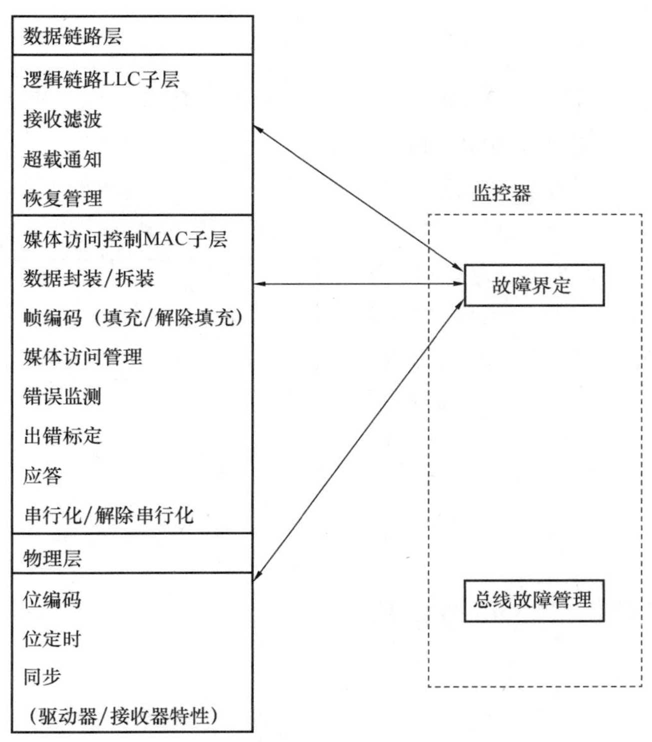

图 3-1 CAN 通信模型的分层结构

逻辑链路 LLC 子层的主要功能是：为数据传送和远程数据请求提供服务，确认由 LLC 子层接收的报文实际已被接收，并为恢复管理和通知超载提供信息。在定义目标处理时，存在许多灵活性。媒体访问控制 MAC 子层的功能主要是传送规则，即控制帧结构、执行仲裁、错误检测、出错标定和故障界定。MAC 子层也要确定，为开始一次新的发送，总线是否开放或者是否马上开始接收。位定时特性也是 MAC 子层的一部分。MAC 子层特性不存在修改的灵活性。物理层的功能是有关全部电气特性在不同节点间的实际传送。在一个网络内，物理层的所有节点必须是相同的，然而，在选择物理层时存在很大的灵活性。

CAN 技术规范 2.0B 定义了数据链路中的 MAC 子层和 LLC 子层的一部分，并描述与 CAN 有关的外层。物理层定义信号怎样进行发送，因而，涉及位定时、位编码和同步的描述。在这部分技术规范中，未定义物理层中的驱动器/接收器特性，以便允许根据具体应用，对发送媒体和信号电平进行优化。

MAC 子层是 CAN 协议的核心。它描述由 LLC 子层接收到的报文和对 LLC 子层发送的认可报文。MAC 子层可响应报文帧、仲裁、应答、错误检测和标定。MAC 子层由称为故障界定的一个管理实体监控，它具有识别永久故障或短暂扰动的自检机制。LLC 子层的主要功能是报文滤波、超载通知和恢复管理。

3.1.4 CAN 总线的位数值表示

CAN 总线上用“显性”（Dominant）和“隐性”（Recessive）两个互补的逻辑值表示、“0”和“1”。当在总线上出现同时发送显性位和隐性位时，其结果是总线数值为显性（即“0”与“1”的结果为“0”）。如图 3-2 所示，V_{CAN-H}和V_{CAN-L}为 CAN 总线收发器与总线之间的两接口引脚，信号是以两线之间的“差分”电压形式出现。在隐性状态，V_{CAN-H}和V_{CAN-L}被固定在平均电压电平附近，V_{diff}近似于 0。在总线空闲或隐性位期间，发送隐性位。显性位用大于最小阈值的差分电压表示。

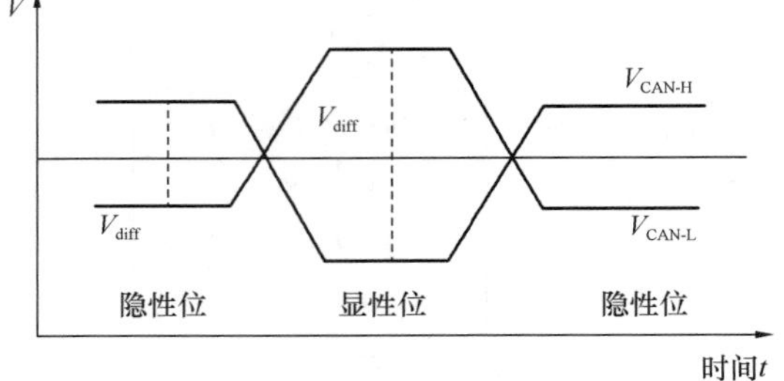

图 3-2　CAN 总线上的位电平表示

3.2 CAN 报文帧的类型与结构

3.2.1 CAN 报文帧的类型

CAN 的技术规范包括 A 和 B 两部分，CAN2.0A 规范所规定的报文帧，被称为标准格式的报文帧，它具有 11 位标识符。而 CAN2.0B 规定了标准和扩展两种不同的帧格式，其主要区别在于标识符的长度。CAN2.0B 中的标准格式与 CAN2.0A 所规定的标准格式兼容，都具有 11 位标识符。而 CAN2.0B 所规定的扩展格式中，其报文帧具有 29 位标识符。因此根据报文帧标识符的长度，可以把 CAN 报文帧分为标准帧和扩展帧两大类型。

在进行数据传送时，发出报文的单元称为该报文的发送器。该单元在总线空闲或丢失仲裁前恒为发送器。如果一个单元不是报文发送器，并且总线不处于空闲状态，则该单元为接收器。

对于报文发送器和接收器，报文的实际有效时刻是不同的。对于发送器而言，如果直到帧结束末尾一直未出错，则对于发送器报文有效。如果报文受损，将允许按照优先权顺序自动重发。为了能同其他报文进行总线访问竞争，总线一旦空闲，重发送立即开始。对于接收器而言，如果直到帧结束的最后一位一直未出错，则对于接收器报文有效。

报文传送由 4 种不同类型的帧表示和控制：数据帧携带数据由发送器至接收器；远程帧通过总线单元发送，以请求发送具有相同标识符的数据帧；出错帧由检测出总线错误的任何单元发送；超载帧用于提供当前的和后续的数据帧的附加延迟。数据帧和远程帧借助帧间空间与当前帧分开。

不同类型的报文帧具有不同的帧结构，下面分别讨论这 4 种不同报文帧的结构。

3.2.2 数据帧

数据帧由 7 个不同的位场组成，即帧起始、仲裁场、控制场、数据场、CRC（校验）场、应答场和帧结束。数据帧中数据场长度可为 0。数据帧的位场排列如图 3-3 所示。

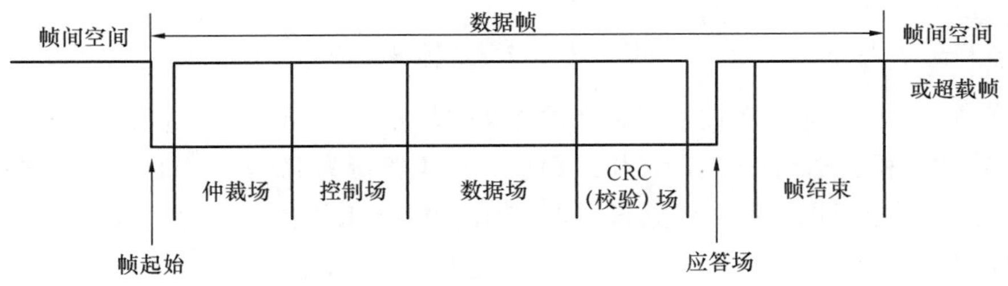

图 3-3 数据帧的位场排列

标准格式和扩展格式数据帧结构如图 3-4 所示。

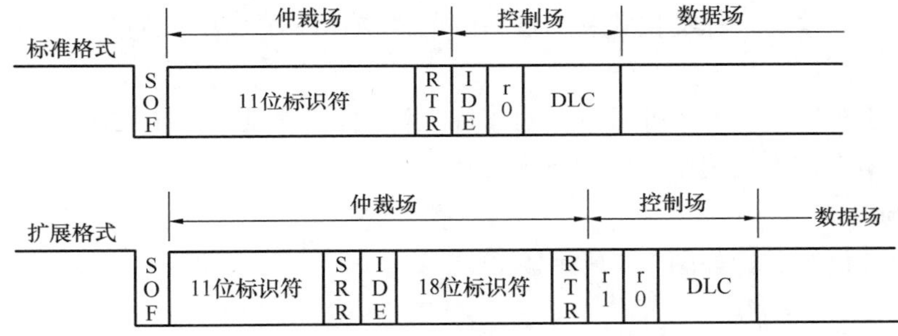

图 3-4 标准格式和扩展格式数据帧结构

为使控制器设计相对简单，并不要求执行完全的扩展格式（例如，以扩展格式发送报文或由报文接收数据），但必须不加限制地执行标准格式。如新型控制器至少具有下列特性，则可被认为同 CAN 技术规范兼容：每个控制器均支持标准格式；每个控制器均接收扩展格式报文，即不至于因为它们的格式而破坏扩展帧。

CAN2. 0B 对报文滤波特别加以描述，报文滤波以整个标识符为基准。屏蔽寄存器可用于选择一组标识符，以便映像至接收缓存器中，屏蔽寄存器每一位都需是可编程的。它的长度可以是整个标识符，也可以仅是其中一部分。

1. 帧起始（SOF）

标志数据帧和远程帧的起始，它仅由一个显性位构成。只有在总线处于空闲状态时，才允许站开始发送。所有站都必须同步于首先开始发送的那个站的帧起始前沿。

2. 仲裁场

由标识符和远程发送请求（RTR 位）组成，仲裁场的组成如图 3-5 所示。

对于 CAN2. 0A 标准，标识符的长度为 11 位，这些位以从高位到低位的顺序发送，最低位为 ID. 0，其中最高的 7 位（ID. 10～ID. 4）不能全为隐位。

RTR 位在数据帧中必须是显位，而在远程帧中必须为隐位。

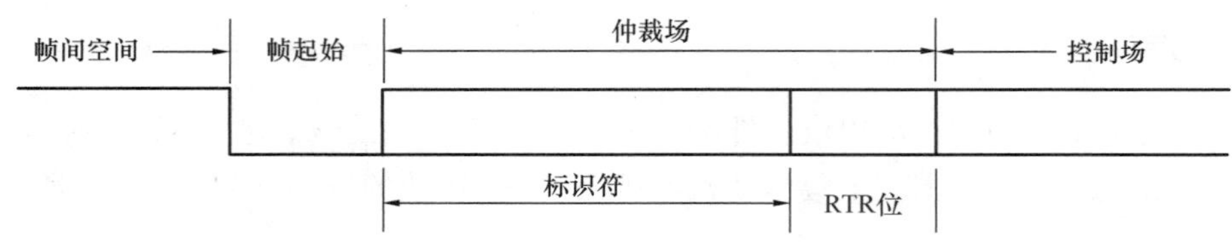

图 3-5　仲裁场的组成

对于 CAN2.0B，标准格式和扩展格式的仲裁场格式不同。在标准格式中，仲裁场由 11 位标识符和远程发送请求（RTR 位）组成，标识符位为 ID.28～ID.18，而在扩展格式中，仲裁场由 29 位标识符和替代远程请求 SRR 位、标识位和远程发送请求位组成，标识符位为 ID.28～ID.0。

为区别标准格式和扩展格式，将 CAN2.0B 标准中的 r1 改记为 IDE 位。在扩展格式中，先发送基本 ID，其后是 IDE 位和 SRR 位。扩展 ID 在 SRR 位后发送。

SRR 位为隐性位，在扩展格式中，它在标准格式的 RTR 位上被发送，并替代标准格式 中的 RTR 位。这样，标准格式和扩展格式的冲突由于扩展格式的基本 ID 与标准格式的 ID 相同而告解决。

IDE 位对于扩展格式属于仲裁场，对于标准格式属于控制场。IDE 在标准格式中以显性电平发送，而在扩展格式中为隐性电平。

3. 控制场

控制场由 6 位组成，如图 3-6 所示。

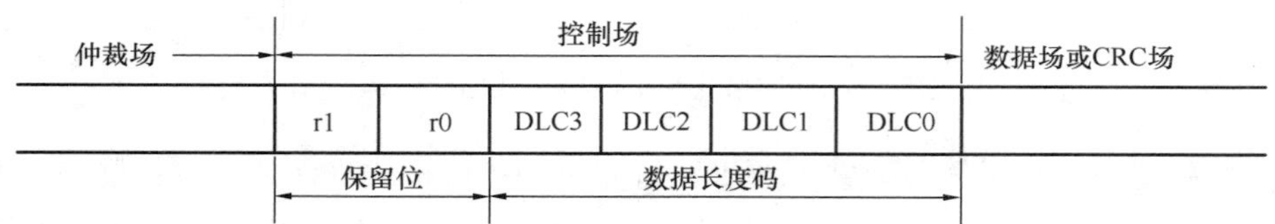

图 3-6　控制场的组成

标准格式与扩展格式中的控制场是有区别的。在标准格式中，控制场包括数据长度代码 DLC、IDE 和两个保留位，这两个保留位必须发送显性位，但接收器认可显性位与隐性位的全部组合。

数据长度码 DLC 指出数据场的字节数目。数据长度码为 4 位，在控制场中被发送。数据长度码中数据字节数目编码如表 3-1 所示。其中：d 表示显性位，r 表示隐性位。数据字节的允许使用数目为 0～8，不能使用其他数值。

数据长度码中数据字节数目编码　　**表 3-1**

数据字节数目	数据长度码			
	DLC3	DLC2	DLC1	DLC0
0	d	d	d	d
1	d	d	d	r

续表

数据字节数目	数据长度码			
	DLC3	DLC2	DLC1	DLC0
2	d	d	r	d
3	d	d	r	r
4	d	r	d	d
5	d	r	d	r
6	d	r	r	d
7	d	r	r	r
8	r	d	d	d

4. 数据场

由数据帧中被发送的数据组成，它可包括 0～8 个字节，每个字节 8 位。首先发送的是最高有效位。

5. CRC 场

包括 CRC 序列，后随 CRC 界定符，CRC 场的结构如图 3-7 所示。

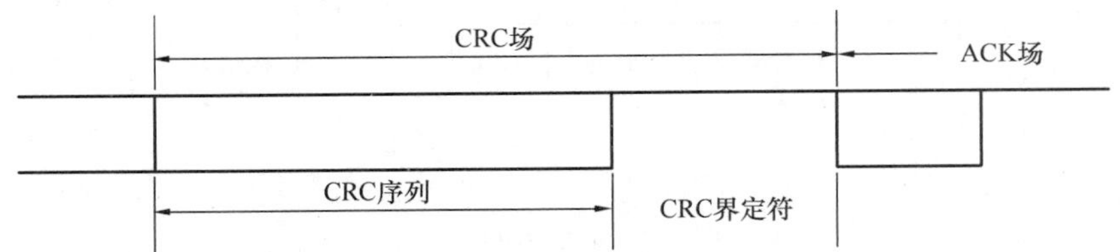

图 3-7 CRC 场的结构

CRC 序列由循环冗余码求得的帧检查序列组成，最适用于位数小于 127（BCH 码）的帧。为实现 CRC 计算，被除的多项式系数由包括帧起始、仲裁场、控制场、数据场（若存在的话）在内的无填充的位流给出，其 15 个最低位的系数为 0，此多项式被发生器产生的下列多项式除（系数为模 2 运算）：

$X^{15}+X^{14}+X^{10}+X^{8}+X^{7}+X^{4}+X^{3}+1$

发送/接收数据场的最后一位后，CRC-RG 包含有 CRC 序列。CRC 序列后面是 CRC 界定符，它只包括一个隐性位。

6. 应答场

应答场（ACK 场）为两位，包括应答间隙和应答界定符，如图 3-8 所示。

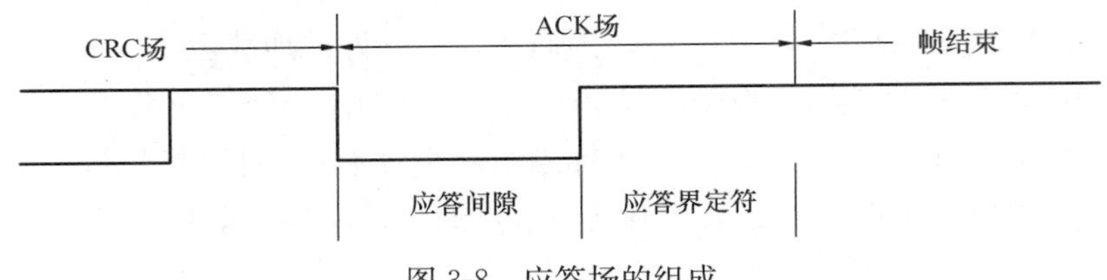

图 3-8 应答场的组成

在应答场中，发送器送出两个隐性位。一个正确地接收到有效报文的接收器，在应答间隙，将此信息通过发送一个显性位报告给发送器。所有接收到匹配 CRC 序列的站，通过在应答间隙内把显性位写入 发送器的隐性位来报告。

应答界定符是应答场的第二位，并且必须是隐性位。因此，应答间隙被两个隐性位（CRC 界定符和应答界定符）包围。

7. 帧结束

每个数据帧和远程帧均由 7 个隐性位组成的标志序列界定。

3.2.3 远程帧

激活为数据接收器的站可以借助于传送一个远程帧初始化各自源节点数据的发送。远程帧由 6 个不同分位场组成：帧起始、仲裁场、控制场、CRC 场、应答场和帧结束。

同数据帧相反，远程帧的 RTR 位是隐性位。远程帧不存在数据场。DLC 的数据值是没有意义的，它可以是 0～8 中的任何数值，远程帧的组成如图 3-9 所示。

图 3-9　远程帧的组成

3.2.4 出错帧

出错帧由两个不同场组成，第一个场由来自各帧的错误标志叠加得到，后随的第二个场是出错界定符，出错帧的组成如图 3-10 所示。

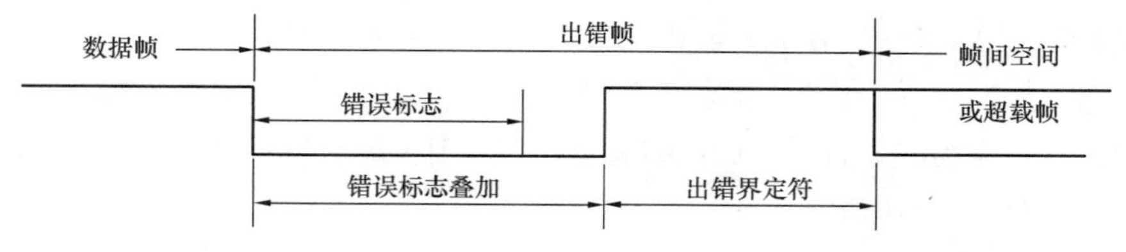

图 3-10　出错帧的组成

为了正确地终止出错帧，一种“错误认可”节点可以使总线处于空闲状态至少三位时间（如果错误认可接收器存在本地错误），因而总线不允许被加载至 100%。

错误标志具有两种形式，一种是活动错误标志（Active Error Flag）；另一种是认可错误标志（Passive Error Flag），活动错误标志由 6 个连续的显性位组成，而认可错误标志由 6 个连续的隐性位组成，除非被来自其他节点的显性位冲掉重写。

3.2.5 超载帧

超载帧包括两个位场：超载标志和超载界定符，如图 3-11 所示。

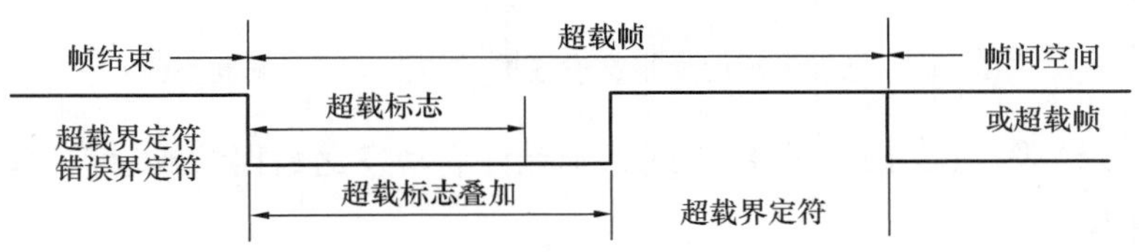

图 3-11 超载帧的组成

存在两种导致发送超载标志的超载条件：一个是要求延迟下个数据帧或远程帧的接收器的内部条件；另一个是在间歇场检测到显性位。由前一个超载条件引起的超载帧起点，仅允许在期望间歇场的第一位时间开始，而由后一个超载条件引起的超载帧在检测到显性位的后一位开始。在大多数情况下，为延迟下一个数据帧或远程帧，两种超载帧均可产生。

超载标志由 6 个显性位组成。全部形式对应于活动错误标志形式。超载标志形式破坏了间歇场的固定格式，因而，所有其他站都将检测到一个超载条件，并且由它们开始发送超载标志（在间歇场第三位期间检测到显性位的情况下，节点将不能正确理解超载标志，而将 6 个显性位的第一位理解为帧起始）。第 6 个显性位违背了引起出错条件的位填充规则。

超载界定符由 8 个隐性位组成。超载界定符与错误界定符具有相同的形式。发送超载标志后，站监视总线直到检测到由显性位到隐性位的发送。在此站点上，总线上的每一个站均完成送出其超载标志，并且所有站一致地开始发送剩余的 7 个隐性位。

3.2.6 帧间空间

数据帧和远程帧同前面的帧相同，不管是何种帧（数据帧、远程帧、出错帧或超载帧）均应称之为帧间空间的位场分开。相反，在超载帧和出错帧前面没有帧间空间，并且多个超载帧前面也不被帧间空间分隔。

帧间空间包括间歇场和总线空闲场，对于前面已经发送报文的“错误认可”站还有暂停发送场。对于非“错误认可”或已经完成前面报文的接收器，其帧间空间如图 3-12 所示；对于已经完成前面报文发送的“错误认可”站，其帧间空间如图 3-13 所示。

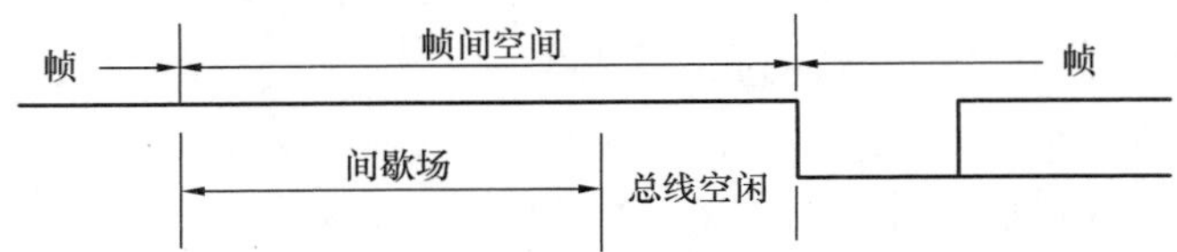

图 3-12 非“错误认可”帧间空间

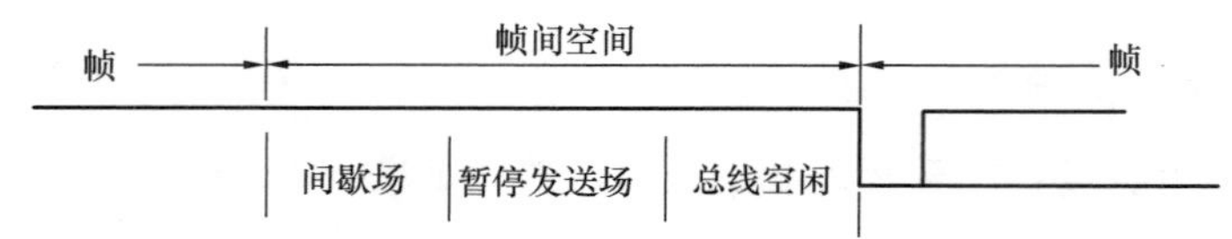

图 3-13　已经完成前面报文发送的“错误认可”帧间空间

间歇场由 3 个隐性位组成。间歇期间，不允许启动发送数据帧或远程帧，它仅起标注超载条件的作用。

总线空闲周期可为任意长度。此时，总线是开放的，因此任何需要发送的站均可访问总线。在其他报文发送期间，暂时被挂起的待发报文紧随间歇场从第一位开始发送。此时总线上的显性位被理解为帧起始。

暂停发送场是指：错误认可站发完一个报文后，在开始下一次报文发送或认可总线空闲之前，它紧随间歇场后送出 8 个隐性位。如果其间开始一次发送（由其他站引起），本站将变为报文接收器。

3.3　CAN 节点设计

3.3.1　CAN 通信控制器

在网络的层次结构中，数据链路层和物理层是保证通信质量至关重要的部分，也是网络协议中最复杂的部分。CAN 的通信协议由 CAN 通信控制器完成。CAN 通信控制器由实现 CAN 总线协议部分和跟微控制器接口部分的电路组成。通过编程，CPU 可以设置它的工作方式，控制它的工作状态，进行数据的发送和接收，把应用层建立在它的基础上。下面以 SJA1000 为代表，对 CAN 控制器的结构、功能及应用加以介绍。

SJA1000 是一种独立控制器，用于汽车和一般工业环境中的局域网络控制。它是 Philips 公司的 PCA82C200 CAN 控制器（BasicCAN）的替代产品。而且，它增加了一种新的工作模式（PeliCAN），这种模式支持具有很多新特点的 CAN 2.0B 协议，SJA1000 具有如下特点：

（1）与 PCA82C200 独立 CAN 控制器引脚和电气兼容。

（2）PCA82C200 模式（即默认的 BasicCAN 模式）。

（3）扩展的接收缓冲器（64 字节、先进先出 FIFO）。

（4）与 CAN2.0B 协议兼容（PCA82C200 兼容模式中的无源扩展结构）。

（5）同时支持 11 位和 29 位标识符。

（6）位速率可达 1Mbps。

（7）PeliCAN 模式扩展功能：

1）可读/写访问的错误计数器。

2）可编程的错误报警限制。

3）最近一次错误代码寄存器。

4）对每一个 CAN 总线错误的中断。

5）具有详细位号（bit position）的仲裁丢失中断。

6）单次发送（无重发）。

7）只听模式（无确认、无激活的出错标志）。

8）支持热插拔（软件位速率检测）。

9）接收过滤器扩展。

10）自身信息接收（自接收请求）。

11）24MHz 时钟频率。

12）可以和不同微处理器接口。

13）可编程的 CAN 输出驱动器配置。

14）增加的温度范围（－40～＋125℃）。

SJA1000 的功能框图与引脚说明。

SJA1000 的功能框图如图 3-14 所示、引脚排列图如图 3-15 所示。

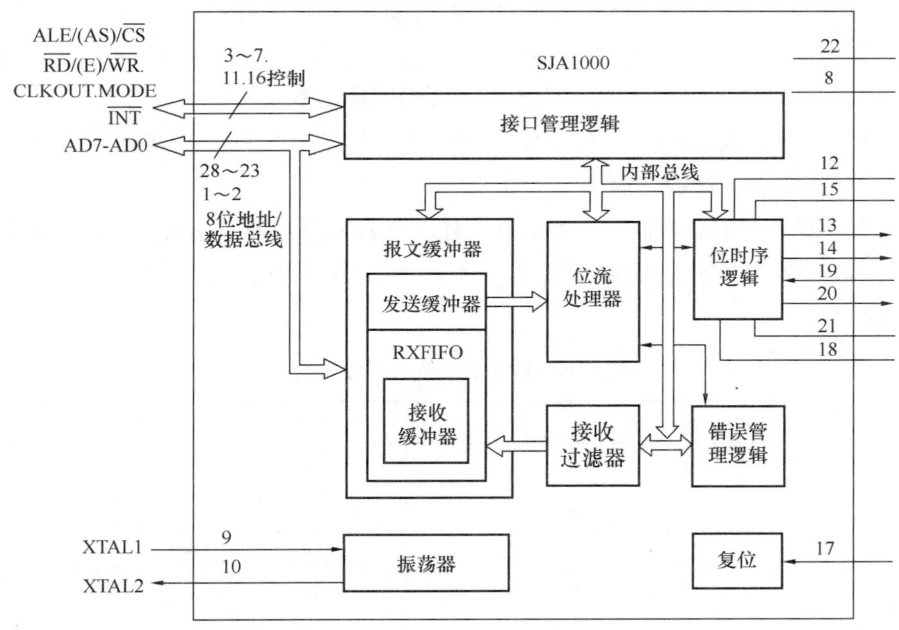

图 3-14　SJA1000 的功能框图

从图 3-14 可以看出，这种独立的 CAN 控制器由以下几个部分构成。

（1）接口管理逻辑（IML）。接口管理逻辑解释来自 CPU 的命令，控制 CAN 寄存器的寻址，向主控制器提供中断信息和状态信息。

（2）发送缓冲器（TXB）。发送缓冲器是 CPU 和 BSP（位流处理器）之间的接口，能够存储发送到 CAN 网络上的 完整报文。缓冲器长 13 个字节，由 CPU 写入，BSP 读出。

（3）接收缓冲器（RXB，RXFIFO）。接收缓冲器是接收 FIFO（RXFIFO，64B）的一个可被 CPU 访问的窗口。在接收 FIFO 的支持下，CPU 可以在处理当前信息的同时接收

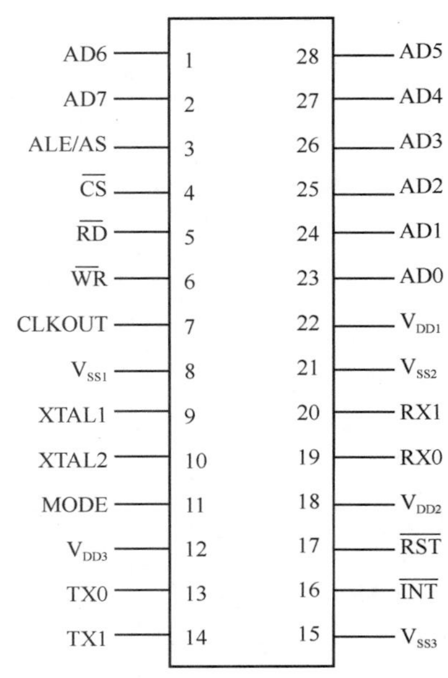

图 3-15　SJA1000 引脚排列图

总线上的其他信息。

（4）接收过滤器（ACF）。接收过滤器把它其中的数据和接收的标识符相比较，以决定是否接收报文。在纯粹的接收测试中，所有的报文都保存在 RXFIFO 中。

（5）位流处理器（BSP）。位流处理器是一个在发送缓冲器、RXFIFO 和 CAN 总线之间控制数据流的序列发生器。它还执行错误检测、仲裁、总线填充和错误处理。

（6）位时序逻辑（BTL）。位时序逻辑监视串行 CAN 总线，并处理与总线有关的位定时。在报文开始，由隐性到显性的变换同步 CAN 总线上的位流（硬同步），接收报文时再次同步下一次传送（软同步）。BTL 还提供了可编程的时间段来补偿传播延迟时间、相位转换（例如，由于振荡漂移）和定义采样点和每一位的采样次数。

（7）错误管理逻辑（EML）。EML 负责传送层中调制器的错误界定。它接收 BSP 的出错报告，并将错误统计数字通知 BSP 和 IML。

（8）SJA1000 的寄存器配置。SJA1000 有复位和运行两种工作模式。在初始化期间的复位模式下，其寄存器配置如表 3-2 所示，在正常工作期间的运行模式下，个别寄存器的定义会有所变更。

SJA1000 寄存器配置（复位模式）　　　　**表 3-2**

名称	地址	7	6	5	4	3	2	1	0
模式寄存器	0	—	—	—	睡眠方式	滤波方式	自检方式	监听方式	复式方式
命令寄存器	1	—	—	—	自收请求	清超限定状态	释放接收缓冲器	中止发送	发送请求
状态寄存器	2	总线状态	错误状态	发送状态	接收状态	发送完成状态	发送缓冲器状态	数据超限状态	接收缓冲器状态
中断寄存器	3	总线错误中断	仲裁丢失中断	错误认可状态中断	唤醒中断	数据超限中断	错误报警中断	发送中断	接收中断
中断允许寄存器	4	总线错误中断允许	仲裁丢失中断允许	错误认可中断允许	唤醒中断允许	数据超限中断允许	错误报警中断允许	发送中断允许	接收中断允许
保留	5	—	—	—	—	—	—	—	—
总线时序寄存器 0	6	SJM，1	SJM，0	BRP. 5	BRP. 4	BRP. 3	BRP. 2	BRP. 1	BRP. 0

续表

名称	地址	7	6	5	4	3	2	1	0
总线时序寄存器1	7	SAM	TSEG2. 2	TSEG2. 1	TSEG2. 0	TSEG1. 3	TSEG1. 2	TSEG1. 1	TSEG1. 0
输出控制寄存器	8	OCTP1	OCTN1	OCPOL1	OCTP0	OCTN0	OCPOL0	OCMODE1	OCMODE0
测试寄存器	9	—	—	—	—	—	—	—	—
保留	10	—	—	—	—	—	—	—	—
仲裁丢失捕捉	11	—	—	—	ALC. 4	ALC. 3	ALC. 2	ALC. 1	ALC. 0
出错码捕捉	12	ECC. 7	ECC. 6	ECC. 5	ECC. 4	ECC. 3	ECC. 2	ECC. 1	ECC. 0
错误警告限	13	EWL. 7	EWL. 6	EWL. 5	EWL. 4	EWL. 3	EWL. 2	EWL. 1	EWL. 0
Rx出错计数	14	RXERR. 7	RXERR. 6	RXERR. 5	RXERR. 4	RXERR. 3	RXERR. 2	RXERR. 1	RXERR. 0
Tx出错计数	15	TXERR. 7	TXERR. 7	TXERR. 7	TXERR. 7	TXERR. 7	TXERR. 7	TXERR. 7	TXERR. 7
滤波码寄存器1～3	16～18	AC. 7	AC. 6	AC. 5	AC. 4	AC. 3	AC. 2	AC. 1	AC. 0
滤波屏蔽寄存器0～3	20～23	AM. 7	AM. 6	AM. 5	AM. 4	AM. 3	AM. 2	AM. 1	AM. 0
保留	24～28	00H	00H	00H	00H	00H	00H	00H	00H
Rx报文个数	29	0	0	0	RMC. 4	RMC. 3	RMC. 2	RMC. 1	RMC. 0
Rx缓冲器起始地址	30	0	0	RBSA. 5	RBSA. 4	RBSA. 3	RBSA. 2	RBSA. 1	RBSA. 0
时钟分配器	31	CAN模式	CBP	RXINTEN	0	Clock off	CD. 2	CD. 1	CD. 0
内部RAM(FIFO)	32～95	—	—	—	—	—	—	—	—
内部RAM(Tx)	96/108	—	—	—	—	—	—	—	—
内部RAM(free)	109/111	—	—	—	—	—	—	—	—
00H	112/127	—	—	—	—	—	—	—	—

(9) SJA1000 的增强功能

SJA1000 为增强出错处理功能增加了一些新的特殊功能寄存器，包括：仲裁丢失捕捉寄存器（ALC）、出错码捕捉寄存器（ECC）、出错警告限寄存器（EWL）、接收出错计数寄存器（RXERR）和发送出错计数寄存器（TXERR）等。借助于这些出错寄存器可以找到丢失仲裁位的位置，分析总线错误类型和位置，定义错误警告极限值以及记录发送和接收时出现的错误个数等。

一般来说，CAN 控制器的出错分析可通过以下 3 个途径来实现：

(1) 出错寄存器。在增强 CAN 模式中，有两个出错寄存器：接收出错寄存器和发送出错寄存器。对应的 CAN 相对地址为 14 和 15。在调试阶段，可以通过直接从这两个寄存器中读取出错计数器的值来判断目前 CAN 控制器所处的状态。

(2) 出错中断。增强 CAN 模式共有 3 种类型的出错中断源：总线出错中断、错误警告限中断（可编程设置）和出错认可中断。可以在中断允许寄存器（IER）中区分出以上各中断，也可以通过直接从中断寄存器（IR）中直接读取中断寄存器的状态来判断属哪种出错类型产生的中断。

(3) 出错码捕捉寄存器（ECC)。当 CAN 总线发生错误时，产生相应的出错中断，与此同时，对应的错误类型和产生位置写入出错码捕捉寄存器（对应的 CAN 相对地址为 12）。这个代码一直保存到被主控制器读取出来后，ECC 才重新被激活，可捕捉下一个错误代码。可以从出错码捕捉寄存器读取的数据来分析错误是属于何种错误以及错误产生的位置，从而为调试工作提供了方便。

SJA1000 有两种自我测试方法，本地自我测试和全局自我测试。本地自我测试为单节点测试，它不需要来自其他节点的应答信号，可以自己发送数据，自己接收数据。通过检查接收到的数据是否与发送出去的数据相吻合，来确定该节点能否正常地发送和接收数据。这样就极大地方便了 CAN 通信电路的调试，使 CAN 通信电路的调试不再需要用一个正确的节点来确定某个节点是否能够成功地发送和接收数据。只需将 CAN 控制器的命令寄存器（CMR）的第三位（MOD. 2）设置为 1，CAN 控制器就会自动进入自我测试模式。需要指出的是，虽然是单个节点进行自我测试，但是 CAN 的物理总线必须存在。

3.3.2 CAN 总线收发器 82C250

82C250 是 CAN 控制器与物理总线之间的接口，最初是为汽车高速率通信（最高达 1Mbps）的应用而设计的。此器件对总线提供差动发送能力，对 CAN 控制器提供差动接收能力，82C50 的主要特性如下：

(1) 完全符合 ISO 11898 标准。

(2) 高速率（最高达 1Mbps)。

(3) 具有抗汽车环境中的瞬间干扰，保护总线能力。

(4) 斜率控制，降低射频干扰（RFI）。

(5) 差分收发器，抗宽范围的共模干扰，抗电磁干扰（EMI）。

(6) 热保护。

(7) 防止电源和地之间发生短路。

(8) 低电流待机模式。

(9) 未上电的节点对总线无影响。

(10) 可连接 110 个节点。

(11) 82C250 的功能框图如图 3-16 所示。

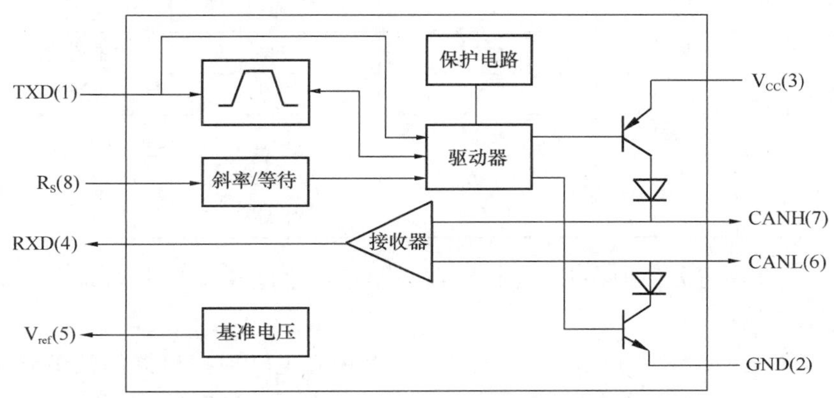

图 3-16 82C250 的功能框图

82C250 驱动电路内部具有限流电路，可防止发送输出级对电源、地或负载短路。虽然短路出现时功耗增加，但不至于使输出级损坏。若结温超过大约 160℃，则两个发送器输出端极限电流将减小，由于发送器是功耗的主要部分，因而限制了芯片的温升。器件的所有其他部分将继续工作。82C250 采用双线差分驱动，有助于抑制汽车等恶劣电气环境下的瞬变干扰。

引脚 Rs 用于选定 82C250 的工作模式。有 3 种不同的工作模式可供选择：高速模式、斜率控制和待机模式，如表 3-3 所示。

82C250 基本参数 **表 3-3**

Rs 提供条件	工作模式	Rs 上的电压或电流
$V_{Rs}>0.75V_{cc}$	待机模式	$I_{Rs}<10\ \mu A$
$-10\ \mu A<-I_{Rs}<-200\ \mu A$	斜率控制	$0.4V_{cc}<V_{Rs}<0.6V_{cc}$
$V_{Rs}<0.3V_{cc}$	高速模式	$-I_{Rs}<500\ \mu A$

对于高速模式，发送器输出级晶体管被尽可能快地启动和关闭。在这种模式下，不采取任何措施限制上升和下降的斜率。此时，建议采用屏蔽电缆，以避免射频干扰问题的出现。通过把引脚 Rs 接地可选择高速模式。

对于较低速度或较短的总线长度，可使用非屏蔽双绞线或平行线作总线。为降低射频干扰，应限制上升和下降的斜率。上升和下降的斜率可以通过由引脚 8 至地连接的电阻进行控制，斜率正比于引脚 Rs 上的电流输出。

如果引脚 Rs 接高电平，则电路进入低电平待机模式。在这种模式下，发送器被关闭，接收器转至低电流。如果检测到显性位，RXD 将转至低电平。微控制器应通过引脚 8 将驱动器变为正常工作状态来对这个条件作出响应。由于在待机模式下接收器是慢速的，因此将丢失第一个报文。82C250 真值表如表 3-4 所示。

82C250 真值表 **表 3-4**

电源	TXD	CANH	CANL	总线状况	RXD
4.5～5.5V	0	高	低	显性	0
4.5～5.5V	1 或悬空	悬空	悬空	隐性	1
<2V（未上电）	X	悬空	悬空	隐性	X
$2V<V_{cc}<4.5V$	$>0.75V_{cc}$	悬空	悬空	隐性	X
$2V<V_{cc}<4.5V$	X	若 $V_{Rs}>0.75V_{cc}$ 则悬空	若 $V_{Rs}>0.75V_{cc}$ 则悬空	隐性	X

利用 82C250 还可方便地在 CAN 控制器与驱动器之间建立光电隔离，以实现总线上各节点间的电气隔离。

双绞线并不是 CAN 总线的唯一传输介质。利用光电转换接口器件及星形光纤耦合器可建立光纤介质的 CAN 总线通信系统。此时，光纤中有光表示显性位，无光表示隐性位。

利用 CAN 控制器的双相位输出模式，通过设计适当的接口电路，也不难实现人们希望的电源线与 CAN 通信线的复用。另外，CAN 协议中卓越的错误检出及自动重发功能为建立高效的基于电力线载波或无线电介质（这类介质往往存在较强的干扰）的 CAN 通信系统提供了方便，且这种多机通信系统只需要一个频点。

3.3.3 CAN 节点的硬件电路设计

采用 AT89S52 单片微控制器、独立 CAN 通信控制器 SJA1000，CAN 总线驱动器 82C250 及复位电路 IMP708 的 CAN 应用节点电路如图 3-17 所示。

在图 3-17 中，IMP708 具有两个复位输出 RESET 和 $\overline{\text{RESET}}$，分别接至 AT89S52 单片微控制器和 SJA1000 CAN 通信控制器。当按下按键 S 时，为手动复位。

3.3.4 CAN 节点软件设计

主程序流程图如图 3-18 所示。

1. SJA1000 初始化

初始化是在程序运行前对 CAN 控制器 SJA1000 的工作方式进行设定，使其能按照用户需要的方式进行 CAN 总线通信工作。SJA1000 CAN 通信控制器在上电或硬件复位后，必须通过初始化设置来建立 CAN 通信 SJA1000 可以在主控 CPU 工作期间被再次初始化，这可以通过发送软件复位请求来实现。初始化工作主要包括工作主频、波特率、节点 ID 和输出特性等。

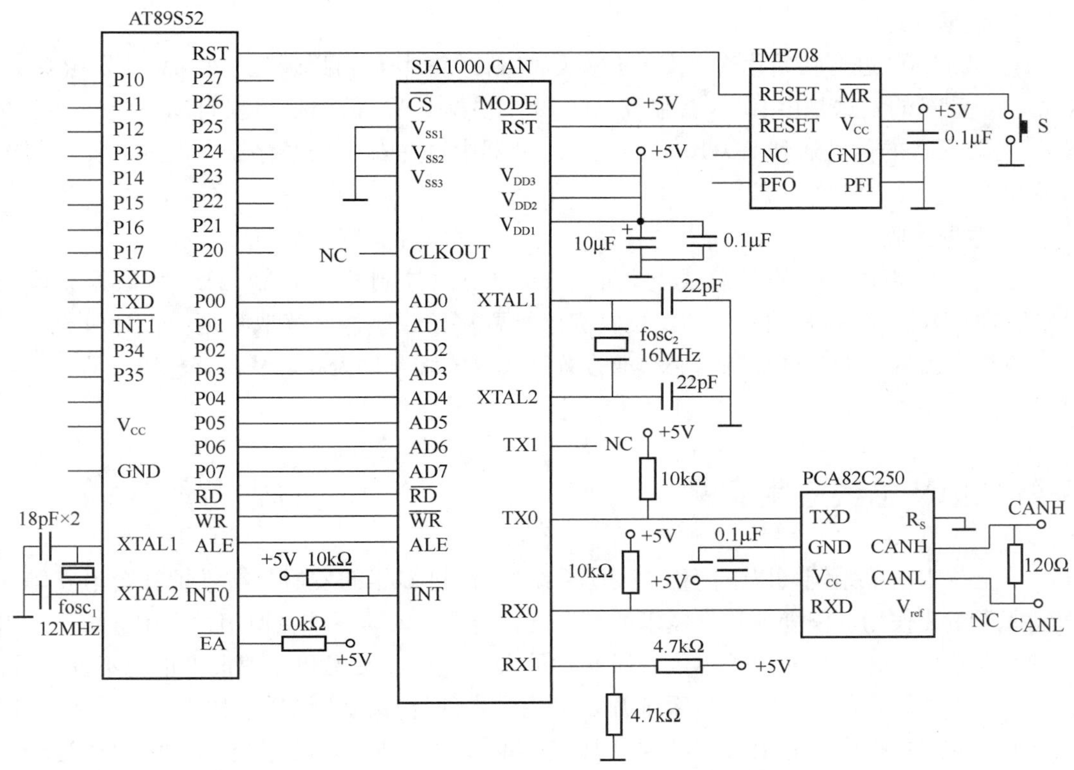

图 3-17　CAN 节点电路设计

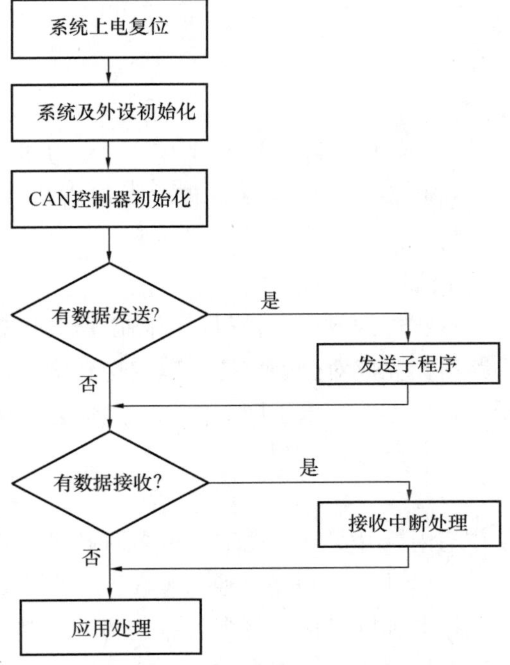

图 3-18　主程序流程图

2. 数据发送

对SJA1000进行初始化建立CAN总线通信后，模块就可以通过CAN总线发送CAN数据包。消息的发送是由CAN控制器SJA1000根据CAN的通信协议自动完成的，主控CPU将要发送的信息送到SJA1000的发送缓冲器中，并在命令寄存器中设置“发送请求标示位”。

3. 数据接收

在实际应用中，模块从总线上获取信息，CAN控制器从CAN总线将数据获取到CAN接收缓冲区也是自动完成的。接收程序需要从接收缓冲区读取数据。设计时充分考虑接收缓存器内容后，微控制器必须通过置释放接收缓存位为高，从而释放缓存器，使得另一个立即变为有效。

3.4 CAN总线应用实例

安全技术防范系统（以下简称“安防系统”）经过多年的发展，在维护社会治安等方面发挥了重要作用，但随着科学技术的而发展，传统的安防系统在使用过程中逐渐暴露出一些安全隐患问题，如防卫基本依靠保安人员人工辨认，发现和处理报警情况不及时等。在信息技术智能化的今天，安防系统开始采用先进的计算机技术通信技术控制技术及IC卡技术，为用户提供更好更安全的居住环境。本节主要结合安防系统和CAN总线技术，阐述一套基于CAN总线的小区安防系统的结构体系，使原有的住宅小区安防系统在安全可靠性、处理实时性以及成本合理性等多个方面有了极大的提高。

3.4.1 系统结构设计

1. 管理中心计算机系统

管理中心计算机系统（又称上位机系统）主要由PC机以及接通至PC机内部的RS-232端口组成。上位机系统负责系统的总体调度，向网络节点发送命令接收节点数据并加以分析、存储、显示及打印。

2. 中心路由器和子网路由器

中心路由器和子网路由器物理构成基本相似，由路由器和接通至路由器的CAN总线控制接口电路组成。中心路由器完成对全网广播用以发送和接收各网络节点信息，同时完成和上位机系统通信。子网路由器控制该子网中的各节点信息发送和接收，并决定是否向上呼叫传送。

3. 报警主机

报警主机放置在居民住宅内，由安放在住宅中的各种传感器收集相应的模拟量信号。当信号达到报警门限的时候，启动报警设置，通过CAN总线传到管理中心计算机系统，并且能实现侵入报警、断线报警和拆机报警等多种报警方式。传感器部分包括燃气泄漏、门磁开关模块、红外人体移动探测模块、玻璃破碎振动模块等。平时的布防和撤防信息同样通过CAN总线传至管理中心。

本系统选用总线式网络拓扑结构，由管理中心计算机系统、中心路由器、子网路由器、报警主机和CAN总线控制网络构成，系统总体结构图如图3-19所示。

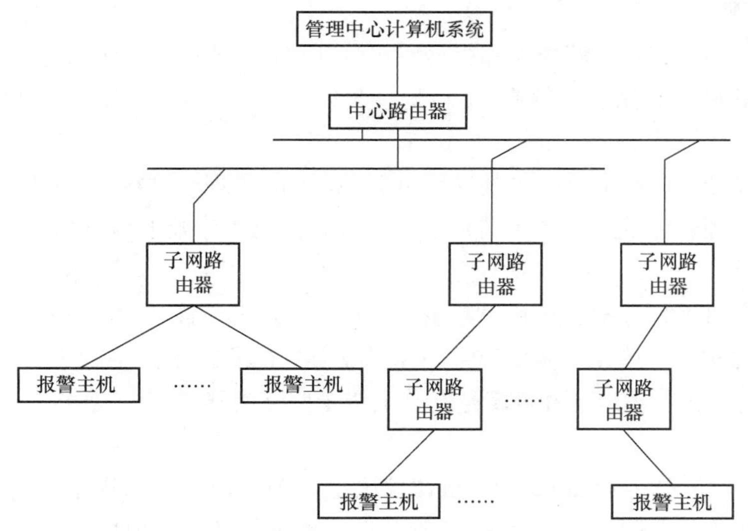

图3-19 系统总体结构图

4. CAN总线接口

CAN总线接口用来完成CAN总线协议转换和数据处理，系统采用CAN控制器SJA1000和总线收发器82C250为核心的端口结构。SJA1000用来实现CAN协议物理层和部分链路层功能，传输速率很快，位速率可达到1Mbps，可满足高速大流量实时传输要求。但SJA1000的总线驱动能力有限，不直接与总线连接，因此，在设计中选择82C250作为CAN物理总线接口芯片，用以提供对总线的差动发送能力和对CAN控制器的差动接收能力。另外在SJA1000与82C250之间选用光电耦合6N137作为隔离措施，以提高系统的抗干扰能力。图3-20为CAN总线接口电路原理图。图中SJA1000用16MHz的晶振作为基准时钟，数据线AD0～AD7与微处理器的低8位数据线相连。

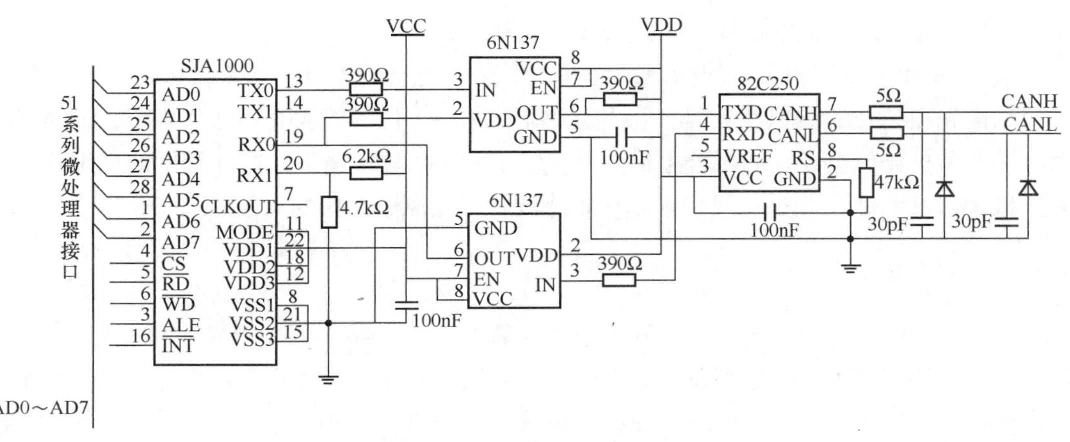

图3-20 CAN总线接口电路原理图

3.4.2 通信协议的构建

1. 地址分配

在整个系统中，实行对路由器和报警主机分开编址，地址长度统一为 1 个字节。CAN 总线一次传送的最大数据字节数为 8，将地址长度降低到 1 个字节能有效提高 CAN 总线传送效率。

（1）路由器地址分配。路由器的地址由 PC 机上的管理软件统一分配，分配方式属于半自动式。向管理软件发送命令申请地址，路由器收到所分配的地址后，发送 ACK 作为确认信息。

（2）报警主机地址分配。每台报警主机的物理地址都与该使用者的住户信息相关。住户信息可描述为楼栋、单元、楼层和室，可用报警主机所在子网中的逻辑号（1～99）来编址，并将报警主机物理地址和逻辑号在其上级子网路由器的路由表中一一对应。

2. 帧格式

CAN 通信协议是一种在现有的底层协议之上实现的协议。它规定了信息以帧为单位发送，每一类帧的格式是一定的。表 3-5 所示为本系统中的数据帧格式。

数据帧格式 **表 3-5**

字节	bit 0	bit 1	bit 2	bit 3	bit 4	bit 5	bit 6	bit 7
1	主发源标识			方向位		消息类型		
2	扩充位			RTR	数据长度			
3～10	数据区							

（1）主发源标识。00 为管理中心 PC 机，01 为中心路由器，10 为子网路由器，11 为报警主机；

（2）方向位。00 为全网广播，01 为网内广播，10 为上行，11 为下行；

（3）消息类型。0000 为广播，0001 为申请地址，0010 为分配地址，0011 为呼叫等；

（4）RTR。帧类型，0 为数据帧，1 为远程帧；

（5）数据长度。说明数据区实际长度，范围为 0～8。

CAN 总线中数据帧不同的标识符代表了不同的消息优先级。本系统采用了节点优先和消息优先相结合的标识符安排。参与总线仲裁的 11 位标识符由主发源标识、方向位、命令类型和扩充位组成。如报警主机向上一级子网路由器申请地址时，帧中的标识符表示为：11100001XXX，经过总线仲裁和接收滤波就可完成数据帧的通信。

3.4.3 系统软件设计

安防系统的软件设计主要是指管理中心计算机系统、路由器和报警主机程序的开发。这里主要介绍报警主机的程序设计。安防系统采用在 ucos2 实时操作系统的开发环境下 C 语言编程，使用多任务运行模块，使程序更易编写与维护。报警主机的程序包括 CAN 控制器的初始化、CAN 总线数据的收发和功能控制。SJA1000 上电后，必须首先进行初始化操作才能用于CAN总线数据的收发。初始化主要是指对其控制寄存器、验收代码寄存器、验收屏蔽寄存器和总线定时器等寄存器设置。功能控制程序用于控制联动装置、LCD以及声光报警等不同部分的功能。CAN总线数据的收发采用中断方式，通过对缓冲地址内的各个寄存器改写来传送和接收数据，CAN中断接收程序流程如图3-21所示。

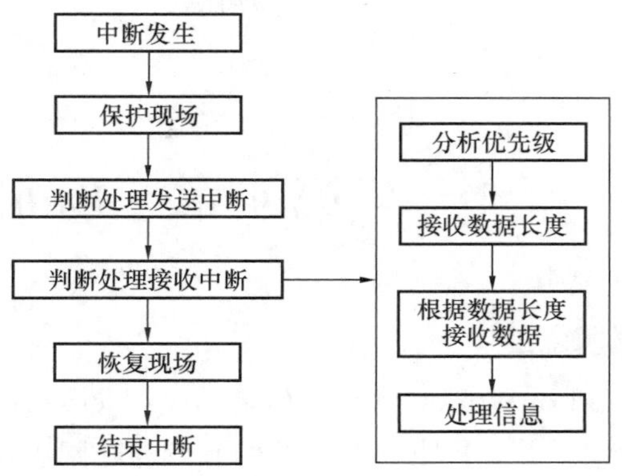

图3-21　CAN中断接收程序流程

本系统采用总线结构组成住宅小区安防系统，有较好的灵活性和可扩展性，同时将CAN总线引入到数据的实时处理中，从而极大地提高了网络的实时性和可靠性。

本章小结

本章从三个方面介绍了工业以太网技术，首先阐述了工业以太网与传统以太网技术的区别，分析了工业以太网技术的特点和发展趋势；然后介绍了Ethernet/IP、PROFINET、EtherCAT、POWERLINK、EPA等几种实时以太网技术，并针对实时以太网通信模型进行了分析，通过对我国第一个拥有自主知识产权并被IEC认可的工业自动化领域国际标准——EPA实时以太网标准的学习，进一步增强民族自豪感；最后以某市办公大楼新风空调计算机监控系统设计为案例，简要介绍了工业以太网技术在建筑设备自动化系统中的应用。

本章习题

1. 什么是CAN总线？
2. CAN总线的特点是什么？
3. 简述CAN总线的控制原理。
4. CAN总线在智能建筑中有哪些应用？简述其在智能建筑应用的发展前景。

第 4 章　LonWorks 控制网络

本章提要

LonWorks（Local Operating Network）技术的优势是将通信协议固化在 Neuron 芯片中，并且提供一套完整的开发与建网工具 LonBuilder 和 NodeBuilder，这样用户可以较少关心网络的通信，而集中在节点的具体应用开发。LonWorks 技术极大地方便了用户，也促进了该技术的推广应用，尤其对自动化技术的影响意义深远。提高自动化系统整体水平的基础技术，对国民经济影响重大，因此，要在自动化领域中推广应用和发展 LonWorks 技术。中国 LonWorks 楼宇管理系统市场规模达到亿元，并占全球 LonWorks 楼宇管理系统市场较大份额。本章节将深入探讨 LonWorks 现场总线的技术特征以及在建筑领域的应用实例。

4.1　LonWorks 技术概述

LonWorks 技术是当前最为流行、通信能力较强的一种现场总线，该技术用于开发监控网络系统的一个完整的技术平台，并具有现场总线技术的一切特点。LonWorks 网络系统由智能节点组成，每个智能节点可具有多种形式的 I/O 功能，节点之间可通过不同的传输媒介进行通信，并遵守 ISO/OSI 的七层模型协议。LonWorks 技术包括监控网络的设计、开发、安装和调试等一整套方法，要使用多种专用的硬件设备和软件程序。

LonWorks 技术在控制系统中引入了网络的概念，在该技术的基础上，可以方便地实现分布式的网络控制系统。并使得系统更高效、更灵活、更易于维护和扩展。具体有以下特点：

（1）开放性和互操作性：网络协议是开放的，而且对任何用户都是对等的。该技术提供的 MIP（微处理器接口程序）软件允许开发各种低成本网关，方便了不同系统的互联，也使得系统具有高的可靠性。

（2）通信介质：可采用包括双绞线、电力线、无线、红外线、光缆等在内的多种介质并行通信，并且多种介质可以在同一网络中混合使用。这一特性使不同工业现场的不同设备实现互联，增强了网络的兼容性。

（3）网络结构：可以是主从式、对等式或客户/服务（Client/Server）结构。

（4）网络拓扑：可以自由组合，支持总线形、星形、环形和自由拓扑形等网络拓扑形式。尤其是自由拓扑形使得网络构建更为方便灵活。

（5）分布式处理：网络上的每个设备都不依赖于其他设备独立地接收、发送和处理网络信息。这意味着 LonWorks 技术的每个设备都可以进行决策和信息处理，而不依赖于计算机、可编程逻辑控制器（PLC）或其他形式的中央处理器。由于个别设备的故障并不会影响网络中其他部分的工作，也使得 LonWorks 技术更加可靠，但如果是 PLC 或中央处理器出现故障显然会造成整个控制网络不能正常工作。

除上述特点外，LonWorks 技术在功能上就具备了网络的基本功能，它本身就是一个局域网（LAN），和 LAN 具有很好的互补性，又可方便地实现互联，易于实现更加强大的功能。LonWorks 技术以其独特的技术优势，将计算机技术、网络技术和控制技术融为一体，实现了测控和组网的统一，而其在此基础上开发出的 LonWorks/IP 功能，进一步使得 LonWorks 网络与以太网更为方便地互联。LON 总线技术的核心是具备通信和控制功能的 Neuron 芯片。Neuron 芯片是高性能、低成本的专用神经元芯片，能实现完整的 LonTalk 通信协议。

4.2 LonWorks 通信协议

LonWorks 网络是局部操作网络，是跨越传感器级、现场设备级和控制级的底层设备网络，其网络规模相当于局域网。LonWorks 技术采用分布式结构，为无主结构，实现网络上节点互相通信，即点对点方式或对等通信，适用于智能大厦、家庭自动化、交通运输系统、公共事业和大量的工业系统。

4.2.1 LON 网络的构成

LonWorks 技术最突出的优势是具有高性能低成本的网络接口，内含 3 个 CPU 的超大规模神经元芯片，以及固化的 LonTalk 通信协议。现在高性能价格比的成熟网关（网络接口）为网络互联提供了方便，有了 LonWorks 技术，网络设计者不会再担心自己设计开发的网络变得过时。它可以通过网关把不同的现场总线连接起来，从而把 LON 网络接到异形网中。这样不仅沟通了不同的现场总线，而且扩大了网络段范围，增强了功能，使 LonWorks 技术具有极强的互联性与互操作性。LON 网络具有局域网功能，可以同时连接上层的管理网和前端的控制网，把计算机技术、网络技术、控制技术结合在一起，实现了测控与组网两大任务的统一。同时为 LAN 提供了接口，从而实现了 LAN 与 LON 的有机结合。LON 网络每个控制节点称为 LON 节点或 LonWorks 智能节点。该节点包括一片 Neuron 神经元芯片、传感器和控制设备、收发器和电源。

LonWorks 技术的结构主要包括以下五大部分：

（1）网络协议。网络协议即是各个设备之间的数据交换、信息传递而建立的规则、标准或约定的集合，而这些规则、标准或约定和相应的进程称为通信协议。

（2）网络传输媒体。通信媒体是指智能节点之间信息传输的基础——物理媒体，包括有线的电力线、双绞线、红外线、同轴电缆、光纤，甚至是用户自定义的通信介质等和无线传输设备。

（3）执行机构。执行机构包括各类传感器、变换器等。

（4）网络设备。网络设备包括路由器、网络服务工具、网络接口、收发器、智能测控单元等。

（5）管理软件。管理软件主要包括 LonWorks 技术所应用的为设备之间的交换控制状态信息而建立的一个通用的标准，即 LonTalk 开放式通信协议。

4.2.2 LonTalk 网络通信协议结构

LonWorks 技术的核心是面向对象的 LonTalk 网络通信协议，LonTalk 网络通信协议固化在神经元芯片内，完全支持 ISO 组织制订的 7 层网络传输协议，并可使简短的（几个至几十个字节）控制信息在各种介质中可靠性高，实时性高，而且维护的成本非常低。LonTalk 协议是直接面向对象的网络协议，结合面向对象的专门为神经元芯片而设计 Neuron C 编程语言，使它实现了现场总线的应用要求。表 4-1 给出了对应七层 OSI 参考模型的 LonTalk 网络通信协议为每层提供的服务。

LonTalk 网络通信协议的各层功能 **表 4-1**

<table>
<tr><th>层次</th><th colspan="2">OSI 层次</th><th>服务</th><th>LonTalk 提供的服务</th><th>处理器</th></tr>
<tr><td>7</td><td colspan="2">应用层</td><td>网络应用</td><td>标准网络类型</td><td>网络处理器</td></tr>
<tr><td>6</td><td colspan="2">表示层</td><td>数据表示</td><td>网络变量，外部帧传输</td><td>应用 CPU</td></tr>
<tr><td>5</td><td colspan="2">会话层</td><td>远程遥控动作</td><td>请求/响应，认证网络管理</td><td></td></tr>
<tr><td>4</td><td colspan="2">传输层</td><td>端对端可靠传输</td><td>应答、非应答、点对点及双重检查</td><td>网络处理器</td></tr>
<tr><td>3</td><td colspan="2">网络层</td><td>传输分组</td><td>地址、路由</td><td>网络处理器</td></tr>
<tr><td rowspan="2">2</td><td rowspan="2">数据链路层</td><td>LLC 子层</td><td>帧结构</td><td>帧结构、数据解码、CRC 错误检查</td><td rowspan="2">MAC 处理器</td></tr>
<tr><td>MAC 子层</td><td>介质访问</td><td>可预测 CSMA，冲突避免，优先级</td></tr>
<tr><td>1</td><td colspan="2">物理层</td><td>电路连接</td><td>介质，电气接口</td><td>MAC 处理器</td></tr>
</table>

第一层：物理层协议支持多种通信媒体协议，协议通信帧编码独立于通信媒体之外的。

第二层：媒体层采用 LonTalk 网络通信协议独有的预测 P 坚持 CSMA 解决通信冲突现象。在这种低速率的现场级测控网络中，这种算法的独到和有效使得 LonWorks 网络能够快速的发展、壮大。数据链路层实现了减少连接服务，用来限制组帧、帧译码、错误检测、恢复重发等。

第三层：网络层处理信息包的传送，支持 LonWorks 域内通信，不支持域间通信。网络服务包括应答、减少连接、拆分和重组报文。智能路由有两种算法，配置和学习。学习路由学习网络的拓扑结构，首先假定网络是一个树状的网络拓扑结构。配置路由工作在环形网络中，数据只会在路由器的一边出现一次。单点传送路由算法使用学习路由会减少通信开销、不会增加通信量。单点传送使用配置路由可以使用组地址的方式。

第四层：LonTalk 网络通信协议的核心传输层，公共的事务控制子层处理传输顺序、副本检测，提供可靠的报文传输和发送者报文证实鉴别。

第五层：LonTalk 网络通信协议的核心会话层，会话层实现远程服务访问，提供请求响应机制，这种机制可以建立一个实现远程过程调用的平台。

第六、七层：表示层、应用层实现网络变量的传输网络管理报文网络诊断报文。

4.2.3 LonTalk 网络通信协议特性

LonTalk 网络通信协议支持的传输介质有双绞线、电力线、红外线、射频、同轴电缆和光纤等。每个 LonWorks 节点都物理连接到信道上，一个 LonWorks 网络由一条或多条信道组成，多条信道之间由路由器连接。LonTalk 网络通信协议唯一地确定了 LonTalk 数据包的原节点和目的节点的地址。LonTalk 网络通信协议定义了一种用域（domain）、子网（subnet）和节点（node）的分级编址方式。此外，LonTalk 网络通信协议在拓扑结构、冲突检测、响应优先级和报文服务等多方面都有自己独特的优势。因而它可以支持一个多节点、多信道、不同速率和高负载的自由拓扑结构的大型监控网络可靠的工作。而 LonTalk 网络通信协议的所有内容都已固化在小小的 Neuron 芯片中，开发者并不需要知道它的细节。具体如下：

1. 通信速率可配置

对 LonTalk 网络通信协议通信速率可配置，不同的通信信道和信道参数可以实现不同的通信速率来实现通信距离、通信速度的应用需求。信道的容量参数包括：通信速率、节点的晶体振荡器频率、收发器特性、通信包的平均长度、应答服务的使用、优先级的服务、证实服务的使用。LonTalk 通信帧包括 LonTalk 网络通信协议头、地址域、数据域。协议头部分读者可以在以后的章节看到相关的详细内容；地址域部分包括 LonTalk 通信域码、节点寻址码：数据域部分包括应用层支持的两种报文正常应用的数据包有 10～16 个字节，LonTalk 支持最大的通信帧有 255 个字节。

2. LonTalk 网络通信协议的地址分配规则

LonWorks 网络结构分层逻辑构建分层逻辑寻址。层次结构包括两种：域地址、子网地址、节点地址；域地址、组地址。

第 1 级域地址：不同域的节点无法通信（包括广播报文 SerivcePin Message），域识别码的典型应用案例是同一地域的相同频率的数传电台通信信道，不同的域使用统一通信频率互不干扰，完全区分成了两个独立通信网络，实现了网络化资源的充分利用。

第 2 级子网地址：一个域最大包含 255 子网，一个子网可以有一个或几个通信信道。LonWorks 网络设备中智能路由器工作在子网级别实现报文的智能寻址、转发。

第 3 级节点地址：一个子网最大包含 127 个节点，一个节点可以同时属于两个域。大部分网络应用都采用以上的分层结构。

LonTalk 网络通信协议同时也支持域、组的结构：一个域可以包含 256 个组，

一个组可以包含 64 个节点，一个节点可以同时属于 15 个组。域和组的结构减少了通信帧里面地址域部分的数据开销。可以实现同一组的节点同时接收一个通信报文。典型应用于火灾报警系统中的分区域报警，在实际应用中不需要知道火灾探头具体逻辑地址，只需要区分不同的报警区域即可实现基本功能。

3. LonTalk 网络通信协议的通信报文服务

协议提供四种基本报文服务：

（1）确认服务（Acknowledged Service-ACKD）：

一个报文被发送给一个或一组节点，发送节点将等待来自每一个接收节点的确认报文。如果没有接收到确认已经超时，发送节点重新报文。发送时间、重试的次数和接收时间全部是通信参数，可以设置。确认部分由网络处理器处理。

（2）请求/响应（Request/Response Service-REQUEST）：

是协议中最可靠的通信服务，一个报文被发送给一个或一组节点，发送节将等待来自每一个接收节点的响应报文。输入报文由接收端的应用在响应生成之前处理。发送时间、重试的次数和接收时间全部是通信参数，可以设置。响应部分由网络处理器处理。响应报文中可以包含数据，可以实现远程调用或客户端/服务器应用。

（3）非确认重复（Unacknowledged Repeated Service-UNACKD _ RPT）：

一个报文被多次发送给一个或一组节点，发送节将不需要得到响应，通信量比起应答类的通信服务要少得多。

（4）非确认（ Unacknowledged Service-UNACKD）：

一个报文被发送给一个或一组节点只有一次，发送节点将不需要得到响应。

（5）证实服务：

LonTalk 网络通信协议支持报文证实服务，由证实报文的接收者来决定发送者是否有权通信。网络安装节点时设置 48bits 密钥，证实服务实践密码算法得出当前报文的通信密码。网络变量报文和网络管理事务。

4. 优先级的使用

LonTalk 网络通信协议有选择地提供优先级机制以提高对重要数据包的响应时间。协议允许用户在信道上分配优先级时间槽，专用于提供优先级服务的节点。当节点内生成一个优先级包后，传输过程中节点放在优先级队列，路由器放在优先级槽中传送。

5. 支持冲突检测

早期的收发器支持硬件冲突检测，LonTalk 网络通信协议就支持冲突检测以及自动生发。一旦收发器检测到冲突，LonTalk 网络通信协议便能立刻重发因冲突而损坏的消息。

6. 通信冲突的解决

LonTalk 网络通信协议的 MAC 子层协议采用的是可预测 P-坚持 CSMA 算法，是一种独特的冲突避免算法。它使得网络即便于工作在过载的情况下，仍可以达到最大的通信量，而不至于发生因冲突过多致使网络吞吐量急剧下降的现象。所有节点使用时间槽来随机地访问通信介质。通过算法预测信道积压的工作，协议动态调整随机时间槽的数量，主动、积极地管理网络的冲突率。

4.3 LonWorks 设备硬件开发

LonWorks 现场总线是唯一一种涵盖 Sensor Bus、Device Bus 和 Field Bus 三种应用层次的总线技术，另外 LonWorks 支持双绞线、电力线、电话线、红外光、无线电及光纤等多种传输介质，从而使 LonWorks 技术广泛地应用到电力系统、楼宇自动化、轻工、食品、环保及其他传统的工业控制领域。通过LonMark认证的LonWorks产品，无论来自哪一个制造商，都可以达到“无缝连接”，实现交互操作。

LonWorks现场智能仪表包括LonWorks智能控制器、智能I/O（Smart Controller/Smart I/O）、温度变送器、压力变送器、LonWorks复杂控制器及网关LonPLC、LonWorks网络选件。

所有EIC2000的硬件产品都有神经元芯片（Neuron chip）及LonWorks网络接口，出厂时都有预加载程序，大体上完成4部分功能，即上电自诊断、故障统计与报警、输入输出及通信。除此之外，还可以通过LonWorks网络远程下装用户自定义程序。

EIC2000智能I/O完成现场信号的采集和驱动，以独立工作的模块方式提供给使用者，每个模块可接16路或8路现场信号，信号类型有开关量输入输出、脉冲量输入、标准模拟量输入（0～20mA，4～20mA，0～2.5V，0～5V）、标准模拟量输出（0～20mA，4～20mA，－5～＋5V，0～10V）、RTD和热电偶。

EIC2000的智能模块中，有2个非常有特色的产品：时钟模块SCH-10和网络变量显示模块LonMeter。前者为系统提供同步时钟和完成一些时间相关的调度算法，后者为现场设备提供一个观测的“窗口”。LonMeter带一个LCD显示屏，可背光显示，亮度可调，4行显示，每行16个字符，可同时显示4个网络变量测量值及提示信息，并可按键翻屏，滚动显示60个网络变量，从而解决了许多系统难以解决的现场观测问题。

EIC2000智能控制器带有多种类型的现场信号接口，可以完成一定的控制功能，如回路调节，逻辑控制等，一般安装在被控制对象（电动机、罐体等）旁边，并通过LonWorks网络与其他EIC2000设备或计算机连接起来。

LonPLC是一种软PLC（SoftPLC），用符合IEC1131-3标准的PLC编程平台IsaGraf编程，没有直接的现场信号接口，现场信号的数据都是通过LonWorks网络从Smart I/O或Smart Controller获取，一般用来完成大范围内的控制与联锁，LonPLC与Smart I/O或Smart Controller构成的系统规模可任意扩展或裁剪。

网络选件指的是PC机LonWorks适配器PCLTA-10/SLTA-10、路由器和网络终端器，其概念及用法与普通双绞线以太网相应的产品类似。

4.4 LonWorks设备软件开发

EIC2000开放控制系统正是基于LonWorks现场总线的FCS系统，它丰富的硬件系列产品及标准化的软件，为用户提供了一个FCS的全面解决方案，真正实现了从Infranet到Internet的一体化。

EIC2000开放控制系统的系统结构如图4-1所示。

在浏览器一端的PC上，必须有一个能运行Java程序的浏览器（IE4.0或Navigator4.0以上版本均可以）和一个事先设计好的Web页面。Web页面可以用任何一种页面设计工具设计，由一系列Applet组成页面的主体，WebLon提供的Applet有两类，即代理Applet和界面Applet。

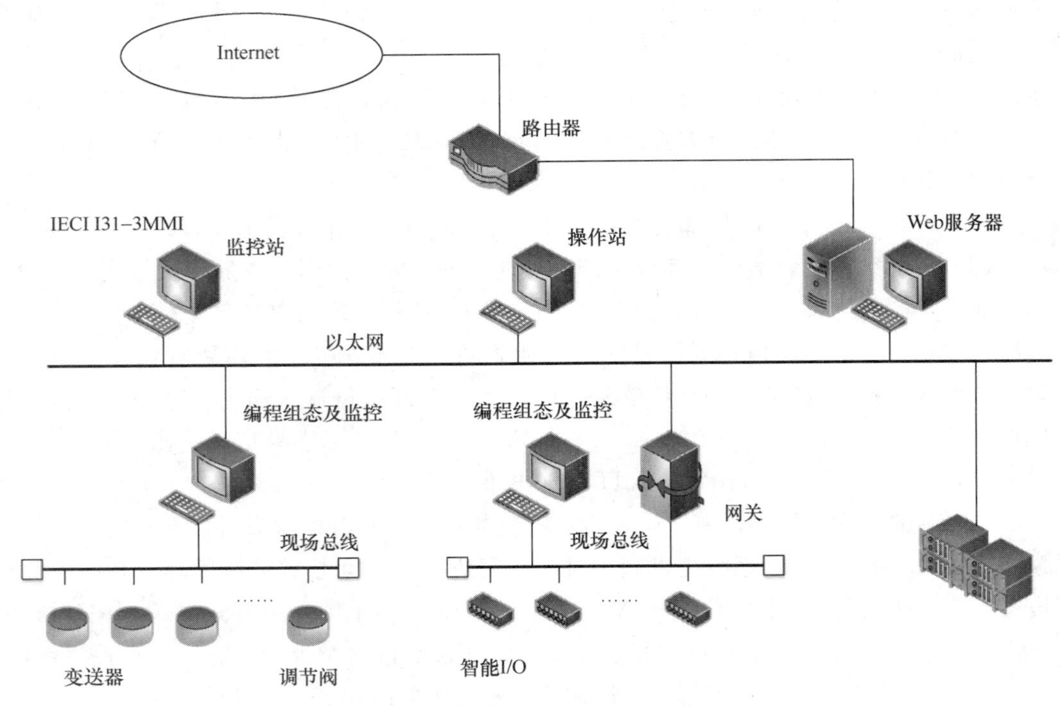

图 4-1　EIC2000 开放控制系统的系统结构

界面 Applet 通过 WebLon Server 实现对 LonWorks 网络的访问和进行可视化处理（如实现工业动画、趋势图等），而代理 Applet 统计页面中界面 Applet 的数量，并把它们用到的网络变量清单提交给 WebLon Server。一个页面中只有一个代理 Applet，但可以有任意数量的界面 Applet，从而形成丰富多彩的“活”的浏览器界面。

由于 Internet 开放性所带来的安全性问题，WebLon 中设计了完善的访问授权机制。

WebLon 除了其技术上的优点外，经济上最主要的好处是只要一套软件（WebLon），通过 Internet 技术允许在任意地点有任意多的 PC 对 EIC2000 系统进行监控，而全部免费。

4.5　LonWorks 总线应用实例

LonWorks 总线技术作为一种先进的网络控制技术，广泛应用于工业控制、楼宇自控、空调暖通、交通运输等行业。本实例通过构建基于 LonWorks 现场总线技术的智能建筑弱电系统集成控制平台，将各个子系统互联，统一进行机电、安防设备的监测、控制和运行管理，实现资源共享和信息整合，把来自多家厂商的暖通空调、照明、消防、安保、门禁、给水排水和电梯以及信息、网络等设备集成在这个控制平台中，为用户降低整体安装费用、提高系统性能、节约运行费用。

4.5.1 智能建筑弱电系统集成平台总体设计

目前智能楼宇内弱电系统中各子系统的产品设备普遍存在控制系统不相同、组件不统一、厂家不匹配等问题，在信息管控与互联上存在信息孤岛状况。为了达到系统集成，实现资源共享，就必须要从系统工程的观点，对工程中这些来源与控制方式不统一的子系统分别进行技术和工程两方面的协调，以保证其相互匹配和互相联通。LonWorks 网络配置图如图 4-2 所示。

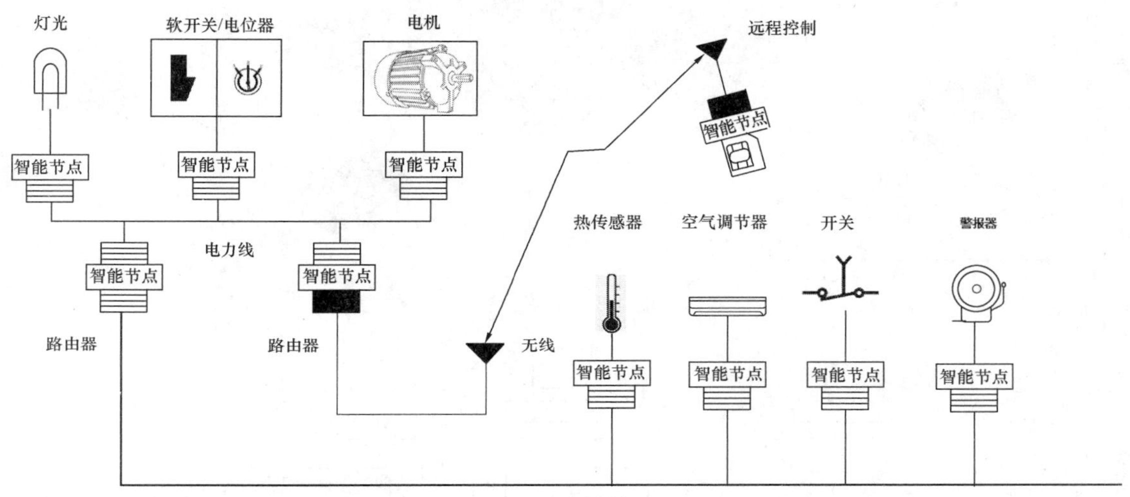

图 4-2 LonWorks 网络配置图

本实例通过 LonWorks 技术将智能楼宇的各个子系统都连接到总线上，互联成一个整体，实现控制分散化和管理集中化。系统功能如图 4-3 所示。

系统采用自由拓扑网络结构使得布线、联网、施工更容易。针对不同控制系统要求的不同功能，不用对整体网络结构进行修改，而是通过对现场的 LonWorks 智能节点编写出相对应的程序，再将其与控制网络进行连接，因此该设计中的智能建筑系统可扩展性强，应用更加灵活方便。用户用上位机可以达到对整个智能建筑弱电系统的监控和管理，可以迅捷地在网络上传输控制命令和服务信息，同时可以通过 Internet 网络实现远程操作和控制，真正实现信息服务和控制功能。LonWorks 在智能建筑应用如图 4-4 所示。

4.5.2 系统控制方案实现

为实现本系统的网络控制，通过网络集成工具分别进行了系统设计、网络配置、应用配置和现场安装。应用 LonWorks 现场总线，将各个子系统如：冷水系统、新风机组、空调机组、给水排水系统、变配电系统、电梯系统、照明系统和换热系统等均设置成子网结构，采用路由器（i. Lon600）对每个子网进行相互隔离。通过综合布线使所有的路由器和安装有 LNS 软件的 PC 机都以 TCP/IP 协议连接到系统网络。

为了实现数据的采集处理和控制功能，对每个子网或子系统的控制监测点建立现场智

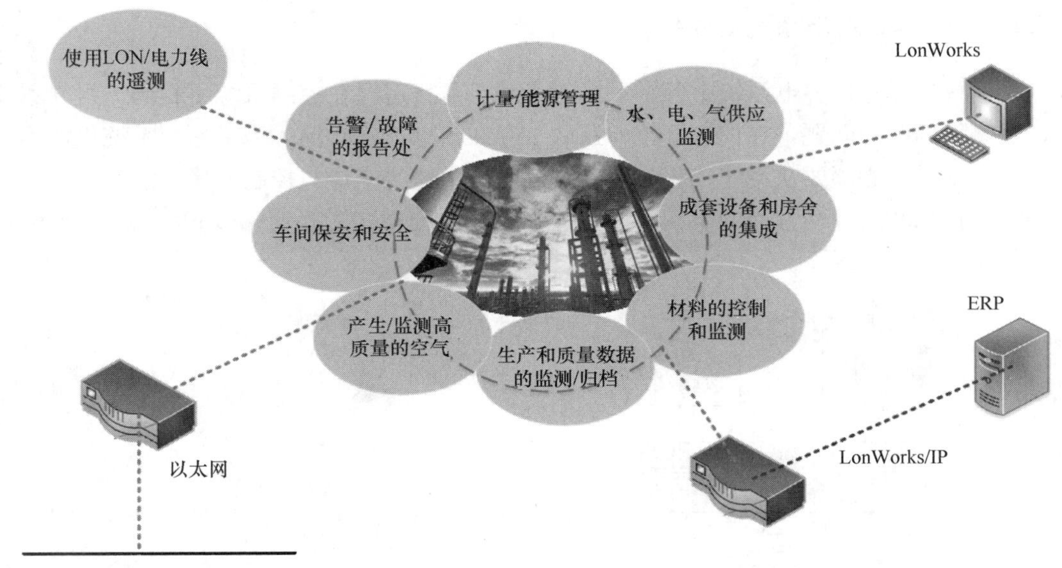

图 4-3　系统功能

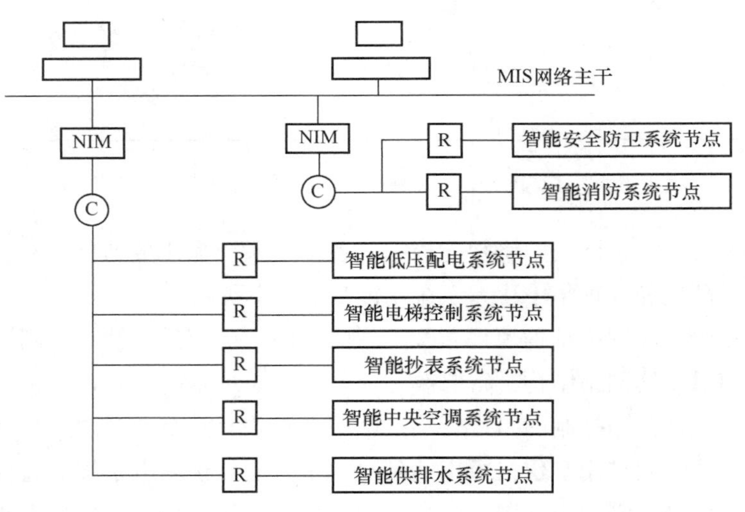

图 4-4　LonWorks 在智能建筑应用

能节点，用于接收和处理传感器的采集信号、控制执行器操作等。智能节点以 Neuron 芯片为核心，可用 LonTalk 协议与监控 PC 和其他节点进行点对点现场通信。

为实现系统的现场级功能，首先确定了系统的完整控制策略，并将其分解到多个彼此独立的模块和子任务上；再确定每个现场智能节点所需要完成的子任务及各节点间的数据共享关系，对节点编写应用程序，下载到每个节点后进行调试运行。当各智能节点调试成功，完成了现场控制功能后，上位机针对大量现场管理信息（如设备自身的诊断信息、过程状态信息等），通过运行 DDE、OPC 服务器接口和人机界面软件 HMI 对系统进行实时运行控制和历史信息监控。

本实例的软件编程可在 EasyLonOPCServer 和 VisualBasic6.0 的开发环境下实施。现场监控程序既可由 VisualBasic6.0 开发，也可直接采用具有 OPC 接口功能的通用组态监控程序。既可在 EasyLonOPCServer 和 LonWorks 网络变量间交换信息，也可由 ADO 数据接口同数据库交换信息。上位机通过 PCLTA-20 适配卡与 Lon 智能节点通信，装载该适配卡的 PC 机一方面充当监控主机，另一方面也是 Lon 网络和数据库的服务器。监控主机的监控功能通过与 EasyLonOPCServer 的通信来实现。EasyLonOPCServer 根据实际情况编写 OPC 客户程序，读取并显示智能节点采集的实时数据、运行工况及历史图表，及时实现数据的分析及处理（判别、分析及贮存等），同时向被控设备发送数据信息，来控制各节点的工作状态。

在 OnLon 编程环境下，控制算法的编写可利用可视化功能块来完成。每个功能块均带有 I/O 和组态参数接口的封装体，控制算法的数据流向用功能块间的连接来表示。

由现场智能节点便可实现系统控制器的控制功能。当与组态控制平台中各功能块对应的控制算法编译成功后，通过 VisualLon 下载到现场智能节点。节点会自动调用相应的算法函数，进行运算控制输出。

4.5.3 系统平台测试

针对某智能化小区进行了基于 LonWorks 的弱电集成系统平台的设计及现场实际应用，实现了对其变配电、给水排水、空调、照明和电梯等子系统的信号采集处理、实时检测控制以及历史纪录、报表和报警事故分析等多项功能。经过对其监控系统界面、运行状态显示、通信网络延时、带宽和误码率以及系统功能进行的整体装调、测试和运行，系统可以达到对该小区内部各类事件进行全局联动管理。通过软件编程可以实现联动控制，并且可以根据业主的需求进行自定义设定。如表 4-2 所示为系统在网络性能为 500～1000m 的通信距离及线路总衰减 90dB 左右环境下的测试结果。

系统网络性能测试结果 **表 4-2**

分类		延迟（s）	带宽（kbps）	误码率
无负载	测试系统	0.291867	9.5	2×10^{-3}
	PLCA-22	0.282317	9.6	1×10^{-3}
有负载	测试系统	0.780903	9.4	2.2×10^{-3}
	PLCA-22	0.791614	9.5	1.5×10^{-3}

由表可见，系统实时数据传输时间和控制命令传送时间均小于 1s，联动命令传送时间也不超过 1.5s。在 5s 的时间内系统即可完成数据库中存储记录的刷新及动态数据的更新。

4.5.4 结论

该实例充分体现了 LonWorks 在智能化楼宇控制网络中的优点，可以提供灵活便捷的全分布式、对等的开放性网络结构。智能节点控制箱在被控对象附近安置的设计可减少布线工作量和人力，达到低成本高效率，便于调试及维护。全网中个别设备的故障不会影响其他设备的正常工作，故障点有效降低。现场测试结果表明系统可靠性及可扩展性较高，能把小区维护人员减少至50%，维护费用降低到70%，工作效率提高至130%，能源消耗降低至70%。

本章小结

本章从三个方面介绍了LonWorks现场总线，首先是详细阐述了LonWorks现场总线的概念以及其技术特征，可以为设计和实现可互操作的控制网络提供了一套完整、开放、成品化的解决途径。其次是介绍了LonWorks核心技术一神经元芯片（Neuron Chip），该芯片内部装有3个微处理器：MAC处理器完成介质访问控制；网络处理器完成OSI的3～6层网络协议；应用处理器完成用户现场控制应用。最后在此基础上介绍了LonWorks现场总线完整的开发平台LonBuilder，并通过LonWorks现场总线在智能建筑应用的实例论证了其对于解决实际问题具有重大意义。

1. 简述LonWorks现场总线技术特征。
2. 简述LonTalk网络通信协议。
3. 简述LonWorks总线与RS-485总线的对比。

第 5 章　BACnet 控制网络

本章提要

BACnet 是 Building Automation and Control Networks 的简称，即楼宇自动化与控制网络，这是一种专为楼宇自动化控制网络指定的数据通信协议。由国际标准化组织（ISO）、美国国家标准协会（ANSI）及美国供暖、制冷与空调工程师学会（ASHRAE）定义。中国是较早引入 BACnet 控制网络的国家之一，国内电气工程师在做楼宇控制系统时应用该网络较多。可用在暖通空调系统（HVAC，包括供暖、通风、空气调节），也可以用在照明控制、门禁系统、火警侦测系统及其相关的设备。优点是能降低维护系统所需要的成本并且安装比一般工业通信协议更为简易，而且提供有五种业界常用的标准协议，此可防止设备供应商及系统业者的垄断，也因此大为增加未来系统扩展性与兼容性。本章首先介绍 BACnet 协议的体系结构和 BACnet 协议的工作原理，在此基础上阐述 BACnet 控制网络设计，最后给出 BACnet 应用实例。

5.1　BACnet 协议的体系结构

在 20 世纪 80 年代初期，基于微处理器的直接数字控制（Direct Digital Control，DDC）系统出现在市场上。更多人逐渐意识到这项技术的巨大潜力，于是带有分布式控制系统的“智能楼宇”的概念诞生了。该系统集成了暖通空调系统控制、照明控制、安全、火灾探测和扑灭等模块。在之后的十五年中，该技术取得了重大进步，但由于缺乏通信协议标准，“智能楼宇”仍然不能成为现实。

1987 年 1 月，美国供暖、制冷与空调工程师协会（ASHRAE）开始开发用于楼宇自动化和控制系统的行业标准通信协议，成立了标准项目委员会 135P（SPC135P）来完成此任务。SPC135P 的第一次会议于 1987 年 6 月举行。1991 年 8 月，提议的 BACnet 标准（Data Communication Protocol for Building Automation and Control Networks）的第一份公共审核草案发布并征求意见。该审核草案得到了 6 个不同国家的 507 条建议。大量的评论和国际反映都印证了整个楼宇行业对该标准开发的高度关注。此草案的修订版于 1994 年 3 月发布，并进行第二次公开征求意见。第二次征求意见得到了 12 个国家的 228 条建议。1995 年 3 月，发布了第三个也是最后一个公众征求意见版本，以征求建议，这次征求意见只得到了 6 条建议。美国供暖、制冷与空调工程师协会在不对标准草案进行实质性更改的情况下解决了三次征求意见。草案最终版本于 1995 年 6 月被批准作为 ASHRAE 标准发布。BACnet 于 1995 年 12 月被美国国家标准协会（ANSI）批准为国家标准。

从 BACnet 第一版发布以来，一直广受好评，在 2016 年，美国供暖、制冷与空调工程师协会提出了最新版本 BACnet 135-2016。BACnet 国际在 2018 年委托 BSRIA 进行了一份市场研究报告，题为“通信协议的市场渗透率”。研究表明，BACnet 的全球市场份额在过去 5 年中持续增长，现在已经超过 60%。

作为国际标准，BACnet 标准的诞生满足了用户对楼宇自动控制设备互操作性的广泛要求，即将不同厂家的设备组成一个兼容的自控系统，从而实现互联互通。BACnet 建立了一个楼宇自控设备数据通信的统一标准，从而使得按这种标准生产的设备都可以进行信息交换，实现互操作。BACnet 标准只规定了楼宇自控设备之间要进行“对话”所必须遵守的规则，并不涉及如何实现这些规则，各厂商可以用不断进步的技术来开发各自的产品，从而使得整个领域的技术不断进步。

在 1984 年，国际化标准组织制订出一种用于计算机网络通信协议的模型，叫作开放系统互联基本参考模型（Open Systems Interconnection Basic Reference Model，OSI/BRM）。在 OSI/BRM 出现之前，市面上的数据通信的规则很多，社会急需开发一个统一标准，以便可以将各种规则联系起来。如图 5-1 所示，OSI/BRM 将计算机之间数据通信涉及的所有问题分为 7 个独立的“层”，将这些层统称为“协议栈”，该图展示了在两台通信计算机之间实现的协议栈。

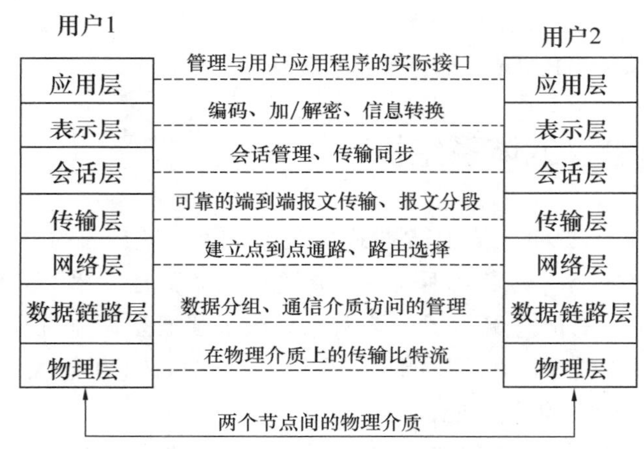

图 5-1 OSI/BRM 7 层模型结构

图 5-1 中简要描述了各层协议的主要功能。对于模型中的每个层，都定义了详细的功能规范和用于与紧邻的一个或多个层进行通信的格式。每一层都使用下面一层所提供的服务，并且也为其上一层提供服务。值得注意的是，该模型本身不是一组协议，而是列举了每层相应协议应执行的功能。例如，物理层协议用来定义诸如电缆、连接器、电平和信令方案（即物理上如何表示 0 或 1）等内容。基础架构通过相应的应用程序接口（API）访问协议栈，API 的详细信息根据不同编程语言而异，但允许程序员使用基础协议栈提供的任何功能。

为了节省不必要的开销，BACnet 对 OSI 7 层协议进行了简化。例如，表示层协议的目的之一是协商要使用的“传输语法”，将应用层的抽象数据转换成字节序列，从而适合下层传输。在 BACnet 中会使用固定的编码方案，所以可以省略表示层。就像可以省略表示层协议一样，在 BACnet 中一些其他层也可以省略。会话层的主要作用是管理通信双方的长会话，在 BACnet 网络中，通信双方建立的会话通常是简短的，比如读写服务、事件警报等，所以 BACnet 标准不包括单独的会话层。传输层的功能是为通信双方提供端到端的服务，包括流量控制和差错校正，在 BACnet 网络中，将这些功能都放在应用层实现。最终 BACnet 的体系结构一共包括 4 层，分别对应于 OSI 7 层模型中的应用层、网络层、数据链路层和物理层。如图 5-2 所示，从图中可以得出的重要一点是 BACnet 应用程序层和网络层协议对于所有数据链路都是通用的。

<table>
<tr><th colspan="6">BACnet 协议层次</th><th>对应的 OSI 层次</th></tr>
<tr><td colspan="6">BACnet 应用层</td><td>应用层</td></tr>
<tr><td colspan="6">BACnet 网络层</td><td>网络层</td></tr>
<tr><td colspan="2">ISO 8802-2
(IEEE 802.2) 类型 1</td><td>MS/TP
（主从/令牌传递）</td><td>PTP
（点到点协议）</td><td>LonTalk</td><td>BZLL
ZigBee</td><td>数据链路层</td></tr>
<tr><td>ISO 8802–3
(IEEE 802.3)</td><td>ARCNET</td><td>EIA–485</td><td>EIA–232</td><td></td><td>IEEE 802.15.4</td><td>物理层</td></tr>
</table>

图 5-2　BACnet 135-2016 协议层次

BACnet 标准定义了自己的应用层和网络层，对于数据链路层和物理层，提供了以下五种选择方案：第一种选择是 ISO 8802-2 类型 1 定义的逻辑链路控制（LLC）协议，加上 ISO 8802-3 介质访问控制（MAC）协议和物理层协议。ISO 8802-2 类型 1 提供了无连接不确认的服务，ISO 8802-3 则是著名的以太网协议的国际标准。第二种选择是 ISO 8802-2 类型 1 定义的逻辑链路控制（LLC）协议，加上 ARCNET（ATA/ANSI 878.1）。第三种选择是主从令牌传递（MS/TP）协议加上 EIA-485 协议。MS/TP 协议是专门针对楼宇自控设备设计的，它通过控制 EIA-485 的物理层，向网络层提供接口。第四种选择是点对点（PTP）协议加上 EIA-232 协议，为拨号串行异步通信提供了通信机制。第五种选择是 LonTalk 协议。这些选择都支持主/从 MAC、确定性令牌传递 MAC、高速争用 MAC 以及拨号访问。拓扑结构上，支持星形和总线形拓扑；物理介质上，支持双绞线、同轴电缆和光缆。

以下详细讨论 BACnet 选择一个 4 层体系结构的原因。首先仔细考虑 BACnet 网络的独特特征。BACnet 的特征主要有以下两点：

（1）BACnet 网络是一种局域网。即使在某些应用中，楼宇中设备间远距离的通信必不可少时，这一点仍然是不变的。这种远距离的通信功能，是由电信网来实现。通信过程中要解决的路由、中继、可靠传输等问题，都由电信网来处理。在此电信网可看成是 BACnet 网络外部的部分。

（2）BACnet 设备是静态的，即在空间上，它们不会经常被移来移去。在要完成的功能上，从某种意义上说也是不变的，即不会今天生产的设备的功能是这样，明天就完全不同了。

5.2 BACnet 协议的工作原理

5.2.1 BACnet 的传输原理

在 BACnet 中，两个对等应用进程间的信息交换，依然按照 OSI 技术报告中关于 ISO 的服务惯例（ISOTR 8509），被表示成抽象的服务原语的交换。BACnet 定义了 4 种服务原语：请求、指示、响应和证实原语，用来传递某些特定的服务参数。而包含这些原语的信息，又是由 BACnet 标准中定义的各种协议数据单元（PDU：Protocol Data Unit）来传递的。当应用程序需要同远地的应用进程通信时，它通过调用 API 访问本地的 BACnet 用户单元（应用层中为用户应用程序提供服务的访问点）。API 的某些参数，如接收服务请求的设备的标志号（或地址）、协议控制信息等，将直接下传到网络层或数据链路层。而其余参数将组成一个应用层服务原语，通过 BACnet 的用户单元传到 BACnet 的应用服务单元（应用层中利用下层服务完成应用层服务的部分）。从概念上来讲，由应用层服务原语产生的应用层协议数据单元（APDU），构成了网络层服务原语的数据部分，并通过网络层服务访问点下传到网络层。同样，这个请求将进一步下传到本地设备协议栈的以下各层。

于是，报文就这样被传送到远地的设备，并在远地设备协议栈中逐级上传，最后指示原语看起来是直接从远地的 BACnet 应用服务单元上传到远地的 BACnet 用户单元。任何从远地设备发回的响应，也是以该方式回传给请求设备的。

BACnet 协议采用的分层思想，来源于一个简单的科学原理——分层原理（Layering Principle）。即“在目标计算机上的第 N 层软件必须恰好接收由在发送计算机上的第 N 层软件所发送的数据”。换句话说，在数据发送前，协议进行的任何转换在接收时必须被完全地逆转换。如果在发送计算机上的一个特定层将一个头部放入帧中，在接收计算机的相应层必须除去该头部。分层思想简化了协议的设计和测试，避免了一层协议软件引入其他层可见的改变。这样，每一层的发送和接收软件可独立于其他层进行设计、实现、测试。图 5-3 表示 BACnet 协议栈及数据。

5.2.2 BACnet 应用层原理

BACnet 应用层协议要解决三个问题：向应用程序提供通信服务的规范、与下层协议进行信息交换的规范、与对等的远程应用层实体交互的规范。

首先对一些相关的概念进行说明。应用进程是指，为了实现某个特定的应用（例如，节点设备向一个远端的温度传感器设备请求当前温度值）所需要的进行信息处理的一组方法。一般来说，这是一组计算机软件。

应用进程分为两部分：一部分专门进行信息处理，不涉及通信功能，这部分称为应用程序。另一部分处理 BACnet 通信事务，称为应用实体。应用程序与应用实体之间通过应用编程接口（API）进行交互。BACnet 应用层协议只对应用实体进行规范，不涉及应用

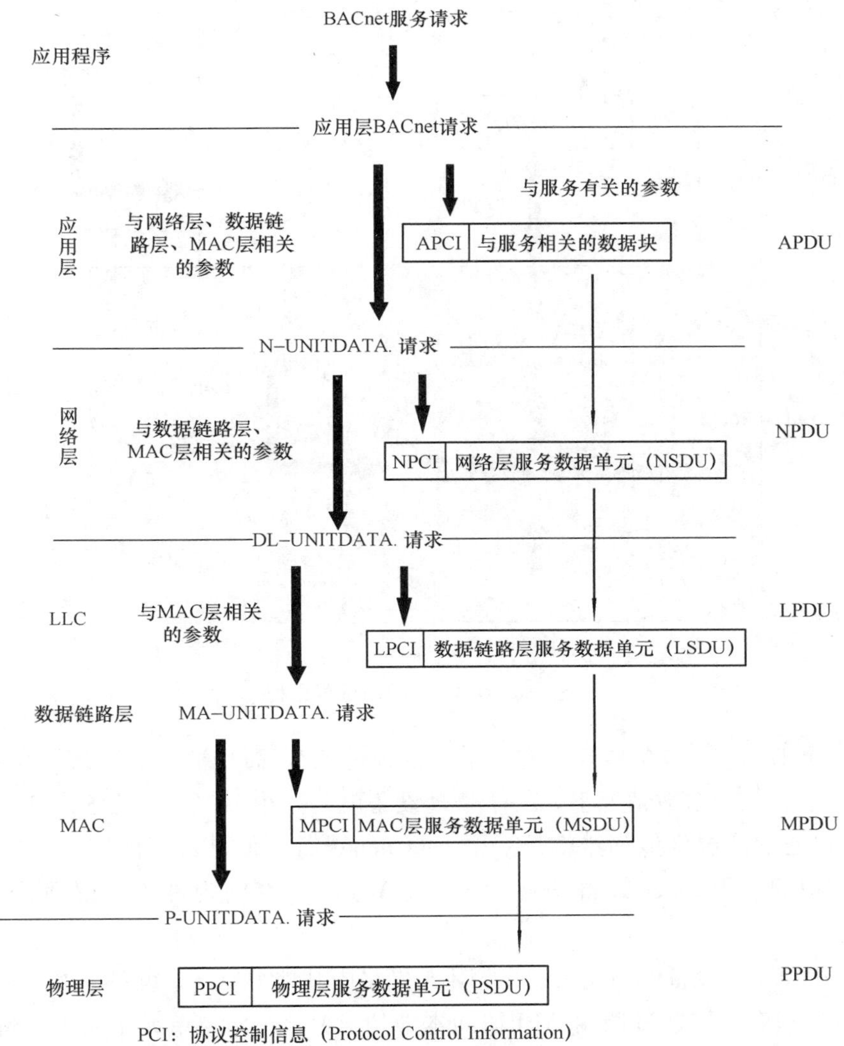

图 5-3　BACnet 协议栈及数据

程序和应用编程接口。但在具体实现过程中，应用编程接口一定是某个函数、过程或子程序的调用。

图 5-4 展示了这些概念，图中阴影是应用进程位于 BACnet 应用层的部分。

应用实体本身又由两部分组成，分别是 BACnet 用户单元和 BACnet 应用服务单元（ASE）。应用服务单元是一组特定内容的应用服务、这些应用服务包括：报警与事件服务、文件访问服务、对象访问服务、远程设备管理服务、虚拟终端服务和网络安全性。用户单元的功能是支持本地 API、负责保存事务处理的上下文信息、产生请求标识符（ID）、记录标志符所对应的应用服务响应、维护超时重传机制所需的超时计数器，以及将设备的行为要求映射成为 BACnet 的对象。

“BACnet 设备”是指任何一种支持用 BACnet 协议进行数字通信的真实的或者虚拟

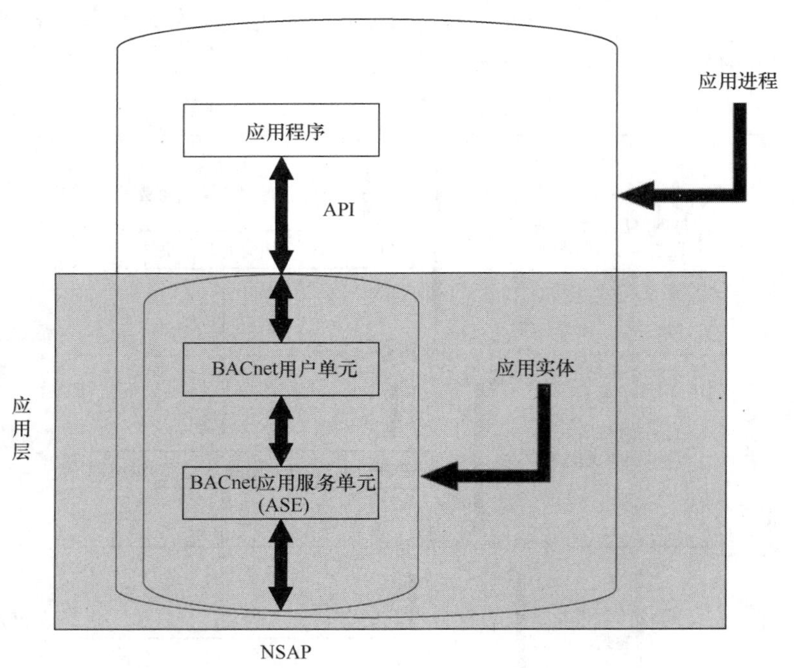

图 5-4　BACnet 应用进程模型

的设备。一个 BACnet 设备有且只有一个“设备对象”，而且被一个网络号和一个 MAC 地址唯一确定。在大多数情况下，一个物理设备就是一个 BACnet 设备，例如一个支持 BACnet 协议通信的温度传感器就是一个 BACnet 设备。但是也可能有一个物理设备具有多个“虚拟的”BACnet 设备的功能，在 BACnet 标准的附件 H 中对此进行了详细规范。

当一个 BACnet 设备中的应用程序需要与网络中其他 BACnet 设备中的应用程序进行通信时，应用程序只需通过调用 API 访问本地的 BACnet 用户单元来实现。例如，一个 BACnet 设备的应用程序要向一个远地设备的应用程序发送一个请求服务信息，它调用 API，并将相应的参数填入 APL 中。AP 中的某些参数，如服务请求接收设备的标志号（或地址）、协议控制信息等，将直接下传到网络层或数据链路层；其余参数则组成一个应用层服务原语，通过 BACnet 用户单元传到 BACnet 应用服务单元（ASE），形成应用层协议数据单元（APDU）。APDU 则通过网络层的服务访问点（NSAP）下传到网络层，成为网络层服务原语的数据部分。这个请求将进一步下传到本地设备协议栈中的下层，最终由物理层传送到远地设备，并通过远地设备协议栈逐级上传到远地用户单元。从远地设备看起来，指示原语似乎是直接从它自己的 BACnet 应用服务单元传到其 BACnet 用户单元的。同样，任何从远地设备发回的响应，也是以相同方式回传给请求设备。

BACnet 应用层协议包含了 OSI 模型中的应用层到传输层中的相应内容，所以除了应用层服务的功能外，还要有端到端可靠传输的功能。因此，BACnet 应用层规范就是为了保证 BACnet 设备的应用程序能够与网络中远地 BACnet 设备的应用程序进行端到端可靠通信而制订的一组规则，其主要内容包括：BACnet 应用层提供的服务类型、上下层之间交换的接口控制信息和对等层协议数据单元的传输机制。

5.2.3 BACnet 网络层原理

BACnet 网络层原理是将全局地址解析为局部地址，在一个或多个网络中进行报文的路由，协调不同类型网络的差异（如不同网络所允许的最大报文长度）、序列控制、流量控制、差错控制，以及多路复用。由于 BACnet 网络的拓扑特点，在各个设备之间只存在一条逻辑通路，这样便不需要最优路由的算法。其次，BACnet 网络是由中继器或网桥互联起来的一个或多个网段所组成的网络，它具有单一的局部地址空间。在这样一种单一网络中，许多 OSI 网络层的功能也变得多余，或者与数据链路层相重复。当然在某些 BACnet 网络系统中，网络层也可能是必不可少的。例如，在一个 BACnet 的网际网（Internet）中，当两个或多个网络使用了不同的 MAC 层时，便需要区别局部地址和全局地址，这样才能将报文路由到正确的网络上去。在 BACnet 协议中，通过定义了一个包含必要的寻径和控制信息的网络层头部，来完成这种简化了的网络层功能。

5.2.4 BACnet 其他层原理

OSI 模型的数据链路层，负责将数据组织成帧（Frame）或分组（Packet）、管理通信介质的访问、寻址（Address），以及完成一些错误校正（Error Recovery）和流量控制。这些都是 BACnet 协议所需要的，因此数据链路层也是必不可少的。

传输层主要负责提供可靠的端到端的报文传输、报文分段、序列控制、流量控制，以及差错校正。传输层的许多功能与数据链路层相似，只是作用范围有所不同。传输层提供的是端到端的服务，数据链路层提供的是单一网络上点到点的服务。由于 BACnet 支持多种网络的配置，因此协议必须提供传输层端到端的服务。在 BACnet 网络中要提供三个方面的传输层的功能，第一是可靠的端到端传输和差错校正功能，第二是报文分段和端到端的流量控制功能，第三是实现报文的正确重组，序列控制功能。由于 BACnet 是建立在无连接的通信模型基础上的，因此所需的服务大大减少，并且可以被高层来实现，所以，传输层的这些功能可以通过 BACnet 应用层来实现，这样，在 BACnet 协议体系中不单独设置传输层，相应的功能放在应用层中完成，从而节省了通信开销。

会话层的功能是在通信双方之间建立和管理长时间对话。包括建立同步标志点，用来在出错时回复到前一个标志点，以避免对话重新开始。但在一个 BACnet 网络中，绝大部分的通信都是很简短的，比如读写一个或一些值，通知某个设备某个警报或事件，或者更改某个设定值。当然长时间的信息交换偶然也会发生的，比如上载或下载某个设备。由于绝大部分事务处理都是简短的，会话层的服务极少用到，再考虑由此带来的成本支出，BACnet 标准中不包括这层。

表示层为通信双方提供屏蔽下层传送语法的服务。这种传送语法是用来将应用层中抽象的用户用数据表示，变成适合下层传输的字节序列。但当只存在一种传送语法时，表示层的功能便减少到对应用程序的数据进行编码。由于在 BACnet 在应用层中定义了一个固定的编码方案，因此一个独立的表示层也变得不再需要。

协议的应用层为应用程序提供了完成各自功能所需要的通信服务。在此基础上，应用程序可以监控 HVAC&R 和其他楼宇自控系统。显然应用层是本协议所必需的。

从以上讨论中，可以得到以下几点：

（1）实现一个完全的 OSI 7 层体系结构需要大量的资源和开销，因此它对于目前的楼宇自控系统是不适用的。

（2）根据 OSI 模型，采用现有的计算机网络技术将会带来以下好处：节约成本，便于与其他计算机网络系统集成。

（3）根据楼宇自控系统的环境及要求，可以通过去除 OSI 某些层的功能来简化 OSI 模型。

（4）由物理层、数据链路层、网络层、应用层组成的一个简化体系结构，是当今楼宇自控系统的最佳解决方案。

5.3 BACnet 控制网络设计

本节主要从 BACnet 的应用层、网络层、数据链路层/物理层协议三个方面，讲解控制网络设计的基本要求、提供的服务以及常见的服务原语。

5.3.1 BACnet 应用层设计

BACnet 应用层提供两种类型的服务，分别是“证实服务”和“非证实服务”。在 BACnet 中，两个对等应用进程间的信息交换，根据 ISO 的服务惯例，被表示成抽象的服务原语的交换。BACnet 定义了 4 种服务原语：请求（Request）、指示（Indication）、响应（Response）以及证实（Confirm）原语，可以用来传递某些特定的服务参数。而包含这些原语的信息，又是由标准中定义的各种协议数据单元（PDU）来传递的。下面列出各种服务原语：

CONF _ SERV. response　CONF _ SERV. confirm　CONF _ SERV. reauest

CONF _ SERV. indication

UNCONF _ SERV. request　UNCONF _ SERV. indication

SEGMENT _ ACK. request　SEGMENT _ ACK. request

ERROR. request　ERROR. indication

REJECT. request　REJECT. indication

ABORT. request　ABORT. indication

CONF _ SERV 的标识表明使用的是 BACnet 证实服务 PDU。UNCONF _ SERV、SEGMENT _ ACK、ERROR、REJECT 和 ABOUT，分别表明使用的是非证实服务 PDU、分段回应 PDU、出错 PDU、拒绝 PDU 和放弃 PDU，后面这些都是非证实服务类型。

证实服务是建立在客户服务器通信模型的基础上的，客户端通过某个服务请求实例，向服务器请求服务，而服务器则通过响应请求来为客户端提供服务，如图 5-5 所示。在交互过程中，担当客户角色的 BACnet 用户，称为请求方 BACnet 用户；担当服务器角色的 BACnet 用户，称为响应方 BACnet 用户。

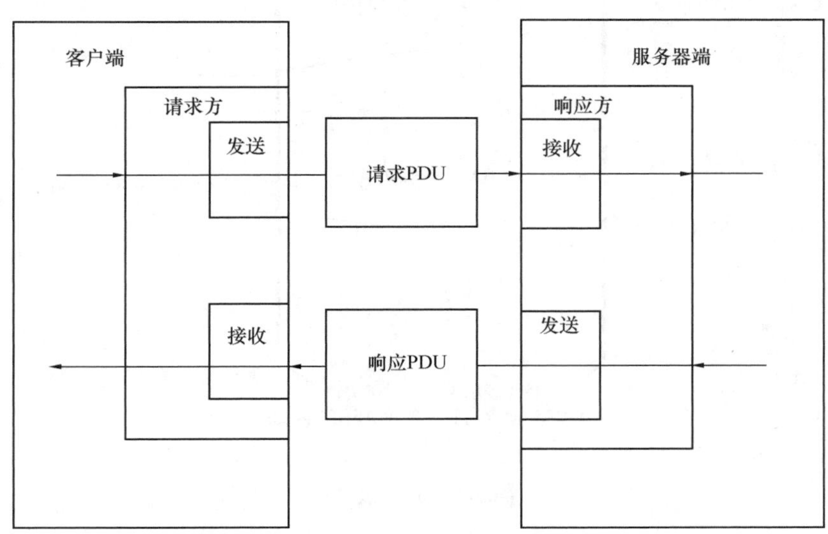

图 5-5 客户与服务器的关系

证实服务的具体过程如下：由请求方 BACnet 用户发出的一个 CONE _ SERV. request 原语，形成请求 PDU 发送给响应方 BACnet 用户。当该请求 PDU 到达响应方 BACnet 用户时，响应方 BACnet 用户则收到一个 CONF _ SERV. indication 原语。同样，由响应方 BACnet 用户发出的一个 CONF _ SERV. response 原语，形成响应 PDU 回传给请求方 BACnet 用户。当响应 PDU 到达请求方 BACnet 用户时，请求方 BACnet 用户则收到一个 CONF _ SERV. CONF _ SERV. confirm 原语。因此，整个过程中请求方 BACnet 用户和响应方 BACnet 用户都要接收和发送 PDU。

在非证实服务中，不存在上述客户/服务器模型、“请求方 BACnet 用户”和“响应方 BACnet 用户”等概念，只有“发送方 BACnet 用户”和“接收方 BACnet 用户”。前者指的是发送 PDU 的 BACnet 用户，后者指的是当一个 PDU 到达时，接收到一个指示（indication）或证实（confirm）的 BACnet 用户。图 5-6 为正常的证实服务报文传递时序图，图 5-7 为正常的非证实服务报文传递时序图。

5.3.2 BACnet 网络层设计

设计 BACnet 网络层的目的是提供一种方法，使用这种方法，不用考虑网络所使用的 BACnet 数据链路技术，可以将报文从一个 BACnet 网络传递到另一个 BACnet 网络。数据链路层提供将报文在本局域网内传递到某个设备或者广播到所有设备的能力，而网络层则提供将报文直接传递到一个远程的 BACnet 设备、广播到一个远程 BACnet 网络，或者广播到所有的 BACnet 网络中的所有 BACnet 设备的能力。一个 BACnet 设备被一个网络

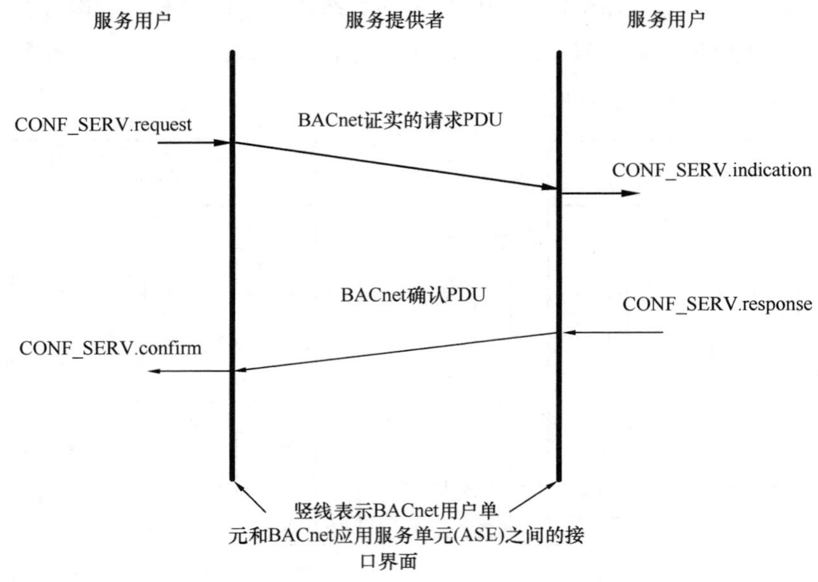

图 5-6　正常的证实服务报文传递时序图

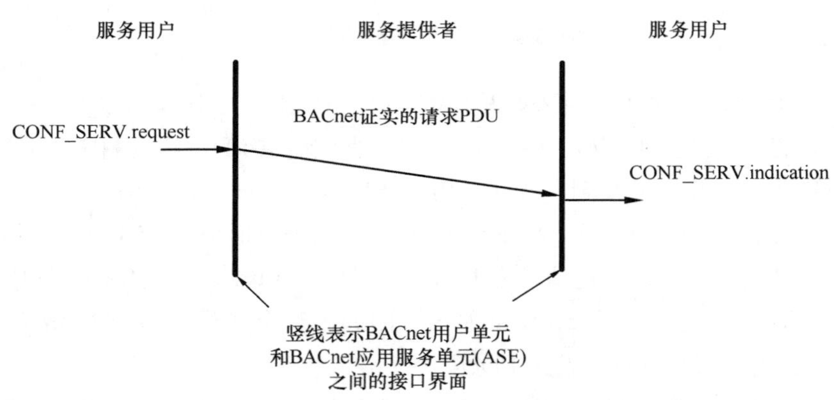

图 5-7　正常的非证实服务报文传递时序图

号码和一个 MAC 地址唯一确定。

我们将那些使用不同的数据链路层技术的局域网称为异类网络，例如，以太网、ARCNET 网络和 LonWorks 网络等就是异类网络。网络层的功能就是实现连接两个异类的 BACnet 局域网。实现异类网络连接的设备称为“BACnet 路由器”。从协议的观点看，网络层的功能是向应用层提供同一的网络服务平台，屏蔽异类网络的差异。同时，BACnet 网络层协议也建立路由器建立和维护它们的路由表的方法，这将使得路由器自动配置和报文在路由器之间的流动成为可能。

BACnet 网络层向应用层提供的服务是不确认的无连接形式的数据单元传送服务。与这种交互相关的原语是 N－UNITDATA 请求和指示，其参数如下：

N-UNITDATA. request（destination _ address，data，network _ priority，data _ expecting _ reply)

N-UNITDATA. indication (source _ address, destination _ address, data, network _ priority , Data _ expecting _ reply)

“目标地址”和“源地址”参数提供下列事物的逻辑连续配置：

（1）一个可选择的网络号码。

（2）适合于下层 LAN 技术的 MAC 地址。

（3）链路服务接入点。

网络号码 X′FFFF′表示此报文广播到目前为止能够到达的所有网络的所有设备。目前能够到达的网络是指那些在 BACnet 互联网中已经具有一条有效连接的网络。“数据”参数是从应用层传递过来的网络服务数据单元（NSDU），其中包含一个完全编码的 BACnet APDU。“网络优先级”参数是一个数字值，由 BACnet 路由器中的网络层用来确定任何可能的优先于先进先出排队等待规则的情况。“data expecting reply”参数指出对于正在传送的数据单元是否期待有一个应答的数据单元。

当网络层从应用层收到一个 N-UNITDATA. request 请求原语后，就用网络层规范所表述的方式发送一个网络层服务数据单元 NSDU。当一个网络实体收到从一个对等网络实体发来的 NSDU 后，它作如下处理：

（1）通过一个直接连接的网络将 NSDU 发送到目的地；

（2）将 NSDU 发送到下一个 BACnet 路由器后再路由到目的地；

（3）如果 NSDU 的地址与它自己的应用层中的某个实体的地址匹配，则向这个实体发送一个“N-UNITDATA. indication”原语，通知有一个 NSDU 到达。

5.3.3 BACnet 数据链路层/物理层协议设计

为了保证由通信链路连接的两个计算机设备之间能够可靠和有效地传递数据，已经发展起来多种技术，计算机网络中的数据链路层和物理层的协议就是对于如何使用这些技术建立网络的通信链路进行规范。用同一种技术建立起来的通信链路连接的一组计算机设备就称为一个类型的计算机网络。例如，用载波侦听多路访问冲突检测技术建立的网络称为以太网：而用 LonTalk 协议技术建立的网络称为 LonWorks 网络。不同技术所建立的网络在数据传输速率、传输的数据帧格式、设备使用介质的方式等方面都不相同。这些网络之间一般不能直接连接通信。这些技术各有特长，分别适应不同的应用环境。

BACnet 标准目前将五种类型的数据链路层/物理层技术作为自己所支持的数据链路层/物理层技术进行规范，形成其协议。这五种类型的网络分别是：Ethernet(ISO 8802-3)局域网、ARCNET 局域网、主从/令牌传递（MS/TP）局域网、点到点（PTP）连接和 LonTalk 局域网。BACnet 选择这些局域网技术的原因是从实现协议硬件的可用性、数据传输速率、与传统楼宇自控系统的兼容性和设计的复杂性等几个方面考虑的。下面分别讨论这些协议规范，为 BACnet 网络设计提供规范。

1. BACnet 的以太网规范

以太网是目前在计算机网络中使用的最普遍的局域网技术，其协议包括逻辑链路控制协议（LLC），载波侦听多路访问/冲突检测（CSMA/CD）协议和相应的物理介质协议等。BACnet 将 ISO 8802-2 中的 LLC Class I 和类型 1 不确认的无连接模式服务以及 ISO 8802-3 的所有规范，包括将来的扩展，作为自己的标准。

（1）BACnet 网络对 ISO 8802-2 逻辑链路控制协议（LLC）的使用

BACnet 网络使用 LLC 的数据链路服务来传送 BACnet 链路服务数据单元（LSDU）。一个 LSDU 包含一个 NPDU。使用 ISO 8802-3 局域网技术的 BACnet 设备遵守 LLC Class I 的要求，提供不确认的无连接服务。同时，使用 DL-UNITDA TA 原语传送 LLC 参数。

（2）LLC 原语所要求的参数

DL-UNITDATA 原语中的参数是源地址、目标地址、数据和优先级。源地址和目标地址各自是一个 6 字节，由网络接口硬件确定的介质访问控制（MAC）地址和 1 字节的链路服务访问点（LSAP）参数组成。LSAP 的值都 X′82′，表示本 LSDU 内包含有 BACnet 数据。数据参数就是来自网络层的 NPDU。因为 ISO 8802-3 MAC 层运行在只有一个服务类别的单优先级模式下，所以在此标准中没有优先级参数的规范。

（3）MAC 原语所要求的参数

ISO 8802-3 MAC 层原语是 MA-DATA. reauest 和 MA-DATA. indication。这些是用源节点和目标节点的 MAC 地址封装的 LLC 数据的帧结构，图 5-8 是这种帧的数据结构图。其中，APDU 是应用层协议数据单元，NPCI 是网络层协议控制信息。DSAP 和 SSAP 分别是目标节点和源节点的链路服务访问点参数，在此情况下，其值都为 X′82′，表示帧内包含有 BACnet 数据。整个帧由物理介质传送到目标节点设备。

目标地址DA	6个字节			MPDU
源地址SA	6个字节			MPDU
LLC长度	2个字节			MPDU
DSAP=X′82′	1个字节		LPDU	MPDU
SSAP=X′82′	1个字节		LPDU	MPDU
LLC Control=UI=X′03′	1个字节		LPDU	MPDU
NPCI	M个字节	NPDU	LPDU	MPDU
APDU	N个字节	NPDU	LPDU	MPDU

图 5-8　BACnet 的以太网 MPDU 数据结构图

（4）物理介质

完全采用 ISO 8802-3 标准及其附件中对物理介质的规范。

2. BACnet 的 ARCNET 局域网规范

ARCNET 目前是美国国家标准（ATA/ANSI 878.1）。这是一种很成熟的局域网技术，数据传输率为 2.5Mbps。这种网络的特点是使用令牌传递协议作为设备访问介质的方式，因此每个设备可以设置等待发送报文时间的最大值，这对有些应用非常有用。BACnet 将 ATA/ANSI 8781ARCNET 局域网标准，包括将来的扩展，作为自己的标准。

同时，仍然使用ISO 8802-2中的LLC Class I和类型1不确认的无连接模式服务作为逻辑链路控制协议。

(1) LLC原语所要求的参数

BACnet网络仍然使用LLC的数据链路服务来传送BACnet链路服务数据单元(LSDU)。同时，使用DL-UNITDATA原语传送LLC参数。DL-UNITDATA原语中的参数是源地址、目标地址、数据和优先级。源地址和目标地址各自分别是一个1字节的由网络接口硬件确定的介质访问控制地址，1字节的链路服务访问点和1字节的系统代码(SC)参数组成。LSAP的值都为X′82′，表示本LSDU内包含有BACnet数据。SC的值为X′CD′，表示此数据结构是一个BACnet帧。数据就是来自网络层的NPDU。因为ARCNET MAC层运行在只有一个服务类别的单优先级模式下，所以在此标准中没有优先级的规范。

(2) 将LLC原语映射到ARCNET的MAC层

类型1不确认的无连接LLC服务直接映射成ARCNET的MAC原语MA-DATA. request。没有指示原语传递给LLC子层，但是从目标MAC子层有一个确认返回。ARCNET不允许其MSDU的长度为253、254或者255字节。长度为0～252字节的BACnet LPDU作为ARCNET MPDU帧的整个MSDU，其中MPDU中具有1个字节的信息长度(IL)域。长度为253～504字节的BACnet LPDU作为ARCNET MPDU的MSDU的前部分，后面加上3个不确定数值的字节，长度达到256～507字节，其中MPDU中具有2个字节的信息长度域。在接收方，如果检测到ARCNET的MPDU的信息长度域有2个字节，则要去掉MSDU中的最后3个字节。ARCNET中不能传输长度超过504字节的LPDU。

(3) MAC原语所要求的参数

ARCNET的MAC层原语是MA-DATA. request、MA-DATA. indication和MA-DATA. confirmation。这些是用源节点和目标节点的MAC地址封装的LLC数据的帧结构，图5-9是这种帧的数据结构图。其中，APDU是应用层协议数据单元，NPCI是网络

字段	长度			
ARCNET分组头字节(PAC)	1个字节			MPDU
源MAC地址(SID)	1个字节			
目标MAC地址(DID)	1个字节			
信息长度	1个字节或两个字节			
系统编码 SC=X C′ D′	1个字节			
DSAP=X 8′2′	1个字节		LPDU	
SSAP=X 8′2′	1个字节			
LLC Control=UI=X 0′3′	1个字节			
NPCI	M个字节	NPDU		
APDU	N个字节			

图5-9 BACnet的ARCnet局域网MPDU数据结构图

层协议控制信息。DSAP 和 SSAP 分别是目标节点和源节点的链路服务访问点参数，在此情况下，其值都为 X′82′，表示帧内包含有 BACnet 数据。整个帧由物理介质传送到目标节点设备。

(4) 物理介质

完全采用 ARCNET 标准及其附件中对物理介质的规范。

3. BACnet 的主从/令牌传递 (MS/TP) 局域网规范

BACnet 的主从/令牌传递局域网技术的基础是使用 EIA-485 标准。EIA-485 标准是电子工业协会开发的物理层的数据通信标准，广泛应用在楼宇设备控制系统中。由于 EIA-485 标准只是一个物理层标准，不能解决设备访问传输介质的问题，BACnet 定义了主从/令牌传递 (MS/TP) 协议，提供数据链路层功能。

在 MS/TP 网络中有一个或者多个主节点，主节点在逻辑令牌环路中是对等的。每个主节点可以有一些从节点，从节点只有在主节点的请求下才能传送报文。如果网络全部是由主节点组成，就形成一个对等网络。如果网络是由单主节点和所有其他从节点组成，就形成一个纯主从网络。

MS/TP 网络提供两个数据链路层服务原语，向网络层提供服务，这两个服务原语分别是 DL-UNITDATA. request 和 DL-UNITDATA. indication。前者由网络层传递给 MS/TP 实体请求使用不确认的无连接方式向一个或者多个远程节点的网络层实体发送一个网络层协议数据单元 (NPDU)。后者由 MS/TP 实体传递给网络层，通知有一个来自远程实体的 NPDU 的到达。

4. BACnet 的点到点 (PTP) 通信规范

为了使两个 BACnet 设备能够使用各种点到点通信机制进行通信，BACnet 定义了一种数据链路层协议，称为 BACnet 点到点通信规范。这个协议的功能是：使两个 BACnet 网络层实体建立点到点数据链路连接，可靠地交换 BACnetPDU，和使用已建立的物理连接执行 BACnet 点到点连接的有序终止。对应的物理连接方式有：EIA-232 连接调制解调器，线路驱动器，或者其他数据通信设备。BACnet 点到点通信协议向网络层提供了 8 个数据链路层服务原语和功能，如表 5-1 所示。

BACnet 点到点通信协议数据链路层服务原语和功能 **表 5-1**

原语	功能
DL-UNITDATA. request	由网络层传递给 PTP 实体，请求使用不确认的无连接方式向；一个或者多个远程节点的网络层实体发送一个网络层协议数据单元 (NPDU)
DL-UNITDATA. indication	由 PTP，实体传递给网络层，通知有一个来自远程实体的 NPDU 的到达
DL-CONNECT. request	由网络层传递给 PTP 实体，请求建立一个逻辑链路连接
DL-CONNECT. indication	由 PTP 实体传递给网络层，指出已经建立一个逻辑链路连接
DL-CONNECT. confirm	由 PTP 实体传递给网络层，证实已经建立一个逻辑链路连接
DL-DISCONNECT. request	由网络层传递给 PTP 实体，请求释放建立的逻辑链路连接
DL-DISCONNECT. indication	由 PTP 实体传递给网络层，指出已经释放了逻辑链路连接
DL-DISCONNECT. confirm	由 PTP 实体传递给网络层，证实已经释放了逻辑链路连接

5. BACnet 的 LonTalk 局域网规范

LonTalk是由美国Echelon公司开发的数据通信协议，较为广泛地应用于控制网络的数据通信中。BACnet支持使用LonTalk协议的服务来传输BACnet报文的功能，为此制订本规范。BACnet将LonTalk协议规范，包括将来的扩展，作为自己的标准。同时，仍然使用ISO 8802-2中的LLC Class I和类型1不确认的无连接模式服务作为逻辑链路控制协议。在产品实现中，要将BACnet的DL-UNITDATA原语映射为LonTalk应用层接口。

（1）LLC原语所要求的参数

BACnet网络仍然使用LLC的数据链路服务来传送BACnet链路服务数据单元（LSDU）。同时，使用DL-UNITDATA原语传送LLC参数。DL-UNITDATA原语中的参数是源地址、目标地址、数据和优先级。每个源地址和目标地址由LonTalk地址、链路服务访问点（LSAP）和报文代码（MC）组成。LonTalk地址的长度可变，由BACnet设备的构造确定。MC为1个字节，其值为X′4E′，表示此数据结构是一个BACnet帧。由于LonTalk报文代码识别BACnet网络层，所以不用LSAP。数据就是来自网络层的NPDU。

（2）将LLC原语映射到LonTalk的应用层

类型1不确认的无连接LLC服务原语DL-UNITDATA. request映射为LonTalk的msg _ send请求原语，DL-UNITDATA. indication映射为LonTalk的msg _ receive请求原语。LonTalk网络中不能传输长度超过228字节的LPDU。

（3）LonTalk应用层原语所要求的参数

LonTalk应用层原语是msg _ send和msg _ receive。这些是用目标节点的LonTalk地址和BACnet报文代码封装的LLC数据的帧结构，图5-10是这种帧的数据结构图。整个帧由物理介质传送到目标节点设备。

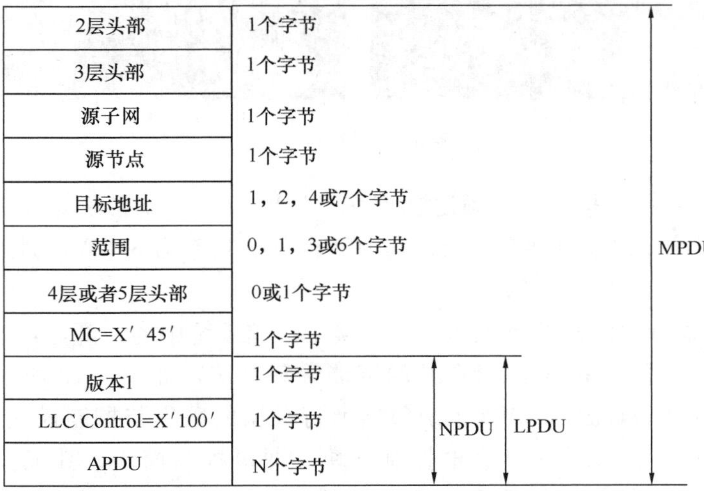

字段	长度		
2层头部	1个字节		MPDU
3层头部	1个字节		MPDU
源子网	1个字节		MPDU
源节点	1个字节		MPDU
目标地址	1，2，4或7个字节		MPDU
范围	0，1，3或6个字节		MPDU
4层或者5层头部	0或1个字节		MPDU
MC=X′45′	1个字节		MPDU
版本1	1个字节	NPDU LPDU	MPDU
LLC Control=X′100′	1个字节	NPDU LPDU	MPDU
APDU	N个字节	NPDU LPDU	MPDU

图5-10 BACnet的LonTalk局域网MPDU数据结构图

(4) 物理介质

完全采用 ARCNET 标准及其附件中对物理介质的规范。

5.4 BACnet 应用实例

基于已经建立完整的基于 BACnet 的空调冷源系统仿真实验台的基础上，在某制药厂空调冷源系统实例来采集数据，运用所研究的仿真实验台来运行调试，对该实验平台进行进一步调试以及对数据的准确性分析。

5.4.1 某制药厂空调冷源系统简介

所采用空调冷源系统工程实例是位于苏州市的某制药厂的空调冷源系统，由于制药厂的特殊性，冷负荷需求量较大，实验室的新风负荷更大，且除了在寒冷的冬季，其余时间该药厂的空调冷源系统处于常开状态。

该制药厂的空调冷源系统中采用的是 2 台制冷量分别为 500 冷吨和 750 冷吨的约克牌冷水螺杆机组，冷水机组如图 5-11 所示。

图 5-11 冷水机组

冷水泵共有 4 台，其中 2 台额定功率为 75kW，另外 2 台额定功率为 37kW，如图 5-12(a)所示；冷却水泵也共有 4 台，其中 2 台额定功率为 37kW，另外 2 台额定功率为 18.5kW，如图 5-12(b) 所示。

空调冷源系统所用的监控系统属于整个楼宇自控系统中的一部分，该药厂的空调冷源系统监控系统采用 Metasya 江森自控的智能管理系统，如图 5-13 所示，该系统包括软件系统和硬件系统两部分，软件系统包括运行数据的采集与控制模块、监测工作站、各设备的群控等；硬件部分包括强电控制模块和弱电控制模块，其工作方式为：软件控制弱电控制模块，弱电控制模块接着控制强电控制模块，最终强电控制模块控制各运行设备。

(a)

(b)

图 5-12 冷水泵和冷却水泵
(a) 冷水泵；(b) 冷却水泵

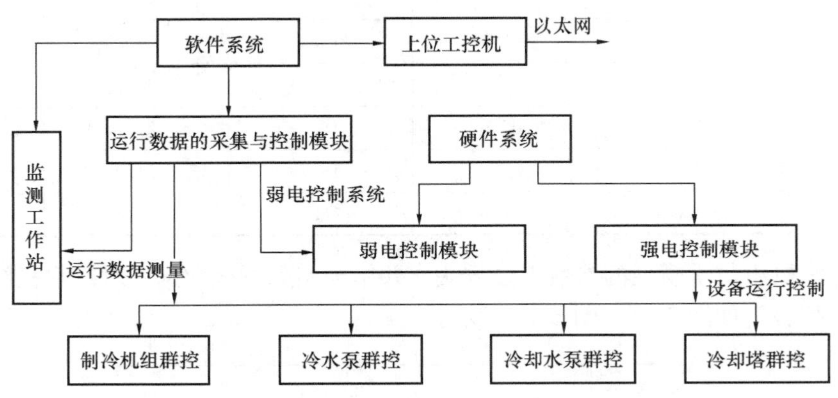

图 5-13 该药厂空调冷源系统的监控系统原理图

该药厂空调冷源系统监控系统的部分监控界面和冷水机组自带的监测系统，它可以更加详细地监测到冷水机组的运行情况，从而使得监控数据更加完善，监控系统更加完整。

该系统可采用人工控制和智能控制两种控制方式，但这两种控制方式都建立在运行数据的采集这一基础上，该药厂的空调冷源系统采集的数据包括冷水供/回水温度、冷却水供/回水温度、冷水流量、冷水和冷却水的供/回水水压差、水泵和冷却塔风机频率、系统能耗等数据。通过以上数据的采集，可为人工控制或智能控制提供分析依据。

5.4.2 基于某制药厂空调冷源系统运行数据的模型参数辨识

结合空调冷源系统各部件数学模型的参数辨识过程以及该药厂空调冷源系统的运行数据，即可建立该药厂空调冷源系统的数学模型，并对其进行参数辨识。

通过不断测量冷水机组部分数据，得到以下实测数据结果，如表 5-2 所示。

冷水机组部分实测数据　　表 5-2

序号	冷水出口温度（℃）	冷水进口温度（℃）	冷却水进口温度（℃）	冷却水出口温度（℃）	制冷机能耗（kW）
1	7.1	9.8	15.5	19.2	113
2	7.1	9.8	15.5	19.2	114
3	7.0	9.9	15.6	19.5	118
4	7.0	9.9	15.4	19.4	125
5	7.0	9.9	15.4	19.3	126
6	6.9	10.0	15.4	19.5	128
7	6.9	9.9	15.4	19.5	132
8	7.0	10.0	15.3	19.5	133
9	7.0	10.0	15.5	19.6	134
10	6.8	9.9	15.5	19.6	133
11	6.9	10.0	15.4	19.5	133
12	7.1	10.1	16.7	20.7	140
13	7.0	10.3	16.7	21.2	164
14	6.9	10.2	16.7	21.2	163
15	7.0	10.4	16.7	21.4	174

结合冷水机组数学模型的参数拟合方法，并结合实际测试数据，对冷水机组的数学模型做出如下拟合，如图 5-14、图 5-15 所示。

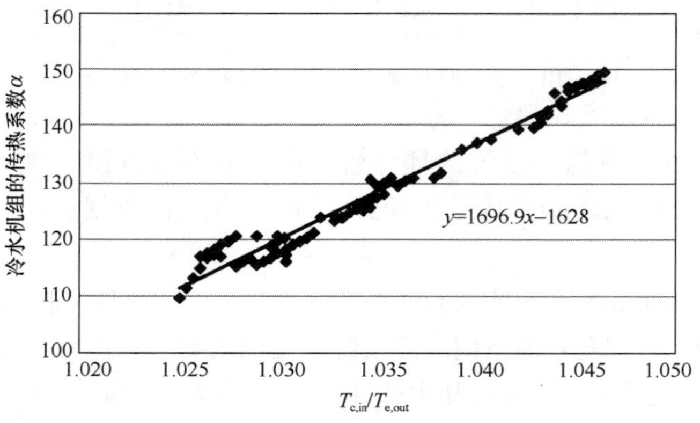

图 5-14　α 的拟合图

α：冷水机组的传热系数，用于描述冷凝器或蒸发器在不同温度条件下的传热效率。

最终拟合出该制药厂的冷水机组数学模型为：

$$\frac{1}{COP}=-1+\frac{T_{c,in}}{T_{e,out}}+\frac{1}{Q_e}\left(-1846.2+0.7494T_{c,in}+1696.9\frac{T_{c,in}}{T_{e,out}}\right) \tag{5-1}$$

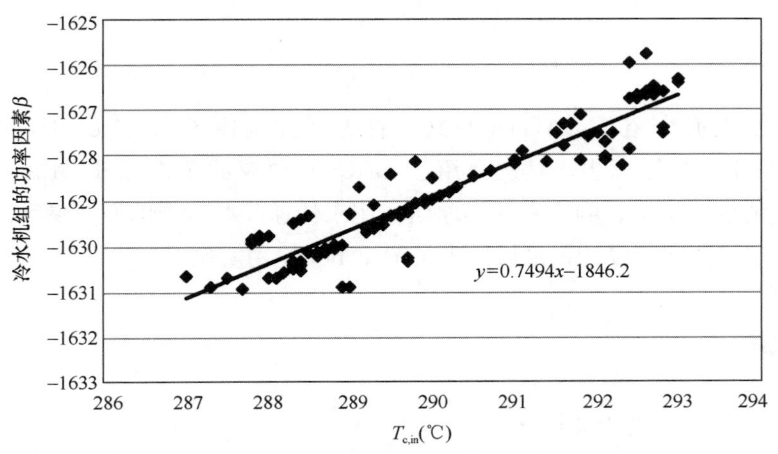

图 5-15　β的拟合图

β：冷水机组的功率因素，用于描述冷水机组在不同冷凝器入口温度条件下的电力消耗与输出的比值。

5.4.3　BACnet 实验平台数据的验证和应用

由于考虑经济性和实用性等因素，一般工厂不会针对单个水泵及单个冷却塔等设备安装能耗监测装置，但是本实例中的制药厂的冷水机组本身自带能耗监测功能，可以监测冷水机组的实时功率，故下面将以冷水机组为例，用上文建立的基于 BACnet 的空调冷源系统仿真实验台来模拟该制药厂的空调冷源系统中的冷水机组运行能耗，并将模拟结果与实测数据进行对比，分析两者之间的误差，从而验证该仿真实验台模拟出的冷水机组能耗数据的准确性。

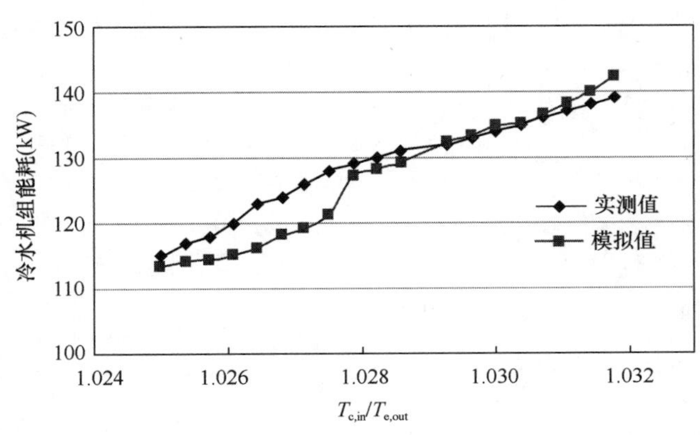

图 5-16　冷水机组能耗对比图

在测试阶段，运用该冷水机组自带的功率测试仪以及系统中的温度传感器，可测量出所需要的数据，再利用该制药厂的江森自控系统，可在计算机端记录所需要的数据。在整个空调冷源系统运行稳定的情况下，对一段时间内的系统各运行数据进行记录，而后将各记录点的运行工况输入仿真实验台中，用实验台模拟出各运行工况下的能耗数据。在剔除相同或相近工况点后，不同工况点的冷水机组能耗实测数据与模拟数据的对比结果如图 5-16所示，从图中可以看出，冷水机组能耗的实测值和模拟值较相近，通过计算，两者的误差小于 5.4%

本章小结

本章从三个方面介绍了 BACnet 总线，首先详细阐述了 BACnet 协议的体系结构，BACnet 协议采用的分层思想；其次介绍了 BACnet 协议的工作原理，BACnet 定义了 4 种服务原语：请求、指示、响应和证实原语，用来传递某些特定的服务参数；在此基础上介绍了 BACnet 控制网络设计，最后给出了 BACnet 应用实例。

本章习题

1. 简述 BACnet 总线技术特征。
2. 简述 BACnet 控制网络设计的要点。
3. BACnet 总线与 LonWorks 现场总线的对比。

第 6 章　EIB/KNX 控制网络

本章提要

EIB/KNX 控制网络作为一种在全球建筑自动化领域得到广泛应用的开放式智能建筑控制系统，可集成各种设备与系统，如照明、安防、窗帘等，实现集中控制和智能化操作，随着智能建筑技术的不断发展，未来 EIB/KNX 控制网络在我国的应用将会更加广泛。

EIB/KNX 控制网络的应用不仅提高了建筑的舒适性和安全性，还能够节约能源，减少能源消耗和降低碳排放。

6.1　EIB/KNX 总线概述

在 20 世纪 90 年代，欧洲几家著名电气产品生产商成立了联盟组织—欧洲安装总线协会 EIBA（European Installation Bus Association），并制订了 EIB 总线规范，现已经成为国际标准 ISO/IEC 14543。EIB 在亚洲地区也称为电气安装总线（Electrical Installation Bus），是电气布线领域使用范围最广泛的行业标准和产品标准。

为了更好地开放性和兼容性，EIB 总线吸收了 EHSA 和 BatiBus 两种欧洲总线并成立了 Konnex 协会，提出了 KNX 总线协议。KNX 协议仍以 EIB 总线标准为基础，在针对智能家居或楼宇智能化系统的解决方案中执行了与 EIB 完全兼容的协议标准，图 6-1 为 KNX 总线系统涉及领域。

Konnex 协会成立后，有 KNX 协议标准代替 EIB 总线协议，目前，KNX 总线标准已

图 6-1　KNX 总线系统涉及领域

成为国家标准《控制网络HBES技术规范 住宅和楼宇控制系统》GB/T 20965—2013。KNX总线技术适用于智能家居中的百叶窗帘、照明、家用电器、音响设备及门禁系统的控制，在智能楼宇的应用也包含对基本设施百叶窗帘、照明系统、空气调节系统、能源计量、安全防护等系统的控制和管理。KNX总线技术已经成为目前唯一住宅和楼宇自动化控制的国际标准。

随着人们对居住环境舒适性、商用楼宇的智能化程度有越来越高要求，对能源利用效率也有越来越高的要求，住宅和商用楼宇自动化水平的提高就是为人们提供更加舒适、安全、更低能源消耗的生活和工作的环境。提高住宅和楼宇自动化水平就要对建筑内设备进行智能控制，无疑需要增加大量的传感器和驱动设备，会使系统变得庞大，排线工程比较复杂，会增加工程成本，需要更加专业的布线设计，同时大量电缆的使用也存在安全隐患，增加火灾风险。

KNX总线可以通过单一多芯线替代控制信号线和供电电力电线，简化了传统楼宇自动化系统的复杂布线，并保证各开关设备可以互传控制指令，因此总线结构可以为线形、树形或星形等，总线设备扩容或改装都比较方便，不改变原有电缆铺设方式即可实现对总线设备的控制。

对总线设备控制可通过编程平台（ETS）配置，通过总线设备功能配置可独立完成诸如开关、控制、监视等功能，也可根据用户要求进行不同的功能组合，比如同一开关面板控制不同区域设备或不同位置开关面板可控制同一区域总线设备。与传统的电气安装方式相比较，KNX总线在不增加设备数量可实现设备功能倍增，具有较强的灵活性和开放性。

这使得KNX总线上所有设备通过一种通用的语言实现通信，不再局限于不同系统因接口不同造成无法统一控制工作，增强了设备间的互操作性，楼宇自动化的实现变得更加简单和轻松。

目前加入KNX总线协会的制造商有500家，其中较著名的KNX产品制造商有ABB（阿西布朗勃法瑞）、Siemens（西门子）、Schneider（施耐德）、Jung（永诺）、Hager（海格）、Gira（吉莱）、Berker（博科）、Legrand（罗格朗）、GVS（视声）以及全球多个国家KNX产品制造商成为KNX协会成员。KNX协会成员遍布全球，使不同厂家的产品可通过同一控制语言实现一个系统内无障碍通信，使系统不再关注设备，系统的设计更加灵活和功能个性化、多样化。

6.2 KNX通信原理

KNX总线协议遵循网络互联参考模型OSI（Open System Internetwork Reference Model)，国际电信标准定义网络互联OSI 7层网络模型，由物理层、数据链路层、网络层、传输层、会话层、表示层、应用层组成，每一层都有相对应的物理设备。OSI 7层模型主要解决了不同协议网络间互联遇到的兼容问题，使不同类型主机间实现数据传输。但KNX总线协议在遵循OSI网络模型的基础上进行了合理简化，将会话层和表示层的功能并入应用层得到5层网络模型，如表6-1所示。

KNX总线协议 **表6-1**

OSI 7层网络模型	KNX总线5层网络模型	各层功能
应用层（Application Layer）	应用层（Application Layer）	文件传输、电子邮件、远程登录等特定应用的协议
表示层（Presentation Layer）		设备数据格式和网络标准数据格式转换
会话层（Session Layer）		数据传输管理，建立和断开通信连接
传输层（Transport Layer）	传输层（Transport Layer）	负责可靠传输，管理两个节点之间数据传输
网络层（Network Layer）	网络层（Network Layer）	将数据传输到目标地址，负责寻址和路由选择
数据链路层（Data Link Layer）	数据链路层（Data Link Layer）	负责物理层面上节点之间数据通信，设备之间数据传送与识别数据帧
物理层（Physical Layer）	物理层（Physical Layer）	以二进制数据格式在物理设备和网络媒体上传输数据，即比特流在传输介质中的传输

基于KNX通信原理，KNX系统工作方式是控制元件和执行元件通过通信总线连接，控制端发出控制信号，执行端接收控制信号并执行预定义好的动作，执行元件还可将动作执行状态及参数反馈到系统中。

KNX通信数据格式。

KNX是一个基于事件控制的分布式总线系统。系统采用串行数据通信进行控制、监测和状态报告。所有总线装置均通过共享的串行传输连接（即总线）相互交换信息。数据传输按照总线协议所确定的规则进行。需要发送的信息先打包形成标准传输格式（即报文），然后通过总线从一个传感设备（命令发送者）传送到一个或多个执行设备（命令接收者）。KNX报文结构如图6-2所示。

控制字节	源地址	目标地址	地址类型	路由计数	数据长度	数据	帧检测
8bit	16bit	16bit	1bit	3bit	4bit	1bit～14bytes	8bit

图6-2 KNX报文结构

报文的第1字节是报文控制字节。其中包括帧类型，帧优先级和帧是否重复等信息，控制字段也包含有关数据链路层服务的信息。

第2、第3字节是KNX报文的源地址，源地址通常是物理地址，用于识别报文是从哪个设备发出。

第 4、第 5 字节是 KNX 报文的目的地址。目的地址可以是一个组地址，也可以是物理地址，通常情况下是组地址，当需要读取设备本身状态或设备信息时则可为物理地址。

第 6 字节包括地址类型、路由计数、数据长度三部分。其中地址类型（Address Type）的值=0，则目标地址是物理地址；地址类型（Address Type）的值=1，则目标地址是组地址。报文每当经过一个路由器或耦合器，计数值会自动减少 1。当计数值减到 0 时，就会将报文丢弃，以此避免 KNX 报文死循环，数据长度是指报文中数据字节的长度。

数据长度为可变长度的，最多可达 14 个字节。

最后 1 字节是帧检测字节。采用校验位和校验字节的形式传输，用于检测报文传输错误。

在第 6 字节之后，帧检测之前的部分为具体的数据字节。

KNX 的数据传输和总线设备的电源共用一条电缆。KNX 总线系统通信对象由组对象的数据结构来定义其功能应用，总线中设备发送接收信息的格式采用报文形式。报文调制在直流信号上。一个报文中的单个数据是异步传输的，但整个报文作为一个整体是通过增加起始位和停止位同步传输的。

异步传输作为共享通信物理介质总线的访问需要访问控制，KNX 采用 CSMA/CA（避免碰撞的载波侦听多路访问协议），CSMA/CD 协议保证对总线的访问在不降低传输速率的同时不发生碰撞。

KNX 系统中每个设备可通过 KNX 总线设备发送以及接收 KNX 报文，通过组地址寻址的方式完成各 KNX 节点之间的相互通信，当具有发送属性的通信对象向总线上发送数据时，总线上所有设备都会接收此报文，但只有具有相同组地址的节点设备才会做出回应，并且对该报文进行处理。

为了发送报文，总线设备首先侦听总线，等待其他总线设备正在发送报文完毕（这称为载波侦听 Carrier Sense）。一旦总线空闲，从理论上说，每个总线设备都可以启动发送过程（这称为多路访问 Multiple Access）。

如果两个总线设备同时开始发送，具有高优先级的总线设备无须延迟可继续传送（这称为碰撞避免 Collision Avoidance）。同时低优先级的总线设备中止传送，等待下次再试，如果两者具有相同的优先级，那么物理地址较低的可以优先。

对于各种设备的功能，如开关、调光、百叶窗等报文都会使用预定的格式，在产品认证中必须认证这种预定数据格式的标准性。不同的 KNX 产品制造商之间必须统一预定数据格式的标准，基于此，KNX 产品才可无障碍搭建互联互通的控制系统。

6.3 KNX 网络拓扑结构

6.3.1 KNX 拓扑结构

KNX 总线系统在商用建筑中应用较为广泛，一般系统设备会比较多，系统比较复杂庞大，如果想要系统更加灵活易控，需要把系统的总线设备划分多个区域和线路，从而可减少部分总线的负荷，这就需要 KNX 系统按照拓扑结构连接总线设备。系统最小的结构称为线路，通常情况下，支线上有一个 640mA 总线电源，最多可以有 64 个总线元件在同一支线上运行，支线电流不超过 10mA。

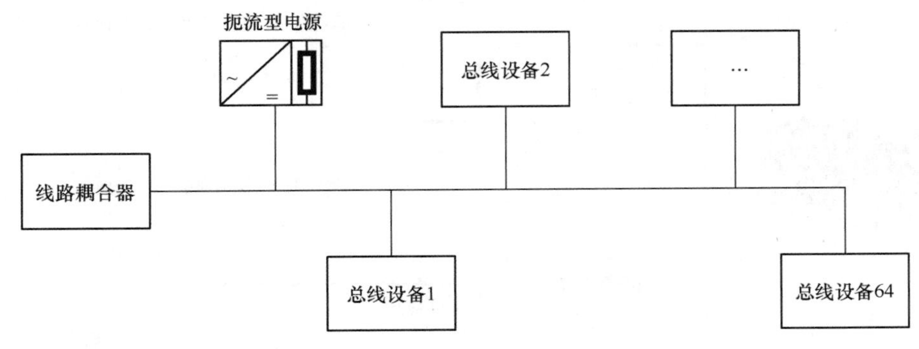

图 6-3　KNX 线路拓扑结构

如有需要可以在通过计算线路长度和总线通信负荷后，通过增加系统设备（总线电源等）来增加一条线路上总线设备的数量，最多一条线路可以增加到 256 个总线设备。

一条线路（包括所有分支）的导线长度不能超过 1000m，总线设备与最近的电源之间的导线距离不能超过 350m。为了确保避免报文碰撞，两个总线设备之间的导线距离不能超过 700m。

总线导线不需要终端连接器。当总线连接的总线设备超过 64 个时，则最多可以有 15 条线路通过线路耦合器（LC）组合连接在一条主线上。图 6-3 所示 KNX 线路拓扑结构称为域。一个域包含 15 条线路，每条线路可以连接 64 个总线设备，故可以连接 15×64 个总线设备。

耦合器有过滤功能，可在 ETS 中配置过滤表，过滤物理地址和组地址，让信号传输的距离更远，同时也可实现主线和支线之间的电气隔离，使各线路故障时互不影响。

安装总线可以按主干线的方式进行扩展，干线耦合器（BC）将其域连接到主干线上，总线上可以连接 15 个域，故可以连接超过 14000 个总线元件。

以某办公大楼为例，说明 KNX 系统拓扑图的实际结构。

图 6-4 为 KNX 系统拓扑图的一个实例。具体说明如下：

该 KNX 总线系统由两根支线构成，通过 RS-232 接口与中控计算机连接，中控计算机可监视和控制整个办公大楼，并通过 KNX 网关与其他系统连接。

三层与四层的各个电气控制柜、触控面板及控制面板开关通过 KNX 总线电缆连接成支线 1，并在支线 1 上配备一个 640mA 总线电源；一层与二层的各个电气控制柜、触控面板及控制面板开关通过 KNX 总线电缆连接成支线 2，并在支线 2 上配备一个 640mA 总线电源。

两根支线分别通过一个线路耦合器连接至主线上构成一个系统，并在主线上配备一个

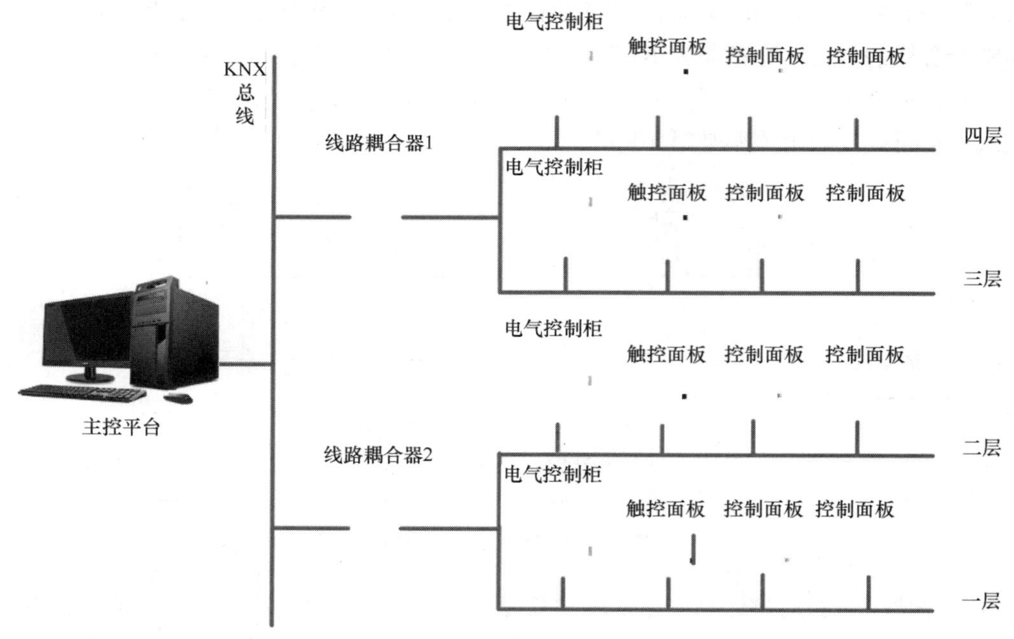

图 6-4　KNX 系统拓扑结构

160mA 总线电源。

各个电气控制柜、触控面板中分别分散安装有各种驱动器模块，采用标准 DIN 安装方式，每个模块均为标准模数化的模块。现场安装有各种控制面板开关，控制各层灯具及其他功能 KNX 总线设备。

6.3.2　IP 网络拓扑结构

2003 年，KNX 系统诞生新的 IP 网络拓扑结构，KNX 系统的主干线为 10M 的 IP 网络。

该方式很适合主干线有大量控制数据（状态信息）同可视化软件或网关进行通信，IP 网络拓扑结构能保证这些信号的稳定和高效传输。IP 网络拓扑结构使用 KNX IP 路由器/耦合器实现不同线路控制信号的逻辑连接和跨线路信号的路由。

IP 网络拓扑有几种拓扑方式，如图 6-5 所示。

IP 路由器作为干线线路耦合器，连接不同的域。此方式中不同的 KNX 线路通过 KNX 双绞线线路耦合器连接在一起，构成较大规模的 KNX 系统，如图 6-6 所示。

IP 路由器作为支线线路耦合器，连接不同的线路，如图 6-7 所示。

IP 路由器既可作为干线线路耦合器也可作为支线线路耦合器，这种拓扑结构更灵活，设计系统时可根据建筑不同区域的功能和总线设备的数量选择 IP 路由器的功能。

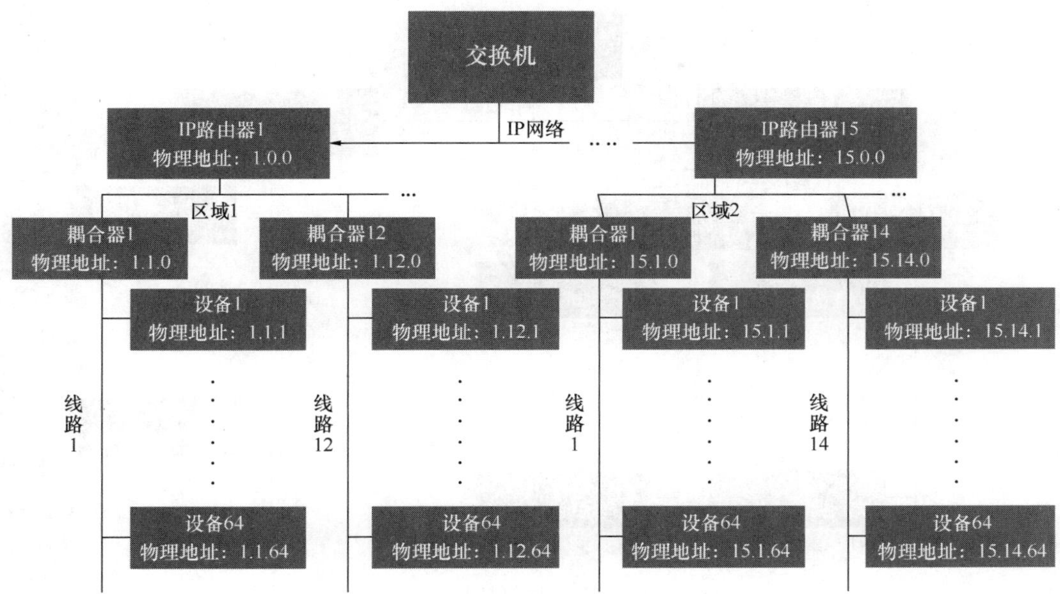

图 6-5　KNX IP 网络拓扑结构（一）

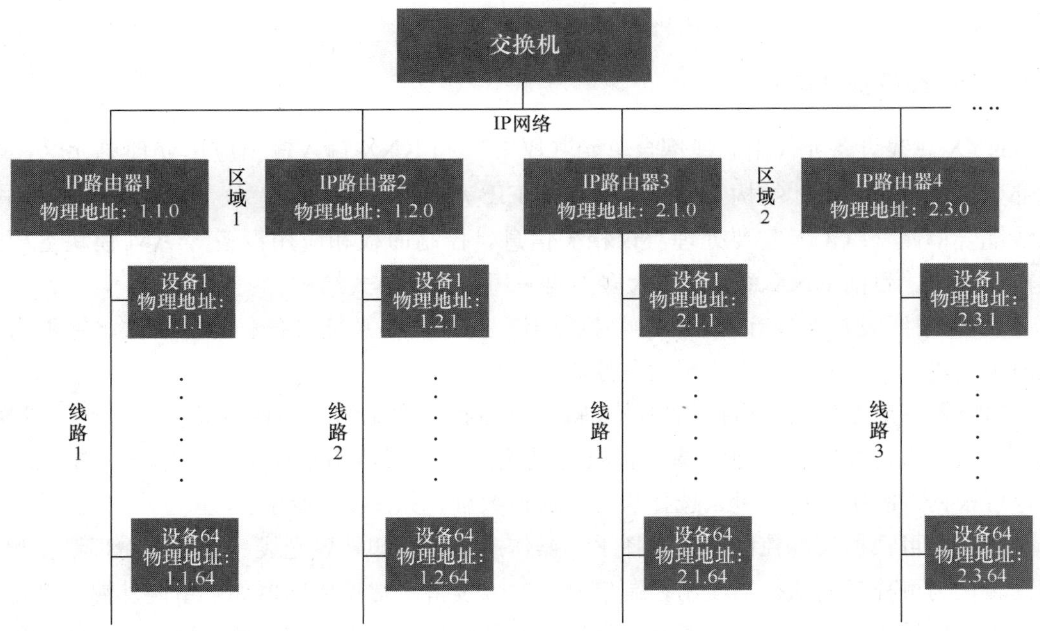

图 6-6　KNX IP 网络拓扑结构（二）

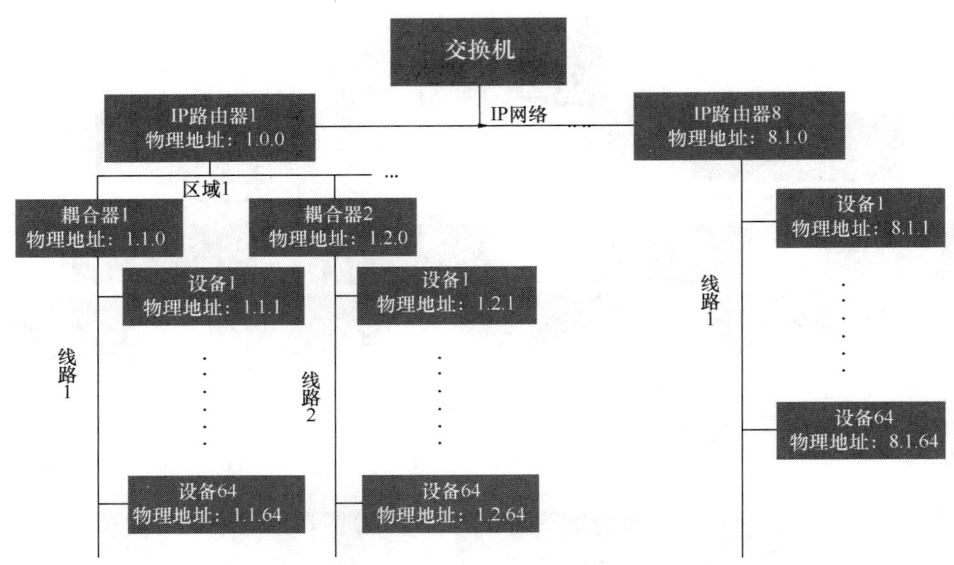

图 6-7　KNX IP 网络拓扑结构（三）

6.4　总线设备及传输介质

6.4.1　总线设备类型

KNX 总线设备元件由总线耦合单元（BCU）和 KNX 输入输出应用处理单元（AM）两部分构成，这种分体结构常见于早些时期 EIB 总线设备，采用总线与应用分层的模式，总线耦合单元（BCU）主要处理协议相关信息，控制面板和应用设备等 AM 模块主要处理输入输出。目前 KNX 总线设备大多不再采用这种分体式结构。

KNX 总线设备类型有以下几种：执行器、传感器、系统设备、协议网关、智能可视化面板、输入设备及可用于实现远程控制的 APP 网关。

执行器一般是安装在电控箱里的导轨上，即我们常见的一些执行模块，如开关模块、调光模块、窗帘控制、暖通空调设备执行模块等，执行器用来输出控制信号控制末端设备，可根据系统中设备数量来选择执行器通道数量，如图 6-8 所示。

传感器可根据实际控制需要选择手动操作或通过感知外界光线、温度等物理量变化并将其转化为可控量向执行器发出控制信号的输入设备。常见传感器如：室内外温湿度传感器、空气质量传感器、红外传感器、微波移动传感器、运动和存在传感器、移动照明传感器等多种场景应用传感器，如图 6-9 所示。

系统设备在系统中完成一些特定功能，如为干线元件提供电源的总线电源、总线耦合器、KNX IP 接口模块、USB 接口、RS-485 网关等设备，此类设备在保证 KNX 总线系统正常运行中起到必不可少的作用，目前也有多种功能集成到一个系统设备的产品，从而实

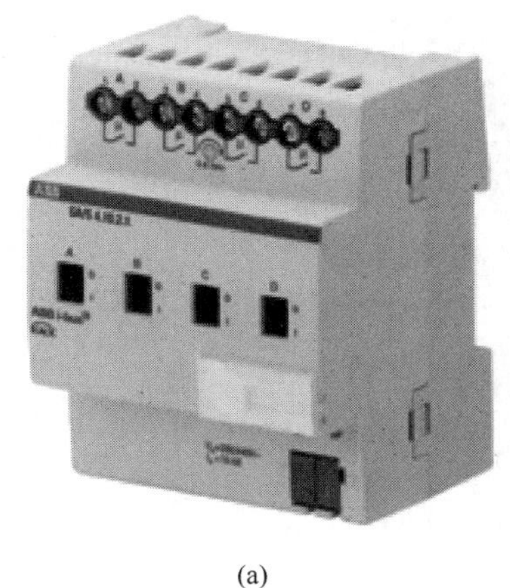

(a)

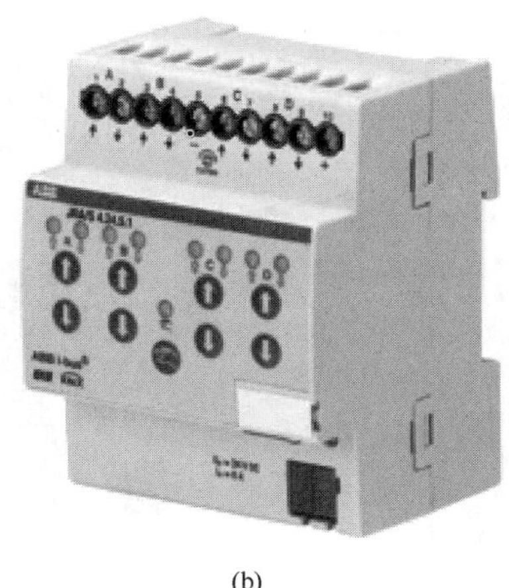

(b)

图 6-8　执行器模块

(a) 开关执行器；(b) 窗帘执行器

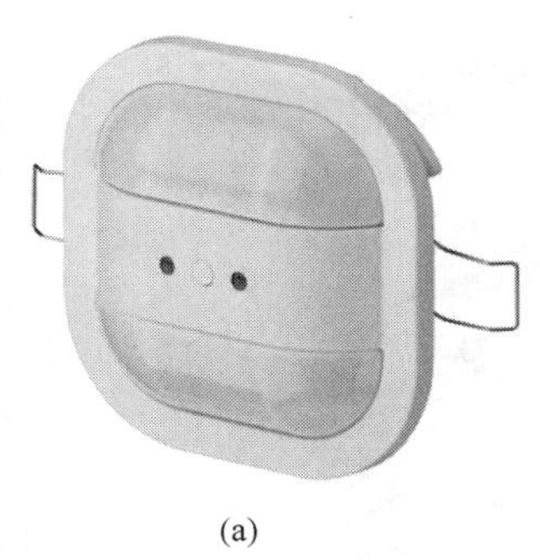

(a)

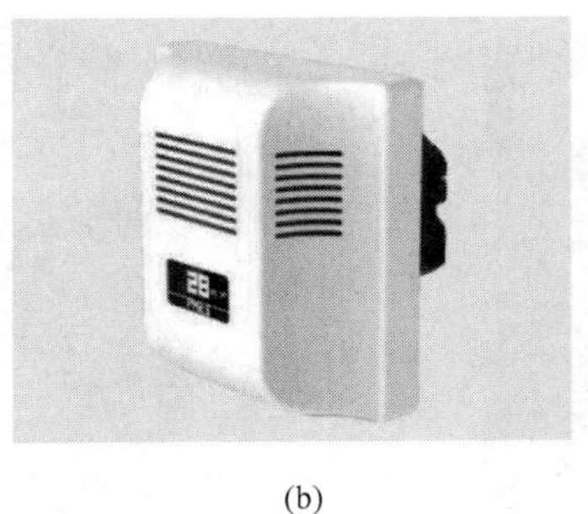

(b)

(c)

图 6-9　传感器模块

(a) 运动和存在传感器；(b) 空气质量传感器；(c) 移动照度传感器

现系统控制的同时简化总线系统中设备数量。如通信和耦合器及网关集成模块可将 KNX 总线的基础系统设备 IP 网关集成，实现可视化、编程或快速线路和区域耦合，并可同时使用最多五个 IP 客户端远程访问装置，如图 6-10 所示。

协议网关模块是工程需要组成较大较复杂系统时，有不同通信协议的系统需要有个接口使不同网络协议的系统间可实现控制信号互通，通俗来讲是两种不同协议系统的网络"翻译器"，通常称其为协议转换器。

KNX 总线系统中协议网关会根据需对接系统所使用协议来确定需要选择对应协议转换网关模块。常见有 KNX/IP 转换模块、KNX/RS-485/RS-232 转换模块、KNX/DALI 转换模块及 KNX/BACnet 转换模块等，还有一些协议相关设备，在系统设计时根据实际需要选择。这些网关模块可实现 KNX 系统对其他协议系统兼容互通，使建筑内各自动化系统可信息互通，进一步实现楼宇深度智能化，如图 6-11 所示。

在 KNX 系统中，智能可视化面板成为具有较好操作体验的可视化交互设备，可对温湿度、窗帘、空气质量、灯光控制，也可集成传感器，同时也对室内部分被控对象的参数

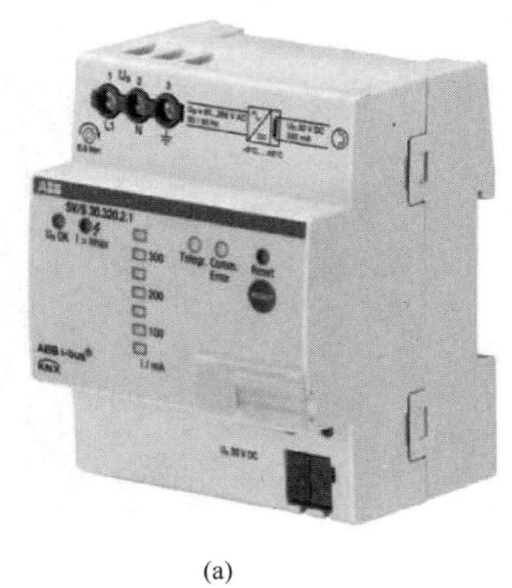

(a)

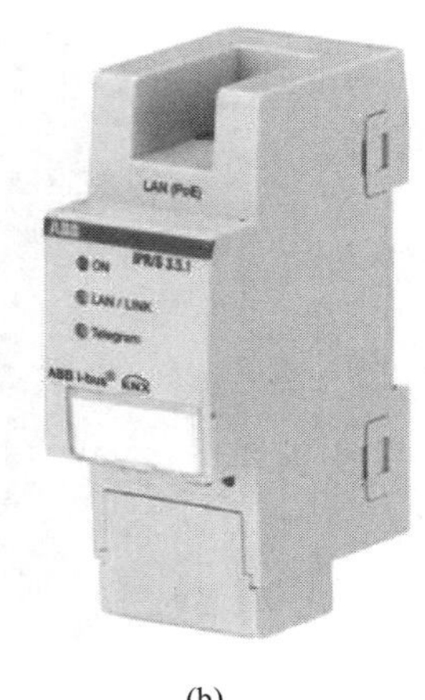

(b)

图 6-10　系统设备模块

（a）电源供应模块；（b）通信、耦合器 IP 网关集成模块

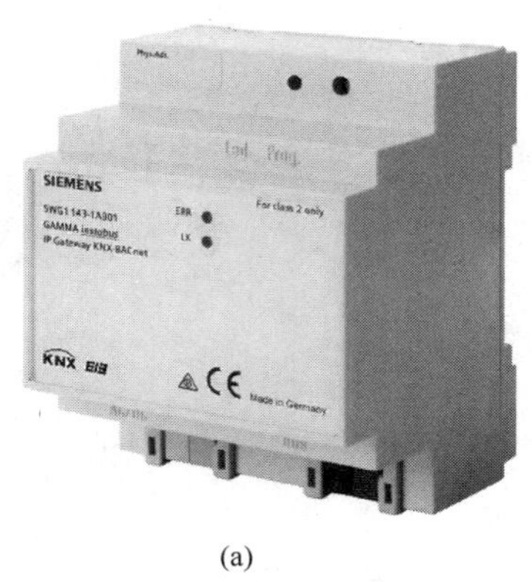

(a)

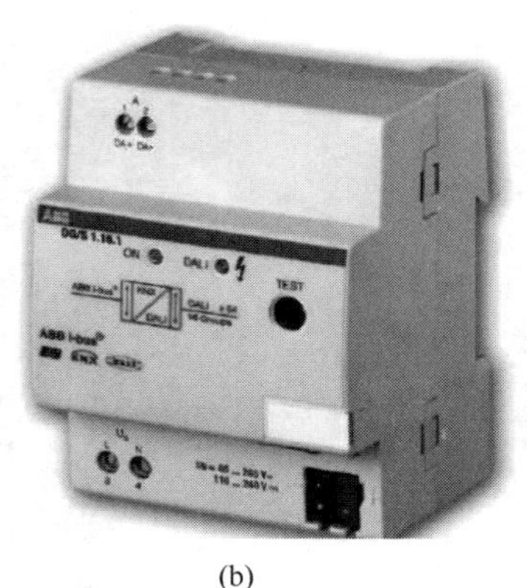

(b)

图 6-11　KNX 网关模块

（a）KNX/BACnet 协议转换网关；（b）KNX/DALI 协议转换网关

值很直观的实时动态显示，以便人们掌握系统运行状态及所处环境的各项参数值，通过智能可视化面板就可以控制所有总线设备及设置各种场景，直观的触控操作给人们提供更安全舒适的居住、工作环境，KNX 控制面板如图 6-12 所示。

还有一些区域的功能上不需要智能可视化面板，可采用一些输入设备来实现对控制对象控制，比如 4 路、8 路输入模块，干接点输入模块等。

当 KNX 系统需要利用移动终端，比如平板电脑、手机来远程控制系统设备时需要安装 APP 网关，可以将 KNX 总线系统中所有设备集成到网关内实现本地或远程控制。

以上为 KNX 总线系统的常见设备类型，KNX 总线最小系统仅包括总线电源模块、控制设备、执行设备即可演示 KNX 运行过程。

电源模块（PSU）：为 KNX 总线设备供电［安全额外低压（SELV），额定直流电压 30V］。

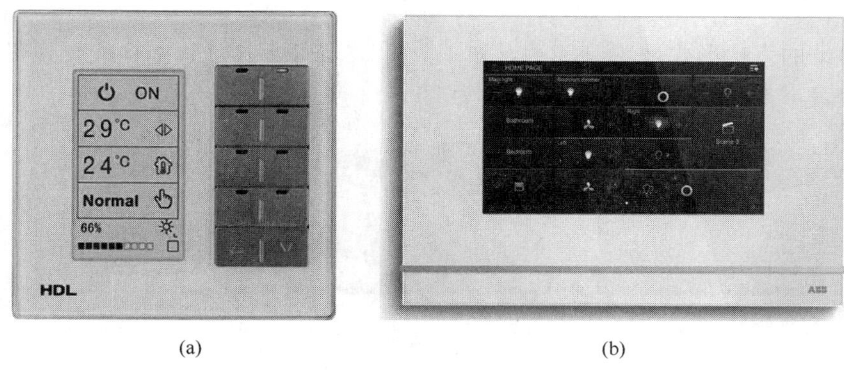

(a)　　(b)

图 6-12　KNX 控制面板
(a) 控制面板；(b) 触控显示屏智能面板

控制设备：是指可检测外界信号输入并发出指令的总线设备，如开关面板、智能触控面板、各类传感器等。

执行设备：是指各种设备的执行模块，接收来自控制设备的指令并驱动控制对象。

根据 KNX 最小系统搭建的简单系统如图 6-13 所示。

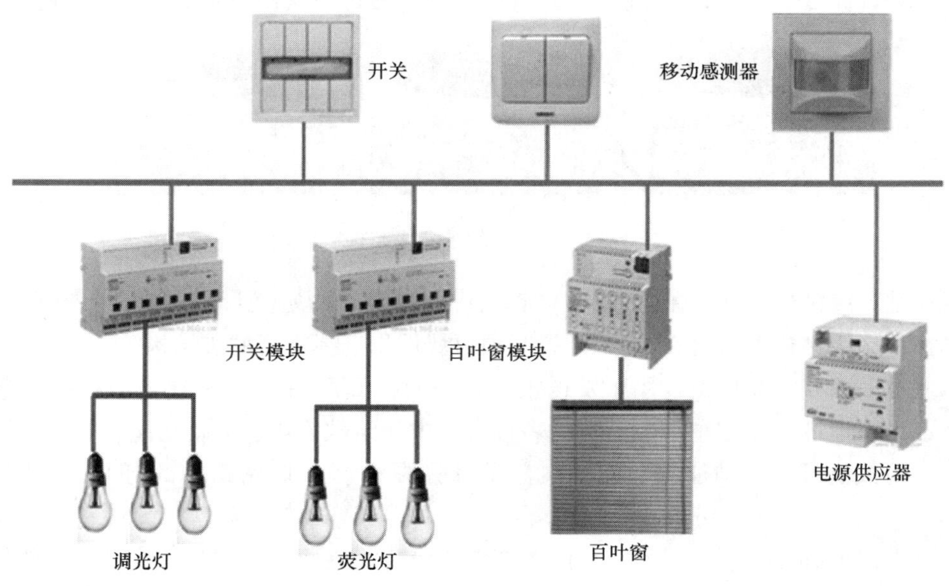

图 6-13　KNX 最小系统

6.4.2　总线设备工作原理

KNX 总线设备除电源模块外基本都具有唯一的物理地址，这个物理地址是设备硬件地址，在没有 IP 路由的 KNX 一般拓扑结构中，工程师可以根据系统设备量按一定规则设置，只要保证地址唯一性即可。物理地址用于设备识别和系统拓扑，在总线设备诊断、调试、重新编程以及读取设备信息时需要物理地址，在系统设计配置时设置后一般不再更改物理地址。

物理地址的表达形式是×.×.×，如 1.1.1、1.2.1。三段数字构成总线设备的物理地址，每段数字都有其选值范围和意义，如图 6-14 所示。

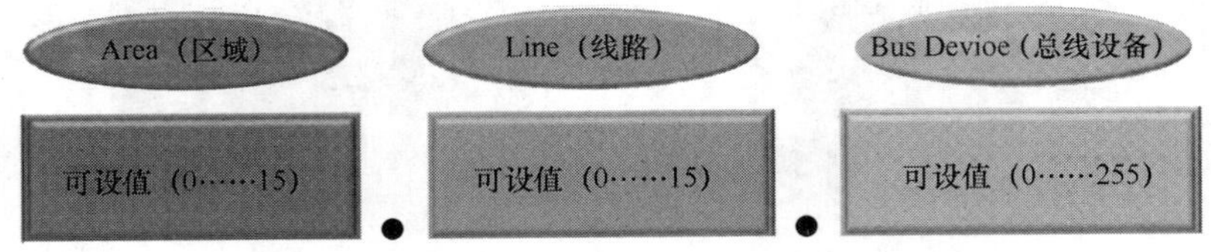

图 6-14　物理地址结构

如图 6-14 所示，在 KNX 一般拓扑结构中，一个系统可设 15 个区域，区域值可在0～15 间定义，一个区域可有 15 条线路，线路数可定义为 0～15 之间，每条线路上实际可连接总线设备为 64 个，但设置物理地址时代表总线设备段的值可设为 0～255 间数值（在加入系统设备的情况下每个线路最多可接 256 个总线设备）。

组地址是用于实现 KNX 总线设备具体功能，按一定规则定义的地址形式。组地址的形式有三种：三级、二级及自由定义，目前 KNX 系统组地址定义多为三级，其构成形式为×/×/×，如 2/2/7，5/2/1 等。组地址构成及每段可定义值范围如图 6-15 所示。

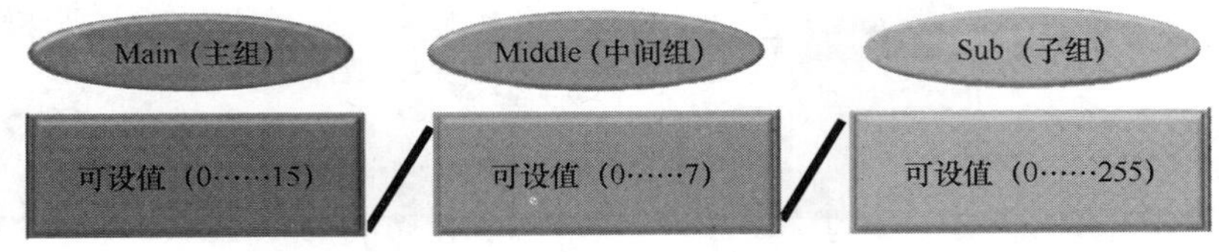

图 6-15　组地址三级结构

组地址二级结构形式为主组/子组，省去中间组。自由定义形式不常用，在此不再详述，选择什么级结构形式可在 ETS 配置时项目属性里选择需要的级结构。

组地址一般 0/0/0 保留，用于发送报文。一般在 ETS 配置过程中，会根据设备功能使用、定义组地址，比如主组数值可代表楼层；中间组数值代表设备功能，开关、调光等功能；子组数值可以区别加载功能，如客厅照明的开/关，卧室窗帘的打开/关闭等具体功能。

所有组地址都可以按功能所需分配每个总线设备，组地址分配与总线设备安装位置没有关系，在总线设备工作过程中，如传感器发出一个报文包含组地址 1/1/1 和值“1”，这个报文会被线路上所有 KNX 设备接收到并作评估，执行器同时监听多个组地址，但在没有接收到匹配组地址时不做响应，只有接收到与报文中相同组地址的设备发来的报文时才读出报文中的值并做出响应。组地址是通过 ETS 创建与分配给相应的传感器和执行器的组对象，即通信对象。组对象是对外功能的体现，组对象包含长度（1bit～14bytes）和读写属性。

组对象有若干种标志，用于设置相关属性，如表 6-2 所示。

组对象标志 表6-2

组对象标志	可设置属性
C（通信）	组对象有一个标准的连接正常连接到总线
R（读）	可通过总线读出对象的值
W（写）	通过总线可改写对象的值
T（发送）	改写对象值后向总线发报文
U（更新）	组对象值可以被更新，值应答报文将解析为W（写）
I（初始化读）	设备会独立发送关于组对象的读值命令，以初始化组对象

6.4.3 传输介质

KNX总线协议受到多种传播媒介的支持，鉴于KNX总线技术的灵活性使KNX设备可以轻松适应不同的用户环境，目前，KNX总线系统为应对不同的信号传输需求采用Ⅰ类双绞线（TP1）、无线电射频（KNX射频）及以太网（KNX IP）等解决方案。也可以借助合适的网关连接将KNX报文通过其他传输介质传输KNX报文。

在KNX总线系统工程项目中一般采用TP1，TP1是KNX总线专用双绞线，其延续了EIB总线协议，用的是YCYM $2\times2\times0.8\ mm^2$ 双绞线，TP1传输速率为9600bps，通过了KNX TP1认证可与同类分布电网操作和通信。

如图6-16所示为KNX总线系统中常用TP1双绞线，图中红、黑色线为一组，是系统总线，接入总线设备，和设备上总线接口端子颜色对应一致接入。黄、白色线为一组，为总线设备备用辅助电源接线，设备不需要接入辅助电源时，该组线可空置。电缆保护套内还包裹铝箔屏蔽层、防水层及一根铜丝作为排流线。

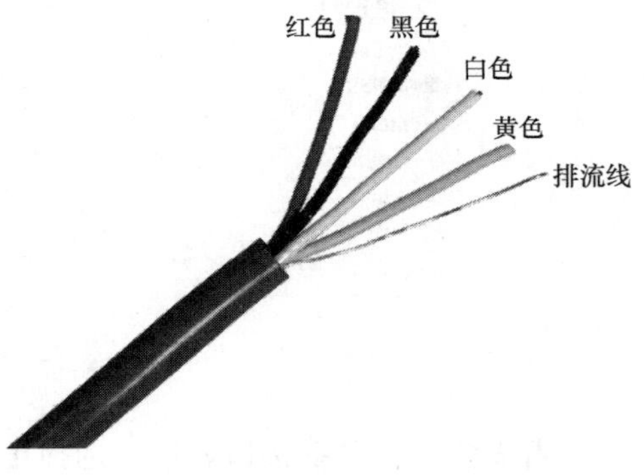

图6-16 KNX TP1双绞线

KNX总线正常工作电压是DC21V～DC30V，为使信号通过传输介质传输更远，一般选用DC30V作为工作电压。DC30V属于安全低压网络（SELV），安全低压网络不可接地，实际安装时要防止KNX总线接地。

6.5 KNX系统设计

KNX系统设计采用平台ETS工具软件，这是一个独立于制造商的组态工具软件，用于以设计和配置智能家居和建筑控制系统安装的KNX系统。ETS工具软件版本经过不断更新，从早期ETS2到目前最新版本为ETS6，各个版本均有Professional版（无限制）、Lite版（20个设备量限制）、Home版（64个设备限制）和Demo免费演示版，该版本只允许接入5个总线设备，可用于学习熟悉KNX系统，或搭建最小系统。ETS运行环境为

Windows 计算机操作系统。

系统设计阶段是完成 KNX 工程项目最重要的部分。就时间而言，它约占项目总投入时间的 80%。成功设计 KNX 总线系统的较好方式就是按照正确的顺序遵循设计步骤，并了解 ETS 可以提供的更高级的功能，用于配置和关联设备，实现总线设备按功能配置进总线系统。

使用 ETS 对系统产品进行配置前先建立新的工程，对系统的结构参数进行配置，图 6-17中对主干形式、拓扑结构还有组地址格式进行了设置。

图 6-17　系统结构参数配置

接着需要建立系统接口通信，选择正确的接口形式，如采用 IP 接口，输入接口地址点击测试时，如果通信正常则会在已发现接口处出现设备及地址，如图 6-18 所示。

但 ETS 与接口建立通信后可给不同总线设备分配物理地址，新设备需要按下编程按钮，在设备上编程指示灯闪烁时对其分配物理地址。物理地址分配完成后，可看到每一个设备后面都有唯一的物理地址，如图 6-19 所示。

KNX 总线协议产品不是安装到总线导轨上连接好总线就可以直接使用的，在对其功能配置之前要根据产品功能和型号在生产商官网上下载产品 ETS 数据库，并导入工程，图 6-20 为已下载 KNX 总线产品数据库。

为实现总线设备功能，对总线设备相应参数进行设置，分配组地址，并建立各功能之间的联系，根据设备具体功能设置组地址关联组对象，如图 6-21 所示。

将系统所有产品按功能配置关联完成后可通过 USB 或 IP 设备下载到总线设备，可通过开关或传感器发出指令测试设备功能是否符合设计要求，如组地址和组对象关联可根据

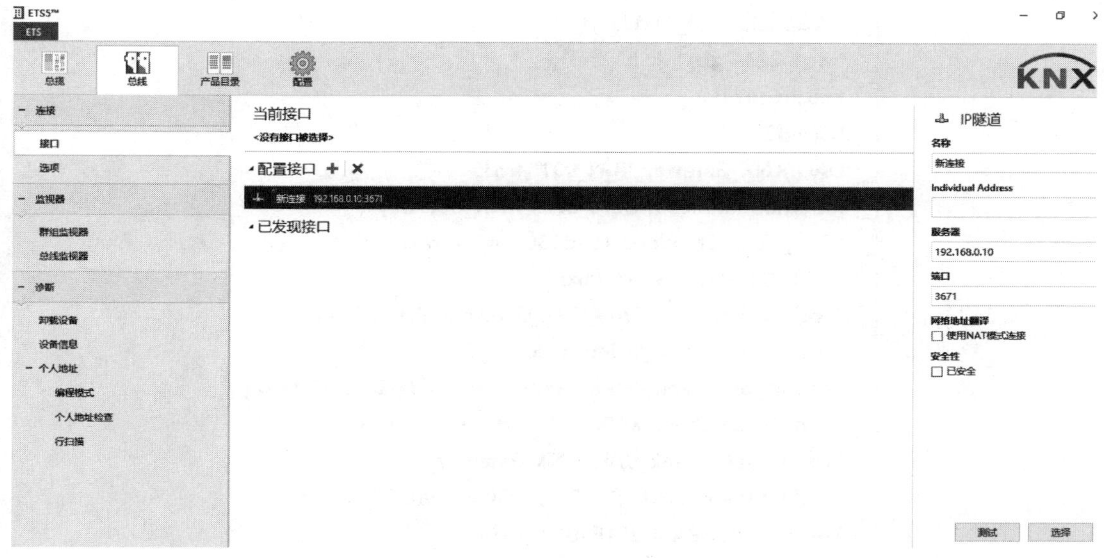

图 6-18 建立系统接口通信

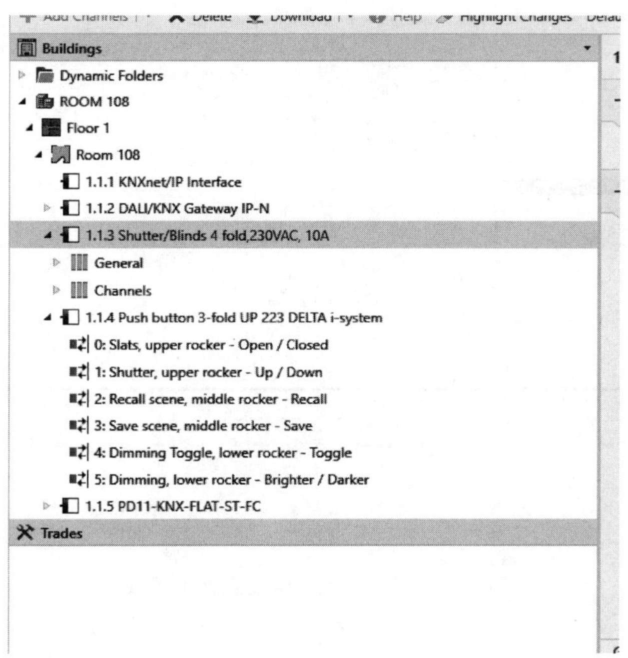

图 6-19 分配物理地址

调试结果进行修正，直到符合设计要求。

KNX 系统设计需要熟练操作 ETS 软件，并对总线产品参数属性设置熟悉，通过 ETS 对 KNX 系统进行设计、配置、调试过程中有诸多细节需要设置，需要更深一层学习 ETS 相关知识才能顺利完成系统设计，在此只针对系统设计和配置步骤做简单概述。

- 5WG1 223-2AB_1.vd3
- 5wg1 223-2ab_1
- bcu.knxprod
- bcu.vd2
- DALI_KNX_Gateway_IP_N_90134.vd5
- Inbetriebnahmesoftware_DALI_KNX_Gateway
- PD11_Gen6_Standard-1516288374642.knxprod
- PD11-KNX-FLAT-ST-FC.knxprod
- Product_databank_DALI_KNX_Gateway_IP_N_90134
- Product_databank_IP-Interface_for_ETS3
- Product_databank_Produktdatenbank_KNX-DALI-Gateway
- Produktdatenbank KNX SBA 90190_90191_90192
- Produktdatenbank_DALI_KNX_Gateway_IPN
- ProduktdatenbankKNX PS 160_640mA 90211_90212
- Test Project SBA_4_20181010.knxproj

图 6-20　总线产品数据库

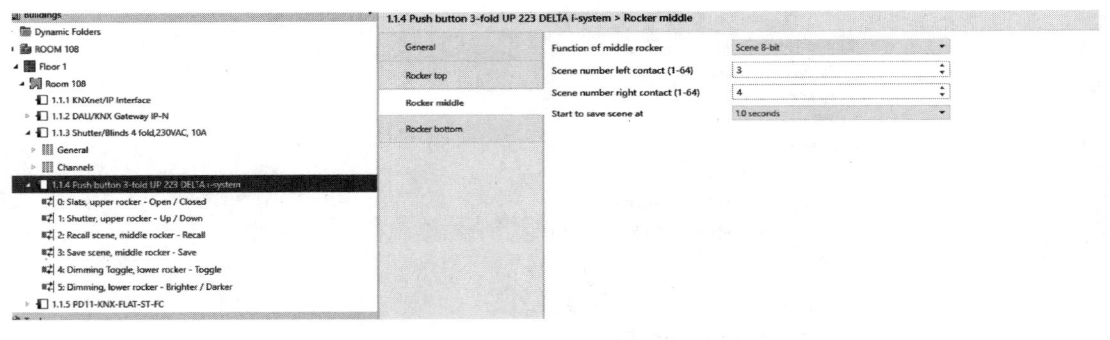

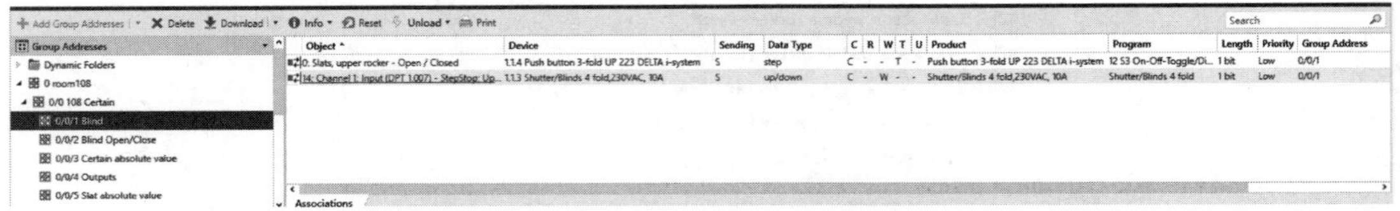

图 6-21　设备参数配置及组地址关联

6.6　KNX 应用案例

随着我国社会经济发展水平不断提高，科技的不断进步，人们对生活、工作环境的舒适性和智能化水平要求也越来越高。但目前建筑运行能耗在社会能源消耗中所占比例约为20%，降低建筑能耗是我国实现节能和双碳目标的刚性需求。

在保证建筑环境舒适性的情况下降低建筑能耗的方式就是提高建筑设施的智能化水

平，推动智能建筑发展。根据国家标准《智能建筑设计标准》GB/T 50314—2013 中对智能建筑做了定义："以建筑物为平台，基于各类智能化信息的综合应用，集架构、系统、应用、管理及优化组合为一体，具有感知、传输、记忆、推理、判断和决策的综合智慧能力，形成以人、建筑、环境互为协调的整合体，为人们提供安全、高效、便利及可持续发展功能环境的建筑。"依靠提高建筑智能化来减少建筑能耗是智能建筑的新使命。换言之，智能建筑是集建筑、结构、给水排水、供暖与通风、电气、自动化、通信等技术领域高度综合为一体，除了基本的建筑功能外达到安全、高效、舒适、便利、环保的建筑物。

高效的建筑就是在高度智能化的前提下，通过对建筑及建筑结构、暖通、智能化等领域采用专业技术达到建筑节能，降低建筑能耗和运行成本。建筑能耗较大的照明、暖通空调系统有较大的节能空间。实现照明、暖通空调设备的高度智能化及加强对建筑其他各组件系统的能耗监控等，合理有效控制和管理建筑内各能源消耗系统，达到能源合理高效利用从而达到建筑节能减排的目的。

智能建筑为实现高度智能化，整个系统常由多个子系统组成，子系统之间实现信息互通可联动控制是实现建筑深度智能化的前提，一栋建筑智能化系统中常包含各种协议子系统或设备。KNX 总线的灵活性和开放性使实现复杂楼宇智能化变得简单可行，KNX 总线可通过协议网关与不同协议系统实现通信。

现以实验室某单独房间作为载体，搭建一套简单系统实现 KNX 总线系统与 DALI 照明系统的互通互联，依次为例演示智能建筑内各协议子系统怎么实现以 KNX 总线系统为主系统实现复杂系统控制的。

DALI（Digital Addressable Lighting Interface）为数字可寻址照明接口，是国际标准的灯光调光控制协议。该协议是通过数字化控制方式调节荧光灯输出光通量的调光技术，是开放系统标准，所有符合 DALI 标准的产品都能互相兼容、安装简单、即插即用，灯具插入总线轨道即可被识别。

DALI 系统在独立运行的基础上还可以向 BMS（Building Management System 建筑管理系统）集成，作为其子系统，在 BMS 下与其他楼宇自动化子系统实现集成，并通过网关双向通信搭建更复杂、庞大的楼宇智能化系统。DALI 系统通过数字控制技术控制照明系统有显著的节能效果，较非智能照明系统节省 30%及以上的能耗，就节能效果来讲 DALI 智能照明系统得到广泛应用。

本案例为 DALI 照明系统通过协议网关向 KNX 总线系统集成，搭建成以 KNX 为控制平台的总线系统。

该简单系统搭建环境为约 22m^2，单面墙有窗，原采用传统照明系统，手动控制幕布窗帘。系统方案拟采用恒光源控制、窗帘照明集成控制、室内采用智能灯控（图 6-22、图 6-23）。

系统设计安装四盏 DALI 协议的 LED 灯。一套内遮阳百叶窗帘系统，由三个百叶电动窗帘组成，房间入口顶棚安装红外与照度探测多功能传感器，用于控制灯的亮度，保证恒光控制，多功能传感器作为系统控制数据的来源。系统中各个设备通过协议网关，如窗帘和灯具，由 KNX 总线上的传感器及开关面板等各种功能模块控制。

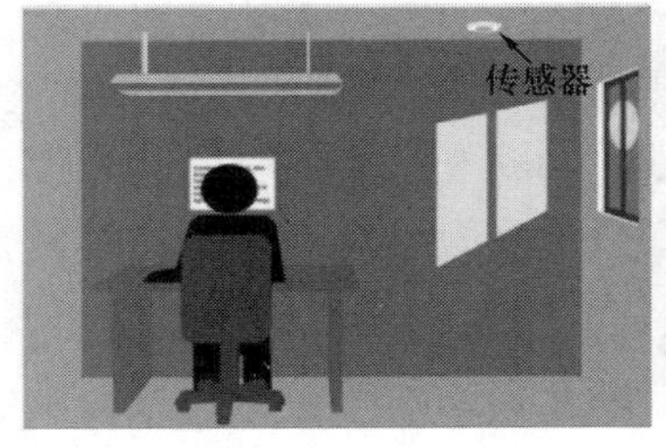

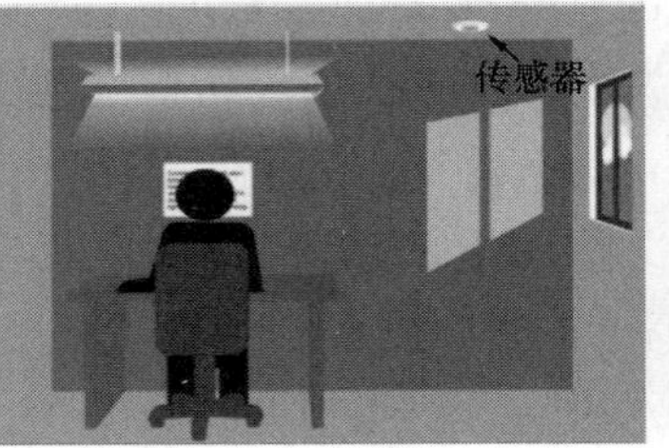

图 6-22　恒光控制原理

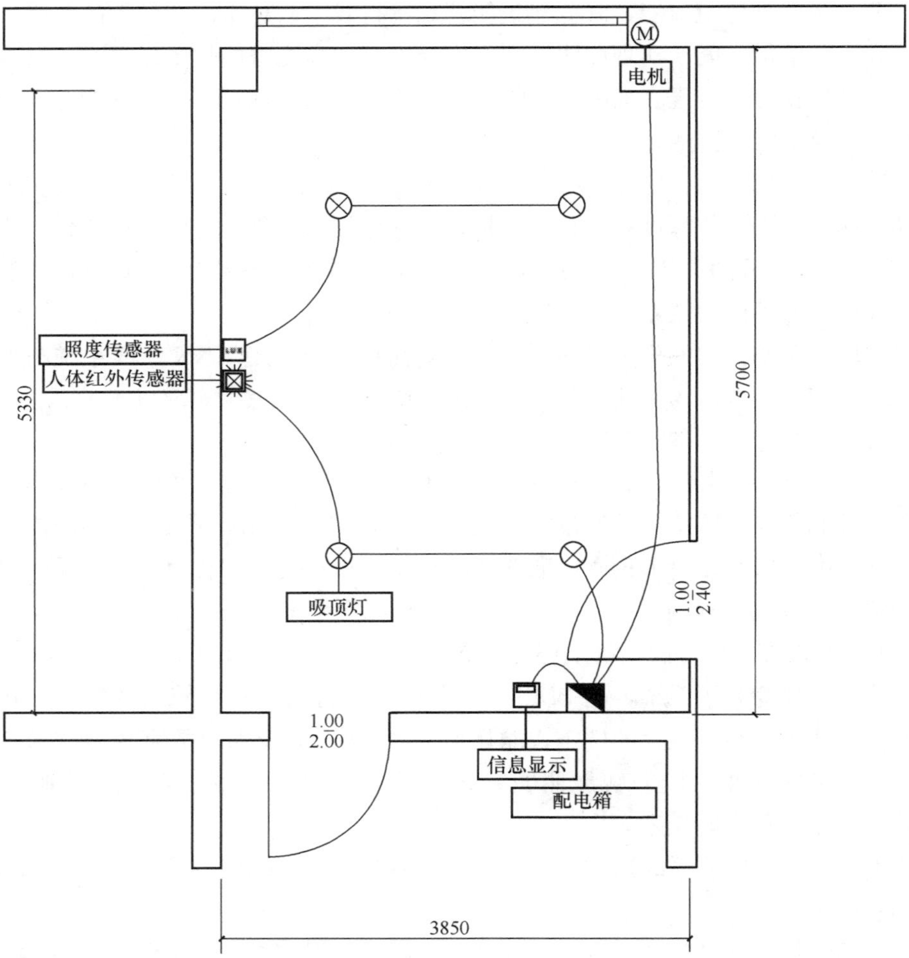

图 6-23　系统设计平面图

KNX 总线技术允许一个房间或整栋建筑智能化的简单或复杂解决方案具有灵活性和扩展性，这种灵活性使个别需要设计的解决方案变得容易。智能照明、遮阳和房间环境以及能源管理和安全功能不同制造商的产品采用适当的 KNX 总结接口，即可实现集成较大规模智能化系统。调试可统一使用独立于供应商的 ETS 配置工具，如图 6-24 所示。

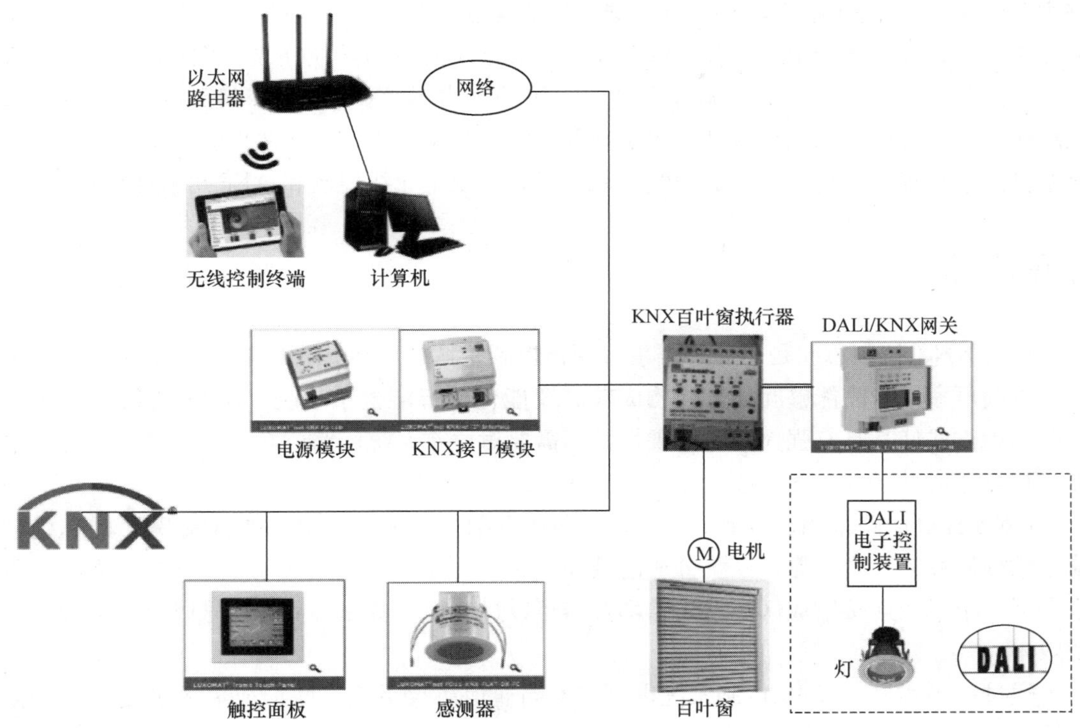

图 6-24 系统拓扑图

其中关键设备 DALI/KNX 协议网关将 KNX 总线和照明控制专用 DALI 总线集成在一起。因此，具有高性价比的 DALI 协议的灯控系统可以集成到 KNX 架构中，并通过现有的 KNX 设备进行操控。DALI/KNX 网关 IP-N 是 KNX 通过 DALI 接口控制 ECG 设备。该设备将连接 KNX 系统的开关和调光指令转换为 DALI 电报，并将 DALI 总线的状态信息转换为 KNX 电报。

对于灯光控制，设计了自动控制和手动控制相结合的控制方式。入口处的红外和照度传感器会检测是否有人在室内，从而开启或关闭灯具。如果是照度自动控制模式，传感器根据在房间内设置的照度值向灯具发出控制信号，实现自然光和人工光相结合的恒照度控制。手动控制模式在对灯的开关和调光时，可通过开关面板控制，面板按键短按为开关控制，长按为调光控制。

对百叶窗的控制，可根据传感器信号输出控制百叶窗的位置，如该方案中当有人进入时，传感器输出信号控制窗帘电动机，电动机带动百叶窗关闭，当人离开后 10s 百叶窗帘打开，百叶窗帘位置改变时间和打开程度可根据具体需求在 ETS 软件中对相应设备的参数进行设置。

另外，还可以设置场景模式，使用开关面板对场景控制，在 ETS 中将场景需求设定好与按键开关通道相关联，完成配置后如左键是控制场景 1，右键设置为控制场景 2，当按下相应开关键时，会出现已设定好的场景，如场景 1 设置为离开模式，当按下左键，灯光会关掉，百叶窗帘也会关掉。当有其他场景需求时按下右边的开关按钮时，灯的亮度调整为 50%，窗帘的打开度变为 50%，这些参数均可根据需要在 ETS 中设置。

本案例构建了基于 KNX 总线和集成 DALI 总线的室内控制系统，创造了一个智能、舒适的办公环境，利用有限资源和空间建立了一个由 KNX 和 DALI 集成的系统。DALI 系统还可以通过网关的插件软件配置实现移动终端对系统内设备无线控制。将来也可将案例中控制系统集成到更高层次的建筑控制层面，实现全无线控制和 APP 可视化监控。

本章小结

EIB/KNX 控制总线是家居和楼宇自动化控制领域的开放式国际标准，在同一软件平台，不同厂家的产品能够互相兼容构成较高智能化的智能楼宇系统。KNX 总线的工作原理及通信方式使其具有强大的可扩展性，当需要对原有系统回路或功能扩展时，只需要添加、挂接相应的元件，无须改动原有系统的接线。

KNX 控制回路采用总线制，总线设备供电和数据传输只需要一条直流 29V 的总线电缆，结构简单、安全可靠。系统分成区域和支路，在系统设计中可有 15 条支路经过线路耦合器与干线相连接组成区域，线路耦合器可以过滤掉一些非必要的信号以提高干线的通信效率。

通过应用实例，KNX 控制系统也可与不同通信协议系统互联形成更大更复杂智能化系统，这将为 KNX 控制系统的应用开拓出更宽广的领域。

本章习题

1. 简述 KNX 总线协议 OSI 网络模型及各层功能。
2. KNX 总线设备采用什么形式发送、接收信息？该形式有什么优势？
3. 请根据 KNX 不同 IP 网络拓扑结构形式分析其适用工程对象。
4. 简述常见 KNX 总线设备类型有哪些？

第 7 章　工业以太网

本章提要

工业以太网是普通以太网技术延伸到工业应用环境的产物。工业以太网涉及企业网络的各层次，无论是应用于工业环境的企业信息网络，还是基于普通以太网技术的控制网络，或者实时以太网，均属于工业以太网的技术范畴。因此，工业以太网既属于信息网络技术，也属于控制网络技术。它是一揽子解决方案的集合，是一系列技术的总称。本章将介绍以太网、工业以太网及实时以太网的定义、特点和各自应用范围；Ethernet/IP、PROFINET、EtherCAT、POWERLINK、EPA 等几种实时以太网的技术特点和网络拓扑结构；我国第一个拥有自主知识产权并被 IEC 认可的工业自动化领域国际标准——EPA 实时以太网标准的技术特点，并在此基础上了解我国在工业以太网领域取得的成就。

7.1　工业以太网概述

工业以太网总线一般来讲是指技术上与商业以太网（即 IEEE 802.3 标准）兼容，但在产品设计时，在材质的选用、产品的强度、适用性以及实用性、可互操作性、可靠性、抗干扰性和本质安全等方面能应用在生产现场、在计算机化测量控制设备之间实现双向串行多节点数字通信的系统，也被称为开放式、数字化、多点通信的底层控制网络。它在制造业、流程工业、交通、楼宇等方面的自动化系统中具有广泛的应用前景。

7.1.1　工业以太网与以太网

传统以太网 EtherNet 在经历最初的发展后，逐渐形成了包括物理层与数据链路层的规范。以这个技术规范为基础，电子电气工程师协会制订了局域网标准 IEEE 802.3，它是今天互联网技术的基础。传统以太网只包括物理层和数据链路层。

随着 Internet 技术的发展与普及，以太网逐渐成为互联网系列技术的代名词。其技术范围不仅包括以太网原有的物理层与数据链路层，还把网络层与传输层的 TCP/IP 协议组，甚至把应用层的简单邮件传送协议 SMTP、简单网络管理协议 SNMP，域名服务 DNS、文件传输协议 FTP、超文本链接 HTTP、动态网页发布等互联网上的应用协议，都作为以太网的技术内容，与以太网这个名词捆绑在一起。本章所描述的正是这个扩展意义上的以太网，OSI 参考模型与以太网的分层模型如表 7-1 所示。

OSI参考模型与以太网的分层模型 **表7-1**

层次	OSI参考模型	以太网的分层模型
7	应用层	应用协议
6	表示层	—
5	会话层	—
4	传输层	TCP/UDP
3	网络层	IP
2	数据链路层	以太网、MAC
1	物理层	以太网物理层

从表7-1可以看到，它的第1层、2层采用IEEE 802.3的以太网物理层和以太网介质访问控制规范，网络层与传输层采用TCP/UDP/IP协议组，应用层的一部分可以沿用上面提到的那些互联网应用协议。这些正是以太网已有的核心技术和生命力所在。由于以太网的广泛应用，使它具有技术成熟、软硬件资源丰富、性价比高等许多明显的优势，得到了广大开发商与用户的认同。

工业以太网源于以太网而又不同于普通以太网。互联网及普通计算机网络采用的以太网技术并不完全适应控制网络和工业环境的应用需要。在继承或部分继承以太网原有核心技术的基础上，根据应用需要，或针对适应工业环境，或针对改进通信实时性，或采取某种时间发布与时间同步措施，或添加相应的控制应用功能，或针对网络的功能安全与信息安全等问题，提出相应的技术改进方案；或针对某些特殊工业应用场合提出的网络供电，按防爆等要求提出相应的技术解决方案。因此，以Ethernet原有的核心技术为基础，针对应用需要，通过对普通以太网技术进行工业应用环境的适应性改造、通信实时性改进，并添加了一些控制应用功能后，形成工业以太网的技术主体。

从实际应用状况分析，工业以太网的应用场景各不相同。它们有的作为工业应用环境下的信息网络，有的作为现场总线的高速（或上层）网段，有的是基于普通以太网技术的控制网络，而有的则是基于实时以太网技术的控制网络。不同网络层次，不同应用场合需要解决的问题，需要的特色技术内容各不相同。

随着企业管控一体化的发展，控制网络与信息网络与Internet的联系更为密切。许多现场总线控制网络都提出了与以太网结合，用以太网作为现场总线网络的高速网段，使控制网络与Internet融为一体的解决方案。如FF中Hl的高速网段HSE、Profibus的上层网段Profinet、Modbus/TCP、Ethernet/IP等，都是作为现场总线的上层高速网段的工业以太网代表。

对于有严格时间要求的控制应用场合，要提高现场设备的实时通信性能，要满足现场控制的实时性要求，需要开发实时以太网技术。但直接采用普通以太网作为控制网络的通信技术，也是工业以太网发展的一个方向，它适合用于某些实时性要求不高的测量控制场合。在控制网络中采用以太网技术无疑有助于控制网络与互联网的融合，即实现Ethernet的E网到底，使控制网络无须经过网关转换可直接连至互联网，使测控节点有条件成为互联网上的一员。在控制器、PLC、测量变送器、执行器、I/O卡等设备中嵌入以太网通信接口，嵌入 TCP/IP 协议，嵌入 Web Sever 便可形成支持以太网、TCP/IP 协议和 Web 服务器的 Internet 现场节点。在应用层协议尚未统一的环境下，借助 IE 等通用的网络浏览器实现对生产现场的监视与控制，进而实现远程监控，也是基于工业以太网技术的一个有效解决方案。

工业以太网是一系列技术的总称，其技术内容丰富，涉及企业网络的各个层次，但它并非是一个不可分割的技术整体。在工业以太网技术的应用选择中，并不要求所有技术一应俱全。例如工作在工业环境的信息网络，其通信并不需要实时以太网的支持；在要求抗振动的场合不一定要求耐高温、低温。总之，具体到某一应用环境，并不一定需要涉及方方面面的解决方案。应根据使用场合的特点与需求、工作环境、性能价格比等因素，分别选取。

今天，以太网已属于成熟技术。而工业以太网，其技术本身尚在发展之中，还存在许多有待解决的问题。

7.1.2 工业以太网的要求

1. 工业以太网的特点及安全要求

虽然脱胎于 Internet、Ethernet 等类型的信息网络，但是工业以太网是面向生产过程，对实时性、可靠性、安全性和数据完整性有很高的要求。既有与信息网络相同的特点和安全要求，也有自己不同于信息网络的显著特点和安全要求。

(1) 工业以太网是一个网络控制系统，实时性要求高，网络传输要有确定性。

(2) 整个企业网络按功能可分为处于管理层的通用以太网和处于控制层的工业以太网以及现场设备层（如现场总线）。管理层的通用以太网可以与控制层的工业以太网交换数据，上下网段采用相同协议自由通信。

(3) 工业以太网中周期与非周期信息同时存在，各自有不同的要求。周期信息的传输通常具有顺序性要求，而非周期信息有优先级要求，如报警信息是需要立即响应的。

(4) 工业以太网要为紧要任务提供最低限度的性能保证服务，同时也要为非紧要任务提供尽力服务，所以工业以太网同时具有实时协议也具有非实时协议。

基于以上特点，工业以太网有如下安全应用要求：

(1) 工业以太网应该保证实时性不会被破坏，在商业应用中，对实时性的要求基本不涉及安全，而过程控制对实时性的要求是硬性的，常常涉及生产设备和人员安全。

(2) 在当今世界，各种竞争日趋激烈。很多企业尤其是掌握领先技术的企业，作为其技术实际体现的生产工艺往往是企业的根本利益，一些关键生产过程的流程工艺乃至运行参数都有可能成为对手窃取的目标，所以在工业以太网的数据传输中要防止数据被窃取。

(3) 开放互联是工业以太网的优势，远程的监视、控制、调试、诊断等极大地增强了控制的分布性、灵活性，打破了时空的限制，但是对于这些应用必须保证经过授权的合法性和可审查性。

2. 工业以太网的应用安全问题分析

(1) 在传统工业，工业以太网中上下网段使用不同的协议无法互操作，所以使用一层防火墙防止来自外部的非法访问，但工业以太网将控制层和管理层连接起来，上下网段使用相同的协议，具有互操作性，所以使用两级防火墙，第二级防火墙用于屏蔽内部网络的非法访问和分配不同权限合法用户的不同授权。另外还可根据日志记录调整过滤和登录策略。根据部门分配权限，也可以根据操作分配权限，采取严格的权限管理措施。由于工厂应用专业性很强，进行权限管理能有效避免非授权操作。同时要对关键性工作站的操作系统的访问加以限制，采用内置的设备管理系统必须拥有记录审查功能，数据库自动记录设备参数修改事件。

（2）在工业以太网的应用中可以采用加密的方式来防止关键信息窃取。目前主要存在两种密码体制：对称密码体制和非对称密码体制。对称密码体制中加密、解密双方使用相同的密钥且密钥保密，由于在通信之前必须完成密钥的分发，该体制中这一环节是不安全的。所以采用非对称密码体制，由于工业以太网发送的多为周期性的短信息，所以采用这种加密方式还是比较迅速的。对于工业以太网来说是可行的，还要对外部节点的接入加以防范。

（3）工业以太网的实时性目前主要是由以下几点保证：限制工业以太网的通信负荷，采用 100M 的快速以太网技术提高带宽，采用交换式以太网技术和全双工通信方式屏蔽固有的 CSMA/CD 机制。随着网络的开放互联和自动化系统大量 IT 技术的引入，加上 TCP/IP 协议本身的开放性和层出不穷的网络病毒和攻击手段，网络安全成为影响工业以太网实时性的一个突出问题。

1）病毒攻击。在互联网上充斥着类似 Slammer、“冲击波”等蠕虫病毒和其他网络病毒的袭击。以蠕虫病毒为例，这些蠕虫病毒攻击的直接目标虽然通常是信息层网络的 PC 机和服务器，但是攻击是通过网络进行的，因此当这些蠕虫病毒大规模暴发时，交换机、路由器会首先受到牵连。用户只有通过重启交换路由设备、重新配置访问控制列表才能消除蠕虫病毒对网络设备造成的影响。蠕虫病毒攻击能够导致整个网络的路由震荡，这样可能使上层的信息层网络部分流量流入工业以太网，加大了它的通信负荷，影响其实时性。在控制层也存在不少计算机终端连接工业以太网交换机，一旦终端感染病毒，病毒发作即使不能造成网络瘫痪，也可能会消耗带宽和交换机资源。

2）MAC 攻击。工业以太网交换机通常是二层交换机，而 MAC 地址是二层交换机工作的基础，网络依赖 MAC 地址保证数据的正常转发。动态的二层地址表在一定时间以后（AGE TIME）会发生更新。如果某端口一直没有收到源地址为某一 MAC 地址的数据包，那么该 MAC 地址和该端口的映射关系就会失效。这时，交换机收到目的地地址为该 MAC 地址的数据包就会进行泛洪处理，对交换机的整体性能造成影响，能导致交换机的查表速度下降。而且，假如攻击者生成大量数据包，数据包的源 MAC 地址都不相同，就会充满交换机的 MAC 地址表空间，导致真正的数据流到达交换机时被泛洪出去。这种通过复杂攻击和欺骗交换机入侵网络方式，已有不少实例。一旦表中 MAC 地址与网络段之间的映射信息被破坏，迫使交换机转储自己的 MAC 地址表，开始失效恢复，交换机就会停止网络传输过滤，它的作用就类似共享介质设备或集线器，CSMA/CD 机制将重新作用从而影响工业以太网的实时性。

目前信息层网络采用的交换机安全技术主要包括以下几种。①流量控制技术，把流经端口的异常流量限制在一定的范围内。②访问控制列表（ACL）技术，ACL通过对网络资源进行访问输入和输出控制，确保网络设备不被非法访问或被用作攻击跳板。③安全套接层（SSL）为所有HTTP流量加密，允许访问交换机上基于浏览器的管理GUI，802.1x和RADIUS网络登录控制基于端口的访问，以进行验证和责任明晰。④源端口过滤只允许指定端口进行相互通信。⑤Secure Shell（SSHv1/SSHv2）加密传输所有的数据，确保IP网络上安全的CLI远程访问。⑥安全FTP实现与交换机之间安全的文件传输，避免不需要的文件下载或未授权的交换机配置文件复制。不过，应用这些安全功能仍然存在很多实际问题，例如交换机的流量控制功能只能对经过端口的各类流量进行简单的速率限制，将广播、组播的异常流量限制在一定的范围内，而无法区分哪些是正常流量，哪些是异常流量。同时，如何设定一个合适的阈值也比较困难。一些交换机具有ACL，但如果ASIC支持得ACL少，仍旧没有用。一般交换机还不能对非法的ARP（源目的MAC为广播地址）进行特殊处理。网络中是否会出现路由欺诈、生成树欺诈的攻击等，都是交换机面临的潜在威胁。

在控制层，工业以太网交换机，可以借鉴这些安全技术，但是也必须意识到工业以太网交换机主要用于数据包的快速转发，强调转发性能以提高实时性。应用这些安全技术时面临实时性和成本的很大困难，以太网的应用和设计主要是基于工程实践和经验，网络上主要是控制系统与操作站、优化系统工作站、先进控制工作站、数据库服务器等设备之间的数据传输，网络负荷平稳，具有一定的周期性。但是，随着系统集成和扩展的需要、IT技术在自动化系统组件的大力应用、B/S监控方式的普及等，对网络安全因素下的可用性研究已经十分必要，例如猝发流量下的工业以太网交换机的缓冲区容量问题以及从全双工交换方式转变成共享方式对已有网络性能的影响。工业以太网必须从自身体系结构入手，加以应对。

7.1.3 工业以太网的发展趋势

目前工业以太网在工业企业综合自动化系统的制造执行层已得到广泛应用，并成为事实上的标准。未来工业以太网将在工业企业综合自动化系统中的现场设备之间的互联和信息集成中发挥越来越重要的作用。总的来说，工业以太网技术的发展趋势将体现在以下几个方面。

1. 工业以太网与现场总线相结合

工业以太网技术的研究还只是近些年才引起国内外工控专家的关注。而现场总线经过二十多年的发展，在技术上日渐成熟，在市场上也开始了全面推广，并且形成了一定的市场。就目前而言，全面代替现场总线还存在一些问题，需要进一步深入研究基于工业以太网的全新控制系统体系结构，开发出基于工业以太网的系列产品。因此，近一段时间内，工业以太网技术的发展将与现场总线相结合，具体表现在：

（1）物理介质采用标准以太网连线，如双绞线、光纤等。

（2）使用标准以太网连接设备（如交换机等），在工业现场使用工业以太网交换机。

(3) 采用 IEEE 802.3 物理层和数据链路层标准、TCP/IP 协议组。

(4) 应用层(甚至是用户层)采用现场总线的应用层、用户层协议。

(5) 兼容现有成熟的传统控制系统，如 DCS、PLC 等。

这方面比较典型的应用如法国施耐德公司推出的"透明工厂"的概念，即将工厂的商务网、车间的制造网络和现场级的仪表、设备网络构成畅通的透明网络，并与 Web 功能相结合，与工厂的电子商务、物资供应链和 ERP 等形成整体。

2. 工业以太网技术直接应用于工业现场设备间的通信

针对工业现场设备间通信具有实时性强、数据信息短、周期性较强等特点和要求，采用以下技术基本解决了以太网应用于现场设备间通信的关键技术。

(1) 实时通信技术。采用以太网交换技术、全双工通信、流量控制等技术，以及确定性数据通信调度控制策略、简化通信栈软件层次、现场设备层网络微网段化等针对工业过程控制的通信实时性措施，解决了以太网通信的实时性问题。

(2) 总线供电技术。采用直流电源耦合，电源冗余管理等技术，设计了能实现网络供电或总线供电的以太网集线器，解决了以太网总线的供电问题。

(3) 远距离传输技术。采用网络分层、控制区域微网段化、网络超小时滞中继以及光纤等技术，解决了以太网的远距离传输问题。

(4) 网络安全技术。采用控制区域微网段化，各控制区域通过具有网络隔离和安全过滤的现场控制器与系统主干相连，实现各控制区域与其他区域之间的逻辑上的网络隔离。

(5) 可靠性技术。采用分散结构化设计、Electro Magnetic Compatibility (EMC，电磁兼容性) 设计、冗余、自诊断等可靠性设计技术等，提高基于以太网技术的现场设备可靠性。经实验室 EMC 测试，设备可靠性符合工业现场控制要求。

未来，随着以太网技术的发展成熟，工业以太网的实时性、安全性、不确定性也将得到更多改善，高性能低成本的工业以太网将会渗透到越来越多工业控制领域之中，持续为工业通信行业注入力量。同时，随着工业以太网从管理层、制造层向控制现场不断发展，其也将如人们赋予它的称号"一网到底"一样，对工业管理、生产、监控实现真正的全面掌控。

7.2 工业以太网技术

7.2.1 网络实时性和确定性

确定性是指系统所执行的操作按预先定义或确定的方式执行，且其操作执行的时间是可预知，这一点是实时系统最重要的特征。针对以太网的不确定性主要在通信环节上，所以解决以太网实时性问题要从通信方面入手。

从信息发送到信息接收之间的全部通信延迟，称作端到端的通信延迟。端到端通信延迟是构成整个现场设备间信息交互时间的一个重要部分，如果不能满足端到端的通信延迟，则无法保证控制任务的实时性。通信延迟主要包括排队延迟、发送延迟和传输延迟。

所以，对传统以太网不确定性问题的解决主要集中在对以太网通信机制 CSMA/CD 上，国内外学者专家提出了许多种方法，这些方法主要可以分为两类：修改以太网 MAC 层协议来达到确定性调度，在 MAC 层之上增加实时调度层。

修改以太网 MAC 层协议来获取以太网确定性调度的方法，它的主要思想是通过改动以太网的 MAC 层，即改变原始 CSMA/CD 的运行机制，来达成确定性的以太网实时通信的目的。这个方案在一定程度上确实可以保证工业控制实时通信的实时性要求，但其也有不可避免的缺点。由于以太网的 MAC 层协议大多固化在硬件芯片中，修改 MAC 层协议则意味着必须对网络芯片重新进行 IC 设计，从而导致与传统的以太网出现兼容性问题，使得以太网的一致性和互操作性都受到挑战，严格地说这个方法已经不能称为以太网了。

在 MAC 层之上增加实时调度层来获得以太网的实时确定性方法同修改以太网 MAC 层协议来获取确定性实时调度的方法相比，是一种更为可取的方案，它是在保留标准以太网接口的基础上，通过在以太网 MAC 层上增加一个实时调度软件层，来实现以太网实时性的方法。该方案基于标准的以太网 IC 芯片，仅通过修改既有的软件协议来达成目的，这种方法既可满足工业通信的实时性要求，又可保证以太网的兼容性。典型的方法有虚拟时间协议、窗口协议和通信平滑方法等。

虚拟时间协议的实质是信息延迟发送，信息延迟发送时间是该信息某个时间参数的函数值，例如截止期、松弛期和优先级等。该方法的缺点是节点以前信息发送的状态无法记录。在窗口协议中，每个节点都具有全网段相同的窗口，只有当信息落入窗口中，该信息才可以发送，通过在全网段采取完全一致的放大缩小和移动窗口等行为，可以有效地限制同时发送信息的个数，进而避免或者解决冲突。通信平滑方法在 TCP（UDP）/IP 层与 MAC 层之间增加所谓的通信过滤器，平滑非实时信息流以减少和实时信息的冲突。通信平滑方法又有静态平滑和自适应平滑两种。前者通过离线给每个节点分配信息发送的频率，其缺点是对网络资源的利用率不高；后者则是通过网络负荷的在线监测，动态地分配节点信息发送的频率。除了采取以上方法解决以太网确定性问题外，以下方法也是常用的有效的方法。

1. 采用全双工交换式以太网技术

以太网交换机在端口之间数据帧的输入和输出不再受 CSMA/CD 机制的约束，避免了冲突，而全双工通信又使得端口间两对双绞线（或两根光纤）上可以同时接收和发送报文帧，也不再受到 CSMA/CD 的约束，任一节点发送报文帧时不会再发生碰撞，冲突域已经不复存在。因此，在全双工交换式以太网已经成为一个确定性的网络，不会发生因碰撞而引起的通信响应不确定性，这就使通信实时性有了保障。

2. 降低网络负荷

实际应用经验表明，对于共享式以太网来说，当通信负荷在 25%时，可保证通信畅通；当通信负荷在 5%左右时，网络上碰撞的概率几乎为零。由于工业控制网络与商业网不同，每个节点传送的实时数据量很小，一般仅为几个位或几个字节，而且突发性的大量数据传输也很少发生，因此完全可以通过限制每个网段站点的数目，降低网络流量。同时，使用 UDP 通信协议，可以充分保证报文传输的有效载荷，避免不必要的填充域数据在网络上传输所占用的带宽，使网络保持在轻负荷工作条件下就可以使网络传输的实时性进一步得到保证。

3. 应用报文优先级技术

根据 IEEE 802.3p/q，在智能式交换机或集线器中，设计优先级处理功能可以根据报文中的信息类型设置优先级，也可以根据设备级别设置优先级，还可以根据报文中信息的重要性来设置优先级，优先级高的报文先进入排队系统先接受服务，通过优先级排序，使工业现场中的紧急事务信息能够及时成功地传送到中央控制系统，以便得到及时处理。

4. 应用虚拟局域网技术

虚拟局域网（VLAN）的出现打破了传统网络的许多固有观念，使网络结构更灵活、方便。实际上，VLAN 就是一个广播域，不受地理位置的限制，可以根据部门职能对象组和应用等原因将不同地理位置的网络用户划分为一个逻辑网段。虚拟局域网交换机的每一个端口只能标记一个 VLAN，同一个 VLAN 中的所有站点拥有一个广播域，不同 VLAN 之间广播信息是相互隔离的，这样就避免了广播风暴的产生。

5. 采用 IPv6 技术

由于 IPv6 协议相对简单，路由器处理数据更快，使数据传输延时更小，一定程度上也提高了网络的可靠性能，IPv6 地址空间由 IPv4 的 32 位扩大到 128 位，2^{128}形成了一个巨大的地址空间。采用 IPv6 地址后，未来的工控现场设备都可以拥有自己的 IP 地址，地址层次丰富，分配合理。IPv6 要求强制实施因特网安全协议 IPSec，并已将其标准化。IPSec 支持验证头协议、封装安全性载荷协议和密钥交换 IKE 协议，这三种协议将是未来 Internet 的安全标准。IPv6 通过邻居发现机制能为主机自动配置接口地址和缺省路由器信息，使得从互联网到最终用户之间的连接不经过用户干预就能够快速建立起来。IPv6 报头总长为 40 个字节，增加了优先级、流标和跳限制等控制信息。

通过 IPv6 报头中优先级字段的设置，可以设置数据的优先级，在工业以太网中通过划分数据的优先级，可以使重要的网络数据被优先发送，从而提高网络的确定性，使网络的实时性得到保障。IPv6 报头中的流标字段可以给某种特殊的网络数据流作标记，该数据需特殊处理。利用这种特性，可以给工业网络中的实时数据加上标记，使第三层交换可以利用这个特性更快地传输实时数据，由于 IPv6 协议相对简单，路由器处理数据更快，使数据传输延时更小，一定程度上也提高了网络的可靠性能。

7.2.2 服务质量

服务质量（Quality of Service，QoS）是指网络的服务质量，也是指数据流通过网络时的性能。它的目的就是向用户提供端到端的服务质量，保证它有一套度量指标，包括业务可用性、延迟、可变延迟、吞吐量和丢包率等。QoS 是网络的一种安全机制。在正常情况下并不需要 QoS，但是当出现对精心设计的网络也能造成性能影响的事件时就十分必要。在工业以太网中采用 QoS 技术，可以为工业控制数据的实时通信提供一种保障机制，当网络过载或拥塞时，QoS 能确保重要控制数据传输不受延迟或丢弃，同时保证网络的高效运行。

对于传统的现场总线，信息层和控制层、设备层充分隔离，底层网络承载的数据不会与信息层数据竞争带宽，同时底层网络的数据量小，故无需使用 QoS。工业以太网的出现，很重要的一点就是要实现从信息层到设备层的无缝集成，满足 ERP、SCM 和 MES 等的应用，实现管理信息层直接对现场设备的访问。此时，控制域数据必须比其他数据类型得到优先服务，才能保证工业控制的实时性。

拥有 QoS 的网络是一种智能网络，它可以区分实时和非实时数据。在工业以太网中，可以使用 QoS 识别来自控制层的拥有较高优先级的采样数据和控制数据，优先得到处理并转发，而其他拥有较低优先级的数据，如管理层的应用类通信，则相对被延后。智能网络还有能力制止对网络的非法使用，譬如非法访问控制层现场控制单元和监控单元的终端等，这对于工业以太网的安全性提升有重要作用。

服务质量（QoS）从用户层面看，是服务性能的总效果，该效果决定了一个用户对服务的满意程度，体现的是用户对服务者所提供的服务水平的一种度量和评价。从技术角度来看，QoS 是一组服务要求参数，网络必须满足这些要求才能确保数据传输的适当服务级别，具体可以量化为带宽、延迟抖动、丢包率等性能指标。QoS 技术本身不能创造带宽，能够在拥挤的网络上，在不增加成本的前提下，提供更好、更可靠的质量属性。

1. 吞吐率

吞吐率是指单位时间内在网络中发送的数据量，也就是网络提供给通信双方的实际发送速率（有效带宽），单位是比特/秒（bps），包括平均和峰值速率等参数。网络中承载业务对带宽的需求可分为两类：一类以背景类业务为代表，对延时和抖动等指标并不敏感，只关心在单位时间内能否将数据送达接收方，其体现在带宽需求上就是平均带宽；另一类以交互式业务为代表强调尽可能保障其峰值带宽需求。

2. 丢包率

丢包率是指网络中传输数据包时丢弃数据包的比率，这种丢失通常由网络拥塞导致丢失，可能导致传输层不断重发数据，这时一方面所承载业务的用户感受显著下降；另一方面会使得网络整体负荷增加对所承载的其他业务流造成冲击，甚至导致拥塞崩溃。

3. 传输延时

传输延时是指数据发送者和接收者之间（或网络节点之间）发送数据包和接收到该数据包的时间间隔，通常交互业务和语音通话等实时业务对传输延时较为敏感。影响延时的因素主要有物理传输延时、包处理延时和缓存排队延时，前两者相对稳定，而后者随着网络流量的变化而变化。

4. 延迟抖动

延迟抖动是指数据流中各个数据包传输延时的大小差异，实时业务对延迟抖动比较敏感，严重时可能导致服务不可用。造成延迟抖动可能有两个原因：一是网络节点流量较大，缓存队列较长且长度变化很大，使得数据包在各节点排队时间长短不一，到达速率变化较大；二是由于 IP 网络路由状态变化，使得各数据包分布经由不同路由到达。通常排队延时变化更为常见，是造成延迟抖动的主要原因。

为了实现 QoS，需要解决以下问题：

（1）分类：具有 QoS 的网络能够识别哪种应用产生哪种分组，没有分类，网络就不能确定对特殊分组进行的处理。

（2）准入控制和协商：即根据网络中资源的使用情况允许用户进入网络进行多媒体信息传输并协商其 QoS。

（3）资源预约：为了给用户提供满意的 QoS，必须对端对端系统、路由器以及传输带宽等相应的资源进行预约，以确保这些资源不被其他应用所强用。

（4）资源调度与管理：对资源进行预约之后，是否能得到这些资源，还依赖于相应的资源调度与管理系统。

7.2.3 网络可用性

网络可用性也叫生存性，是指以太网应用于工业现场控制时，必须具备较强的网络可用性，即任何一个系统组件发生故障，不管它是否是硬件，都不会导致操作系统控制器和应用程序以至于整个系统的瘫痪，这样则说明该系统的网络生存能力较强。因此为了使网络正常运行时间最大化，需要一个可靠的技术来保证在网络维护和改进时系统不会发生中断。可用性包括以下几方面的内容。

1. 可靠性

由于办公自动化对环境要求不太高，因此对网络设备的可靠性要求也不太高，网络出现故障不会引起太大的损失。而当这些以太网设备应用于工业现场时却往往会发生故障并导致系统的瘫痪，这是因为工业现场的机械、气候（包括温度、湿度）、尘埃等条件非常恶劣，因此对设备的可靠性提出了更高的要求。在基于以太网的控制系统中，网络成了相关装置的核心，从功能模块到控制器中的任何一部分都是网络的一部分，网络硬件把内部系统总线和外部世界连成一体，同时网络软件驱动程序为程序的应用提供必要的逻辑通道。

2. 可恢复性

可恢复性是指当以太网系统中任一设备或网段发生故障而不能正常工作时，系统能依靠事先设计的自动恢复程序将断开的网络重新连接起来，并将故障进行隔离，以使任一局部故障不会影响整个系统的正常运行，也不会影响生产装置的正常生产。同时系统能自动定位故障，以使故障能够得到及时修复。可恢复性不仅取决于网络节点和通道具有的功能，通过网络界面和软件驱动程序，网络系统的可恢复性还取决于网络装置和基础组件的组合情况。

3. 可管理性

可管理性是高可用性系统的最受关注的焦点之一。通过对系统和网络的在线管理，可以及时地发现紧急情况，并使得故障能够得到及时的处理。可管理性一般包括性能管理、配置管理、变化管理等过程。

一般可采用可靠性设计以提高以太网设备的可靠性和设计冗余的以太网结构，从而提高系统的可恢复性，如工业以太网普遍采用的环形网络结构。

7.2.4 网络安全性

目前工业以太网已经把传统的三层网络系统合成一体，通信速度提高的同时，将其连接的范围大大地扩展，甚至通过 Internet 将网络延伸到世界各地，在实现了数据的共享，使工厂高效率运作的同时，也引入了一系列的网络问题。特别针对设备层，以前现场总线相对独立，设备层网络不存在办公环境出现的网络安全和病毒对系统的破坏，以太网的实现，使安全问题也成为工业控制层需要考虑的问题。网络安全来源于安全策略与技术的多样化，如果采用一种统一的技术和策略也就不安全了，网络的安全机制与技术要不断地变化。随着网络在社会各个方面的延伸，进入网络的手段也越来越多，因此，网络安全技术是一个十分复杂的系统工程。

网络安全的技术特征主要表现在系统的可靠性、可用性、保密性、完整性、不可抵赖性和可控性等几个方面。

1. 可靠性

可靠性是网络信息系统在规定条件下和规定时间内完成规定的功能的特性，可靠性是系统安全的最基本的要求之一，是所有网络信息系统建设和运行的目标。

2. 可用性

可用性是网络信息可被授权实体访问并按需求使用的特性，即网络信息服务在需要时允许授权用户或实体使用的特性或者是网络部分受损或需要降级使用时仍能为授权用户提供有效服务的特性。

3. 保密性

保密性是网络信息不被泄露给非授权用户实体或过程或供其利用的特性，即防止信息泄露给非授权个人或实体，信息只为授权用户使用的特性。保密性是在可靠性和可用性基础之上保障网络信息安全的重要手段。

4. 完整性

完整性是网络信息在未经授权的情况下不能被改变的特性，即网络信息在存储或传输过程中保持不被偶然或蓄意地删除、伪造乱序、重放、插入等破坏和丢失的特性。完整性是一种面向信息的安全性，它要求保持信息的原样，即信息的正确生成和正确存储及传输。

5. 不可抵赖性

不可抵赖性也称不可否认性，信息交互过程中确信参与性，即所有参与者都不可能否认或抵赖曾经完成的操作和承诺。利用信息源证据可以防止发信方不真实地否认已发送信息，利用递交接收证据可以防止收信方事后否认已经接收的信息。

6. 可控性

可控性是对网络信息的传播及内容具有控制能力的特性。

网络安全的层次结构主要包括物理安全、安全控制和安全服务。物理安全是指在物理介质层次上对存储和传输的网络信息的安全保护，物理安全是网络信息的最基本的保障，是整个安全系统不可缺少和忽视的组成部分。一方面在各种软件和硬件系统中要充分考虑系统所受到的物理安全威胁和相应的防护措施；另一方面也要通过安全意识的提高、安全制度的完善、安全操作的提倡等方式使用户、管理和维护人员在物理层次上实现对网络信息的有效保护。安全控制是指在网络信息系统中对存储和传输信息的操作和进程进行控制和管理，重点是在网络信息处理上对信息进行初步的安全保护。安全服务是指在应用程序层对网络信息的保密性、完整性和信源的真实性进行保护和鉴别，满足用户需求，防止和抵御各种安全威胁和攻击手段，安全服务可以在一定程度上弥补和完善现有操作系统和网络信息系统的安全漏洞。

在建立完善的安全体系结构的同时，从技术上对工业控制网络可采用网络隔离（如网关隔离）的办法，将内部控制网络与外部网络系统分开。外部网络系统和内部控制网络系统的隔离是通过具有包过滤功能的交换机实现的，这种交换机除了实现正常以太网交换功能外，还作为控制网络与外界的唯一接口，在网络层中对数据包实施有选择地通过，即所谓的包过滤技术。也就是说，该交换机可以依据系统内事先设定的过滤逻辑，检查数据流中每个数据包的部分内容后，根据数据包的源地址、目的地址、所用的 TCP 端口与 TCP 链路状态等因素来确定是否允许数据包通过，只有完全满足包过滤逻辑要求的报文才能访问内部控制网络。此外，还可以通过引进防火墙机制，进一步实现对内部控制网络的访问进行限制，防止非授权用户得到网络的访问权，强制流量只能从特定的安全点去向外界，防止拒绝服务攻击，以及限制外部用户在其中的行为等效果。

实现防火墙机制的关键技术是除了以上介绍的包过滤技术外，还包括以下几种技术：

（1）代理服务器

代理服务器是位于内部控制网络和外界网络之间的一种软件系统，它接收分析服务请求，并在允许的情况下对其进行转发。代理服务提供服务的替代链接，就相当于一个代理。作为中介，代理服务器隐藏了关于用户的一些消息，但仍允许服务器通过它来进行。

（2）应用层网关

应用层网关是一种应用软件，它除了检查每个报文端口、地址等包过滤已经实现的功能外，还对报文的具体内容进行合法性检查，以判断它是否符合其连接应用的要求。应用层网关必须检查每个报文的全部内容，因而性能较包过滤低。但是它却可以提供别的诸如支持 VPN 与入侵检查系统集成以及可对路由器进行管理等功能。

（3）监视与记录技术

监视是防火墙设计中最重要的方面之一。负责防火墙安全的网络管理人员需要注意各种绕过安全性的企图。监视与记录技术可以大大增加防火墙机制的防御能力监视，将网络中发生的事件迅速通知管理人员，使潜在的问题得以立即发现。同时，监视技术的记录功能将每个事件记录成为日志，管理人员可以定期分析日志记录，以利于综合考察网络的安全趋势。

其他如加密技术认证和识别技术、病毒防治技术以及虚拟专用网 VPN 技术都能提高企业信息网络安全水平。

7.2.5 稳定性和可靠性

工业现场的机械、气候（包括温度、湿度）、尘埃等条件非常恶劣，因此对设备的可靠性提出了更高的要求。以太网是以办公自动化为目标设计的，并没有考虑工业现场环境的适应性需要，如超高或超低的工作温度，大功率电动机或大导体产生的影响信道传输特性的强电磁噪声等，故商用网络产品不能应用在有较高可靠性要求的恶劣工业现场环境中，工业以太网如要在车间底层应用必须解决可靠性的问题。

目前，解决以太网工业可靠性问题的主要措施有以下几种。(1) 采取冗余配置，网络节点的网络模块采用冗余配置和自动无扰切换，其前提是具有有效的故障诊断手段，具备完全的自诊断功能程序，该程序一直在后台连续运行，实时检测节点的所有软硬件故障，一旦发现问题就给予相应处理，并且将问题发生详细情况和采取的解决办法通知相关技术人员。(2) 在可能的情况下配置一个实时网络监控软件，不断监视整个通信网络，一旦发现异常应能够迅速将故障节点隔离开来并作出相应报警。(3) 对各种可能影响网络的软件系统都要仔细设计，考虑各种异常工况并作出相应处理。(4) 选用高可靠性的实时操作系统，提高系统的实时响应和容错能力、采用交换式以太网代替共享式以太网络，交换式以太网由于避免了共享式以太网中的碰撞域而提高了传输效率，同时可以有效保证正常节点之间的通信不受非正常节点的影响。实际上，交换机本身就具有一定的故障节点隔离功能。(5) 合理设计各个控制站，尽量减少各控制站之间的数据交换，以有效提高各控制子系统的工作独立性，尽量保证在网络通信故障时仍能够维持基本的控制功能，即所谓的降级运行。(6) 合理设计各级控制网络的通信体系，各层网络之间做到故障隔离。

随着网络技术的发展，上述问题正在迅速得到解决，为了解决在不间断的工业应用领域、在极端条件下网络也能稳定工作的问题，国外有公司专门开发和生产了导轨式集线器、交换机产品，安装在标准 DIN 导轨上，并由冗余电源供电，接插件采用牢固的 DB-9 结构，还有公司专门开发和生产了用于工业控制现场的加固型连接器（如加固的 RMS 接头、具有加固 RJ-45 接头的工业以太网交换机、加固型光纤转换器/中继器等），可以用于工业以太网变送器、执行机构等。另外还有公司研制的工业级以太网通信接口芯片。此外，在实际应用中，主干网可采用光缆传输，现场设备的连接则可采用屏蔽双绞线，对于重要的网段还可采用冗余网络技术，以提高网络的抗干扰能力和可靠性。

在工业生产过程中，很多场合不可避免地存在易燃、易爆或有毒的气体，对应用于这些场合的设备，都必须采用一定的防爆措施来保证工业现场的安全生产。现场设备的防爆技术包括两类，即隔爆型（如增安、气密和浇封等）和本质安全型。与隔爆型相比较，本质安全型采取抑制点火源能量作为防爆手段，其关键技术为低功耗技术和安全防爆技术。由于目前以太网收发器本身的功耗都比较大，一般都 60～70mA（5V 工作电源），低功耗的以太网现场设备难以设计，因此，在目前技术条件下，对以太网系统采用隔爆防爆的措施比较可行，确保现场设备本身的故障产生的点火能量不外泄，保证运行的安全性。而对于没有严格的本质安全要求的危险场合，则可以不考虑复杂的防爆措施。

7.2.6 工业以太网的供电技术

长期以来以太网都用于传送数据，以太网设备必须自带电池或者与外部电源相连才能正常工作。一般来说，诸如 IP 电话设备、无线局域网接入设备、笔记本电脑和网络照相机等都需要两个接口：一个连接到局域网，另一个连接到电源上。这样，除网线之外，电源线不可缺少，工业控制领域通常希望减少布线，这不仅是成本上的考虑，通过总线供电还可带来安全和可靠性方面的好处，所以，以太网供电技术（Power over Ethernet，PoE）就成为工业以太网的一个研究热点。

为了规范PoE应用，IEEE 802.3工作组从1999年开始着手制订802.3af标准，并于2003年6月通过IEEE 802.3af标准。标准对网络供电的电源、传输和接收都作了详尽的规定。在标准里，一个完整的PoE系统包括Power Sourcing Equipment（PSE，供电端设备）、Power Device（PD，受电设备）两部分。PSE设备是为以太网交换机设备供电的设备，同时也是整个PoE以太网供电过程的管理者，而PD设备是接受供电的以太网设备。两者基于IEEE 802.3af标准建立许多方面的信息联系，并据此PSE向PD供电。这些信息包括受电设备检测、供电监控以及模块测试的各种相关技术指标。简单地说，供电设备PSE不仅要能够对受电设备PD供电，而且还具有对PD检测、分级和故障处理等功能。

IEEE 802.3af标准定义了两种供电方法：中跨式供电和端点式供电。中跨式供电时使用传输电缆中没有使用的备用线对来提供直流电能，由于利用了备用传输线对进行电信号的传输，与网络信号的传输不相关，而端点式则是在传输数据的电缆上叠加直流电能进行传输。目前端点式供电更受青睐，其原因是在实际应用中，这种方法可以内嵌入支持以太网供电的交换机中。以太网信号经过曼彻斯特编码的差分信号，两种信号之差才决定真正的数据，在这种差分传输的模式下，直流电能相对于高频交流信号来说相当于一个共模成分，因此发送线对和接收线对之间的一个共模电压差不会对数据传输产生影响，可以保证数据的可靠性与有效性。

IEEE 802.3af标准中定义了设计PoE网络时必须遵循的参数，包括：操作电压为48VDC，波动范围可以在44～57V之间，由PSE产生的电流在350～400mA之间，以确保以太网电缆不会由于其自身的阻抗而导致过热，因此，PSE在其端口输出的最大功率是15.4W。考虑电缆损耗，受电端设备PD所能获得的最大的功率为12.95W，等。为了符合IEEE 802.3af协议的要求，PSE设备要实现以下功能。

（1）检测：开始工作时，PSE在供电端口上输出一个很小的电压，直到其检测到线缆端是一个支持IEEE 802.3af标准的受电端设备。IEEE 802.3af定义了一种特殊的线对的特征电阻，用来识别能够接受符合IEEE 802.3af规范的以太网供电方式的设备。在IEEE 802.3af中，有效的PD应该在端口电压介于8～10V的条件下具有一个典型值为25kΩ的电阻。

（2）分级：当检测到受电端设备PD之后，PSE会对PD进行分类，判断此PD所需的功率损耗．开始供电，在一个可配置的时间（一般小于15μs）的启动期内，PSE开始从低电压向PD设备供电，直至提供DC48V。对于PD分级时间，IEEE 802.3af将其限定为75ms，如果超过这个时间，则PD受电设备有可能过热。

（3）端口上电：为PD提供可靠稳定的48V直流电，同时使得PSE最大输出15.4W的功率。

（4）断电：如果PD负载由于未知原因从端口上断开，PSE能够快速地切断电源，停止为 PD 设备供电并重复检测过程，以检测电缆终端是否重新连接 PD 设备。

（5）监控保护：具有电流故障限制以及短路保护功能，对于供电过程中出现的过流以及短路事件能够快速反应，并且采取诸如切断电源之类的动作来保护电路。在 IEEE 802.3af 协议中规定只要两个电压差值大于 1V 并且都在 2.8～10V 的范围内，PSE 就必须强制进行电压或电流测量，直到其检测并确定线缆的终端连接设备是一个支持还是不支持 IEEE 802.3 标准的用电设备。对于不符合要求的用电设备 PD，要求 PSE 不向其提供 48V 直流电源。

由于 PSE 供电资源有限，不能向用电设备提供任意大小的电能，所以在成功检测到合格的用电设备之后，接下来 PSE 设备就需要根据该设备的分级信号对这个用电设备进行电能分级，从而可以确定出是否可以提供该设备所需要的能量。PSE 根据每个设备级别的不同按照相应的功率大小供给电能，如果 PD 设备需要的能量超出 PSE 设备规定的输出最大值范围，PSE 设备将不向其供电。IEEE 802.3af 要求 PSE 对端口提供 15.5～20.5V 的电压，此时 PD 向 PSE 提供一个以吸收电流电平大小为衡量的“分级标志”，PSE 根据此电流电平大小来判断 PD 的功率等级。标准对电流从 0～45mA 定义了 5 级 PD 标准。由于噪声频率的关系，从 PD 设备连入网络到加电到 PD 上的整个过程应在 1s 之内完成。PSE 完成分级后，PSE 设备输出 44～57V 范围之内的电压。而电流方面 PSE 设备必须有能力在 50ms 时间之内可以保持 400mA 的电流。分级结束后，PSE 为 PD 提供稳定可靠的 48V 直流电能，并且同时能够保证 PD 设备不超过 15.4W 的功率消耗。

7.3 实时以太网

7.3.1 实时以太网简介

工业以太网一般应用于通信实时性要求不高的场合。对于响应时间小于 5ms 的应用，工业以太网已不能胜任。为了满足高实时性能应用的需要，各大公司和标准组织纷纷提出各种提升工业以太网实时性的技术解决方案。这些方案建立在 IEEE 802.3 标准的基础上，通过对其和相关标准的实时扩展来提高实时性，并且做到与标准以太网的无缝连接，这就是实时以太网（Realtime EtherNet，RTE）。

根据 IEC 61784-2 标准定义，实时以太网就是根据工业数据通信的要求和特点，在 ISO/IEC 8802-3 协议基础上，通过增加一些必要的措施，使之具有实时通信能力，具体如下：

（1）网络通信在时间上的确定性，即在时间上，任务的行为可以预测。

（2）实时响应适应外部环境的变化，包括任务的变化、网络节点的增/减以及网络失效诊断等。

（3）减少通信处理延迟，使现场设备间的信息交互在极短的通信延迟时间内完成。

2007 年出版的 IEC 61158 现场总线国际标准和 IEC 61784-2 实时以太网应用国际标准收录了以下 10 种实时以太网技术和协议，如表 7-2 所示。

IEC 标准收录的实时以太网　　表 7-2

序号	技术名称	支持的组织或公司	应用
1	Ethernet/IP	美国 Rockwell 公司	过程控制
2	PROFINET	德国 Siemens 公司	过程控制、运动控制
3	P-NET	丹麦 Process-Data A/S 公司	过程控制
4	Vnet/IP	日本 Yokagawa 公司	过程控制
5	TC-net	日本东芝公司	过程控制
6	EtherCAT	德国 Beckhoff 公司	运动控制
7	POWERLINK	奥地利 B&R 公司	运动控制
8	EPA	浙江大学、浙江中控技术股份有限公司	过程控制、运动控制
9	Modbus/TCP	法国 Schneider-electric 公司	过程控制
10	SERCOS-Ⅲ	德国 Hilscher 公司	运动控制

7.3.2 实时以太网模型分析

以太网的介质访问控制（Media Access Control，MAC）方式采用带有冲突检测的载波侦听多路访问机制（CSMA/CD）。这是一种非确定性的介质访问控制方式，不能满足对工业现场总线的实时性要求。目前，市场上已有的实时工业以太网根据不同的实时性和成本要求使用不同的实现原理，大致可以分为以下三种类型，如图 7-1 所示。

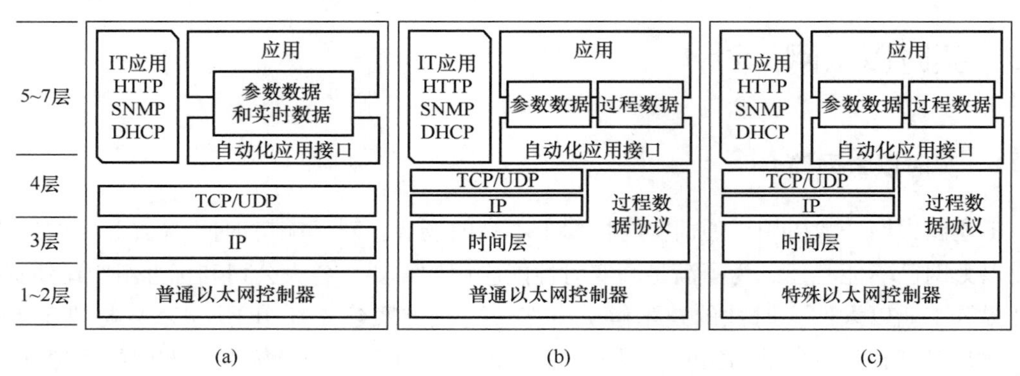

图 7-1　实时以太网通信模型

（1）基于 TCP/IP 实现，如图 7-1（a）所示。协议仍使用 TCP/IP 协议栈，通过上层合理的控制来应对通信中非确定性因素。此时，实时网络可以与商用网络自由通信。常用的通信控制手段有：合理调度，减少冲突的可能性；定义数据帧的优先级，为实时数据分配最高的优先级；使用交换式以太网等。使用这种方式的典型协议有 Modbus/TCP、Ethernet/IP 等。但这种方式不能实现优良的实时性，只适用于对实时性要求不高的过程自动化应用。

（2）基于以太网实现，如图 7-1（b）所示。该方式仍然使用标准的、未修改的以太网通信硬件，但是不使用 TCP/IP 来传输过程数据。引入了一种专门的过程数据传输协议，使用特定以太类型的以太网帧传输。TCP/IP 协议栈可以通过一个时间控制层分配一定的时间片来使用以太网资源。典型协议有 Ethernet POWERLINK、EPA（Ethernet for Plant Automation）、PROFINET RT 等。这种方式可以实现较好的实时性。

（3）修改以太网实现，如图 7-1（c）所示。为了获得响应时间小于 1ms 的硬实时，对以太网协议进行了修改，从站由专门的硬件实现。在实时通道内采用实时 MAC 方式以接管现有的通信控制方式，彻底避免报文冲突，简化通信数据的处理。非实时数据仍然可以在开放通道内按照原来的协议传输。典型协议有 EtherCAT、SERCOS Ⅲ、PROFINET IRT 等。

对于实时以太网的选取应根据应用场合的实时性要求，实时以太网的 3 种方式如表 7-3所示。

实时以太网的 3 种方式 **表 7-3**

序号	技术特点	说明	应用实例
1	基于 TCP/IP 实现	特殊部分在应用层	Modbus/TCP Ethernet/IP
2	基于以太网实现	不仅实现了应用层，而且在网络层和传输层做了修改	Ethernet POWERLINK PROFINET RT
3	修改以太网实现	不仅在网络层和传输层作了修改，而且改进了底下两层，需要特殊的网络控制器	EtherCAT SERCOS Ⅲ PROFINET IRT

7.4 几种实时以太网简介

7.4.1 Ethernet/IP

1998 年，ControlNet 国际化组织（CI）开发了由 ControlNet 和 DeviceNet 共享的、开放的和广泛接收的基于 Ethernet 的应用层规范。利用该技术，2000 年 3 月，CI、工业以太网协会（IEA）和 DeviceNet 供应商协会（ODVA）提出了 Ethernet/IP 的概念，旨在将这个基于 Ethernet 的应用层协议作为自动化标准。

1. Ethernet/IP 网络参考模型

EnterNet/IP 是自上而下从应用层来完成以太网和工业应用结合的过程。通过额外加入网络层和传输层，EnterNet/IP 和现场总线可以通过工业路由器相连。

如图 7-2 所示为 EnterNet/IP 与 OSI 参考模型的比较。EtherNet/IP 由 IEEE 802.3 物理层和数据链路层标准、TCP/IP 协议组、Control and Information Protocol（CIP，控制与信息协议）3 个部分组成。EtherNet/IP 总线的特色部分是 CIP 部分，其开发是为了提高设备间的互操作性。CIP 一方面提供实时 I/O 通信，另一方面实现信息的对等传输。其控制部分用来实现实时 I/O 通信，信息部分用来实现非实时的信息交换。

Ethernet/IP 技术采用标准的以太网芯片，并采用有源星形拓扑结构，将一组装置点

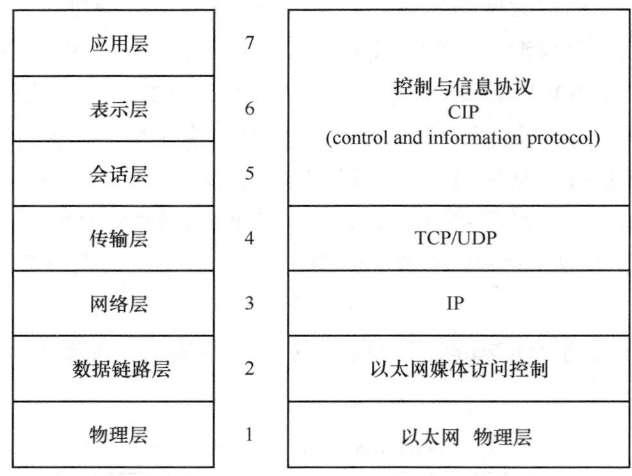

图 7-2　EnterNet/IP 与 OSI 参考模型的比较

对点地连接至交换机，而在应用层则采用控制和信息协议（CIP）。CIP 控制部分用来实现实时 I/O 通信，信息部分用来实现非实时的信息交换。Ethernet/IP 的一个数据包最多可达 1500B，数据传输率达 10Mbps/100Mbps，因而能实现大量数据的高速传输。

2. CIP 的对象与标识

Ethernet/IP 的成功之处在于在 TCP、UDP 和 IP 上附加了 CIP，提供了一个公共的应用层，Ethernet/IP 通信协议模型如图 7-3 所示。值得一提的是，CIP 除了作为 Ethernet/IP 的应用层协议外，还可以作为 ControlNet 和 DeviceNet 的应用层，3 种网络分享相同的应用对象库、对象和设备行规，使得多个供应商的装置能在上述 3 种网络中实现即插即用。

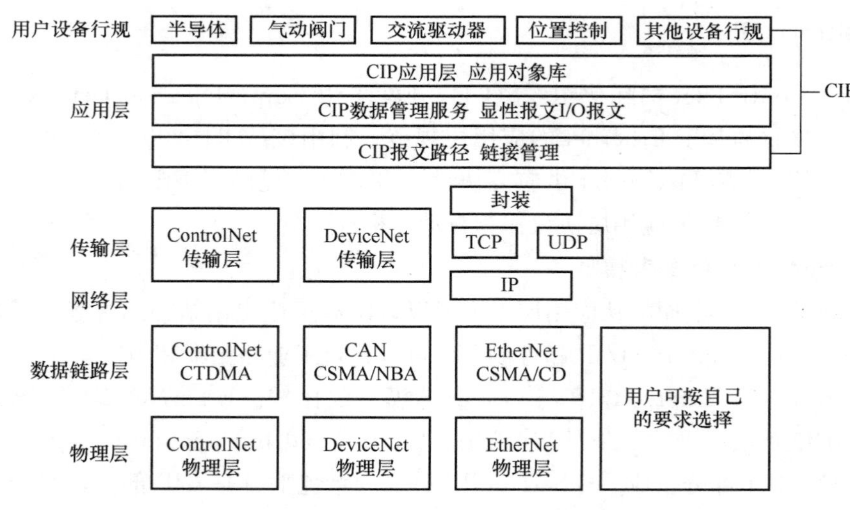

图 7-3　Ethernet/IP 通信协议模型

CIP 采用面向对象的设计方法，为操作控制设备和访问控制设备中的数据提供服务集。它运用对象来描述控制设备中的通信信息、服务、点的外部特征和行为等。可以把对象看作对设备中一个特定组件的抽象。每个对象都有自己的属性，并提供一系列的服务来完成各种任务，在响应外部事件时具备一定的行为特征。作为控制网络节点的自控设备可以被描述为各种对象的集合。CIP 把一系列标准的、自定义的对象集合在一起，形成对象库。

具有相同属性集（属性值不一定相同）、服务和行为的对象被归纳成一类对象。类实际上是指对象的集合，而类中的某一个对象称为该类的一个实例。对象模型是设备通信功能的完整定义集。CIP 的对象可以分成两种：预定义对象和自定义对象。预定义对象由规范规定，主要描述所有节点必须具备的共同特性和服务，如链接对象、报文路由对象等；自定义对象指应用对象，它描述每个设备特定的功能，由各生产厂商来规定其中的细节。

CIP 应用层软件设计采用对象的属性、服务和行为来描述。构成一个设备需要不同的功能子集，也需要不同类型的对象类。每个对象类都有唯一的一个对象类标识，它的取值范围是0～65535；每个对象类中的对象实例也都被赋予一个唯一的实例标识，它的取值范围也是 0～65535；属性标识用于唯一地标识每个类或对象中的具体属性，取值范围为 0～255；服务代码用于唯一地标识每个类或对象所提供的具体服务，取值范围为 0～255。通过这些标识代码可识别对象，理解通信数据包的意义。

3. Ethernet/IP 报文种类

在 Ethernet/IP 控制网络中，设备之间在 TCP/IP 的基础上通过 CIP 来实现通信。CIP 采用控制协议来实现实时 I/O 数据报文传输，采用信息协议来实现显性信息报文传输。CIP 把报文分为 I/O 数据报文、显性信息报文和网络维护报文。

（1）I/O 数据报文。I/O 数据报文是指实时性要求较高的测量控制数据，它通常是小数据包。I/O 数据交换通常属于一个数据源和多个目标设备之间的长期的内部连接，I/O 数据报文利用 UDP 的高速吞吐能力，采用 UDP/IP 传输。

I/O 数据报文又称为隐性报文，其中只包含应用对象的 I/O 数据，没有协议信息，数据接收者事先已知道数据的含义。I/O 数据报文仅能以面向连接的方式传送，面向连接意味着数据传送前需要建立和维护通信连接。

（2）显性信息报文。显性信息报文通常指实时性要求较低的组态、诊断、趋势数据等，一般为比 I/O 数据报文大得多的数据包。显性信息交换是一个数据源和一个目标设备之间短时间内的连接。显性信息报文采用 TCP/IP，并利用 TCP 的数据处理特性。

显性信息报文需要根据协议及代码的相关规定来理解报文的意义。显性信息报文传送可以采用面向连接的通信方式，也可以采用非连接的通信方式来实现。

（3）网络维护报文。网络维护报文是指在一个生产者与任意多个消费者之间起网络维护作用的报文。在系统指定的时间内，由地址最低的节点在此时间段内发送时钟同步和一些重要的网络参数，以使网络中各节点同步时钟，调整与网络运行相关的参数。网络维护报文一般采用广播方式发送。

4. Ethernet/IP 技术特点

由于 EtherNet/IP 建立在以太网与 TCP/IP 的基础上，因而继承了它们的优点，具有高速率传输大量数据的能力。每个数据层最多可容纳 1500 个字节，传输速率为 10Mbps 或 100Mbps。EtherNet/IP 网络拓扑典型的设备有主机、PLC 控制器、机器人、HMI、I/O设备等。典型的 EtherNet/IP 网络使用星形拓扑结构，多组设备连接到一个交换机上以实现点对点通信。星形拓扑结构的好处是同时支持 10Mbps 和 100Mbps 产品，并可混合使用，因为多数以太网交换机都具有 10Mbps 或 100Mbps 的自适应能力。星形拓扑易于连线、检错和维护。

EtherNet/IP 现场设备的另一特点在于它具有内置的 Web Server 功能，不仅能提供 Web 服务，还能提供诸如电子邮件等众多的网络服务，其模块、网络和系统的数据信息可以通过网络浏览器获得。

7.4.2 PROFINET

PROFINET 是由 PROFIBUS 国际组织提出的基于实时以太网技术的自动化总线标准，将工厂自动化和企业信息管理层信息技术有机地融为一体，同时又完全保留了 PROFIBUS 现有的开放性。

1. PROFINET 拓扑结构

基于以太网技术的网络拓扑有多种形式，常见的有星形、树形、环形，典型代表是星形。线形网络最适合于在工业控制系统中使用，但传统以太网中很少有线形网络拓扑。PROFINET 支持包括线形在内的所有网络拓扑形式。为了减少布线费用，并保证高度的可用性和灵活性，PROFINET 提供了大量的工具帮助用户方便地实现 PROFINET 的安装。特别设计的工业电缆和耐用连接器满足 EMC 和温度要求，并且在 PROFINET 框架内形成标准化，保证了不同制造商设备之间的兼容性。

2. 网络参考模型

PROFINET 总线网络参考模型基于实时以太网的通信参考模型。在 PROFINET 总线中使用以太网和 TCP/UDP/IP 作为通信基础，对来自应用层的不同数据定义了标准通道和实时通道，图 7-4 所示为 PROFINET 与 OSI 参考模型的比较。

<table>
<tr><td>ISO/OSI</td><td colspan="4"></td></tr>
<tr><td>7b</td><td colspan="2">PROFINET IO设备
PROFINET IO协议
(IEC 61158和61784准备中)</td><td colspan="2">PROFINET CBA
(根据IEC 61158类型10)</td></tr>
<tr><td>7a</td><td rowspan="5"></td><td>无连接RPC</td><td>DOCM
适应RPC的连接</td><td rowspan="5"></td></tr>
<tr><td>6</td><td rowspan="2"></td><td rowspan="2"></td></tr>
<tr><td>5</td></tr>
<tr><td>4</td><td>UDP (RFC 768)</td><td>TCP (RFC 793)</td></tr>
<tr><td>3</td><td colspan="2">IP (RFC 791)</td></tr>
<tr><td>2</td><td colspan="4">根据IEC 61784-2的实时增强型（准备中）
IEEE 802.3全双工，IEEE 802.1q优先标识</td></tr>
<tr><td>1</td><td colspan="4">IEEE 802.3 100BASE-TX，100BASE-FX</td></tr>
</table>

图 7-4 PROFINET 与 OSI 参考模型的比较

标准通道使用的是标准的 IT 应用层协议，如 HTTP、SMTP、DHCP 等应用层协议，就像一个普通以太网的应用，它可以传输设备的初始化参数、出错诊断数据、组件互联关系的定义、用户数据链路建立时的交互信息等。这些应用对传输的实时性没有特别的要求。

3. PROFINET 的组成

PROFINET 技术主要由 PROFINET I/O 和 CBA 两大部分组成，它们基于不同实时等级的通信模式和标准的 WEB 及 IT 技术，实现所有自动化领域的应用。

PROFINET I/O 主要用于完成制造业自动化中分布式 I/O 系统的控制。通俗地讲，PROFINET I/O 完成的是对分散式现场 I/O 的控制，它做的工作就是 PROFIBUS DP 做的工作，只不过把过去设备上的 PROFIBUS DP 接口更换成 PROFINET 接口就行了。带 PROFINET 接口的智能化设备可以直接连接到网络中，而简单的设备和传感器可以集中连接到远程 I/O 模块上，通过 I/O 模块连接到网络中。PROFTNET I/O 基于实时通信（RT）和等时同步通信（IRT），PROFINET I/O 可以实现快速数据交换，实现控制器（相当于 PROFIBUS 中的主站）和设备（相当于从站）之间的数据交换，以及组态和诊断功能。总线的数据交换周期在毫秒范围内，在运动控制系统中，其抖动时间可控制在 1μs 之内。

PROFINET 基于 Component-Based Automation（CBA，组件的自动化）适用于基于组件的机器对机器的通信，通过 TCP/IP 协议和实时通信满足在模块化的设备制造中的实时要求。CBA 技术是一种实现分布式装置、机器模块、局部总线等设备级智能模块自动化应用的概念。做一个比较的话，就会马上对 CBA 有一个初步的认识。PROFINET I/O 的控制对象是工业现场分布式 I/O 点，这些 I/O 点之间进行的是简单的数据交换；而 CBA 的控制对象是一个整体的装置、智能机器或系统，它的 I/O 之间的数据交换在它们内部完成，这些智能化的大型模块之间通过标准的接口相连，进而组成大型系统。PROFINET CBA（非实时）的通信循环周期大约为 50～100ms，但在 RT 通道上达到毫秒级也是可能的。

4. PROFINET I/O 设备模型

如图 7-5 所示，PROFINET I/O 使用槽（Slot），通道（Channel）和模块（Module）的概念来构成数据模型，其中 Module 可以插入 Slot 中，而 Slot 是由多个 Channel 组成的。

与 PROFIBUS 一样，PROFINET I/O 现场设备的特性是在相应的电子设备数据库文件（GSD）描述的。在 GSD 文件中，I/O 设备的特性（特性参数等）、各模块的数量及类型、模块参数、诊断文本等都有详细的规定。

GSD 文件是 Extensible Markup Language（ XML，可标记扩展语言）格式的文本。事实上，XML 是一种开放的、自我描述方式定义的标准数据格式，具有能通过标准工具实现其创建和确认、能集成多种语言、采用分层结构等特点。GSD 的结构符合 ISO 15745，它由与设备中各模块相关的组态数据以及和设备相关的参数组成，另外还包含传输速度和连接系统的通信参数等。

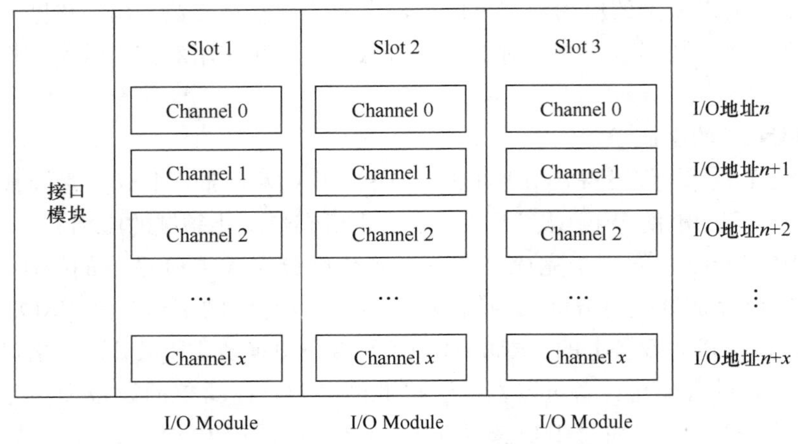

图 7-5 PROFINET I/O 设备的设备模型

每个 I/O 设备都被指定一个 PROFINET I/O 框架内的唯一的设备 ID，该 32 位设备标号又分成 16 位制造商标识符和 16 位设备标识符两部分。制造商标识符由 PI 分配，而设备标识符可由制造商根据自己的产品指定。

PROFINET I/O 中主要有以下几种设备：

（1）I/O Controller（I/O 控制器）。一般如一台 PLC 等的具有智能功能的设备，可以执行一个事先编制好的程序。从功能的角度看，它与 PROFIBUS 的 1 类主站相似。

（2）I/O Supervisor（I/O 监视器）。其是具有 HMI 功能的编程设备，可以是一个 PC，能运行诊断和检测程序。从功能的角度看，它与 PROFIBUS 的 2 类主站相似。

（3）I/O 设备。I/O 设备指系统连接的传感器、执行器等设备。从功能的角度看，它与 PROFIBUS 中的从站相似。

在 PROFINET I/O 的一个子系统中可以包含至少一个 I/O 控制器和若干个 I/O 设备。一个 I/O 设备能够与多个 I/O 控制器交换数据。I/O 监视器通常仅参与系统组态定义和查询故障、执行报警等任务。图 7-6 所示为 PROFINET 的各种站点。图中的实线表示实时协议，虚线表示标准 TCP/IP。

I/O 控制器收集来自 I/O 设备的数据（输入）并为控制过程提供数据（输出），控制程序也在 I/O 控制器上运行。从用户的角度，PROFINET I/O 控制器与 PROFIBUS 中的 1 类主站控制器没有区别，因为所有的交换数据都被保存在过程影像中。I/O 控制器的任务包括报警任务的处理、用户数据的周期性交换（从 I/O 设备到主机的 I/O 区域）、非周期性服务（如系统初始化参数分配、所属 I/O 设备的用户参数分配等）、与 I/O 设备建立上传和下载任务关系以及负责网络地址分配等。

所有需要交换的数据包，其地址中都要包含用于寻址的 Module、Slot 和 Channel 号。参考 GSD 文件中的定义，由设备制造商负责在 GSD 文件中说明设备特性，将设备功能映射到 PROFINET I/O 设备模型中。

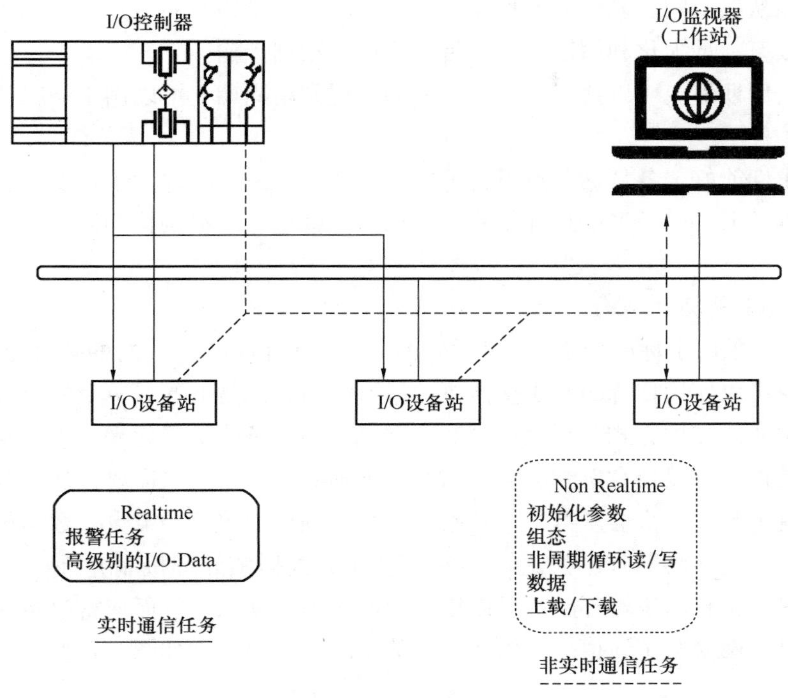

图 7-6 PROFINET I/O 的各种站点

7.4.3 EtherCAT

EtherCAT 是以以太网为基础的现场总线系统，其名称的 CAT 为控制自动化技术（Control Automation Technology）字首的缩写。它具有高速和高数据有效率的特点，支持多种设备连接拓扑结构，并且允许 EtherCAT 系统中出现多种结构的组合。EtherCAT 支持多种传输电缆，如双绞线、光纤等，以适应于不同的场合，提升布线的灵活性。其从站节点使用专用的控制芯片，主站使用标准的以太网控制器。

EtherCAT 为基于以太网的可实现实时控制的开放式网络。EtherCAT 系统可扩展至 65535 个从站规模，由于具有非常短的循环周期和高同步性能，EtherCAT 非常适合用于伺服运动控制系统中。在 EtherCAT 从站控制器中使用的分布式时钟能确保高同步性和同时性，其同步性能对于多轴系统来说至关重要，同步性使内部的控制环可按照需要的精度和循环数据保持同步。将 EtherCAT 应用于伺服驱动器不仅有助于整个系统实时性能的提升，同时还有利于实现远程维护、监控、诊断与管理，使系统的可靠性大大增强。

EtherCAT 的主要特点如下：

（1）广泛的适用性。任何带商用以太网控制器的控制单元都可以作为 EtherCAT 主站。从小型的 16 位处理器到使用 3GHz 处理器的 PC 系统，任何计算机都可以成为 EtherCAT 控制系统。

（2）完全符合以太网标准。EtherCAT 可以与其他以太网设备及协议并存于同一总线，以太网交换机等标准结构组件也可以用于 EtherCAT。

（3）无须从属子网。复杂的节点或只有 2 位的 I/O 节点都可以用作 EtherCAT 从站。

（4）高效率。最大化利用以太网宽带进行用户数据传输。

（5）刷新周期短。可以达到小于 100μs 的数据刷新周期，可以用于伺服技术中低层的闭环控制。

（6）同步性能好。各从站节点设备可以达到小于 1μs 的时钟同步精度。

下面分别从 EtherCAT 的拓扑结构、通信协议模型、网络架构和协议标准帧结构 4 方面来介绍。

1. EtherCAT 的拓扑结构

EtherCAT 采用了标准的以太网帧结构，几乎所有标准以太网的拓扑结构都是适用的，也就是说可以使用传统的基于交换机的星形结构，但是 EtherCAT 的布线方式更为灵活，由于其主从的结构方式，无论多少节点都可以用一条线串接起来，无论是菊花链形还是树形拓扑结构，可以任意选配组合。布线也更加简单，布线只需要遵从 EtherCAT 的拓扑结构，所有的数据帧都会从第一个从站设备转发到后面连接的节点。数据传输到最后一个从站设备后又逆序将数据帧发送回主站。这样的数据帧处理机制允许在 EtherCAT 同一网段内，只要不打断逻辑环路都可以用一根网线串接起来，从而使得设备连接布线非常方便，快速以太网全双工通信技术构成主、从站式的环形结构如图 7-7 所示。

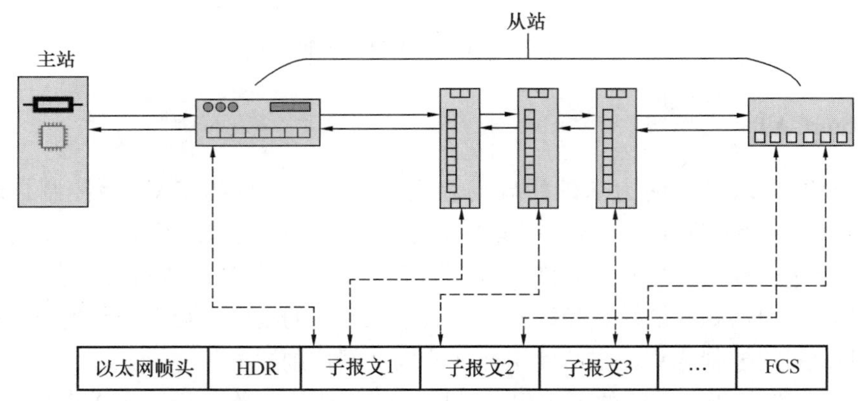

图 7-7　快速以太网全双工通信技术构成主、从站式的环形结构

这个过程利用了以太网设备独立处理双向传输（Tx 和 Rx）的特点，并运行在全双工模式下，发出的报文又通过 Rx 线返回到控制单元。报文经过从站节点时，从站识别出相关的命令并做出相应的处理。信息的处理在硬件中完成，延迟时间约为 100～500ns（取决于物理层器件），通信性能独立于从站设备控制微处理器的响应时间。每个从站设备有最大容量为 64KB 的可编址内存，可完成连续的或同步的读写操作。多个 EtherCAT 命令数据可以被嵌入到一个以太网报文中，每个数据对应独立的设备或内存区。从站设备可以构成多种形式的分支结构，独立的设备分支可以放置于控制柜中或机器模块中，再用主线连接这些分支结构。

2. EtherCAT 的通信协议模型

EtherCAT 的通信协议模型如图 7-8 所示。EtherCAT 通过协议内部可区别传输数据

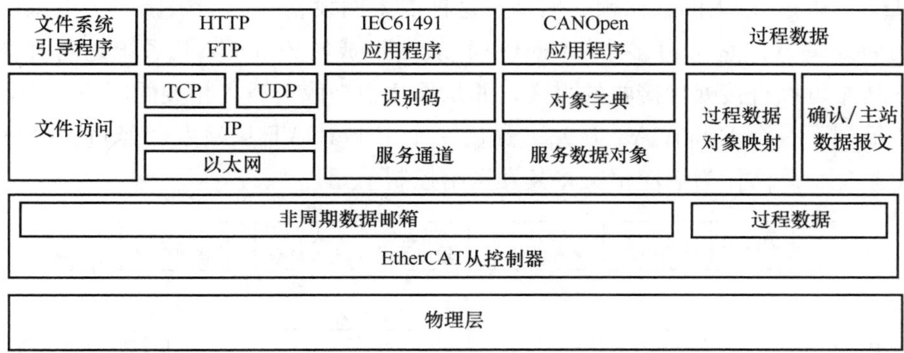

图 7-8 EtherCAT 的通信协议模型

的优先权（过程数据），组态数据或参数的传输是在一个确定的时间中通过一个专用的服务通道进行（非周期数据），EtherCAT 系统的以太网功能与传输的 IP 协议兼容。

EtherCAT 的通信方式分为周期性过程数据通信和非周期性邮箱数据通信。

（1）周期性过程数据通信。周期性过程数据通信主要用在工业自动化环境中实时性要求高的过程数据传输场合。周期性过程数据通信时，需要使用逻辑寻址，主站是使用逻辑寻址的方式，完成从站的读、写或者读写操作。

（2）非周期性邮箱数据通信。非周期性邮箱数据通信主要用在对实时性要求不高的数据传输场合，在参数交换、配置从站的通信等操作时，可以使用非周期性邮箱数据通信，并且还可以双向通信。在从站到从站通信时，主站是作为类似路由器功能来管理。

3. EtherCAT 的网络架构

EtherCAT 的网络架构是主从站结构网络，网段中可以由一个主站和一个或者多个从站组成。主站是网络的控制中心，也是通信的发起者。一个 EtherCAT 网段可以被简化为一个独立的以太网设备，从站可以直接处理接收的报文，并从报文中提取或者插入相关数据。然后将报文依次传输到下一个 EtherCAT 从站，最后一个 EtherCAT 从站返回经过完全处理的报文，依次地逆序传递回到第一个从站并且最后发送给控制单元。整个过程充分利用了以太网设备全双工双向传输的特点。如果所有从设备需要接收相同的数据，那么只需要发送一个短数据包，所有从设备接收数据包的同一部分便可获得该数据，刷新 12000 个数字输入和输出的数据耗时仅为 300μs。对于非 EtherCAT 的网络，需要发送 50 个不同的数据包，充分体现了 EtherCAT 的高实时性，所有数据链路层数据都是由从站控制器的硬件来处理，EtherCAT 的周期时间短，是因为从站的微处理器不需要处理 EtherCAT 以太网的封包。

EtherCAT 是一种实时工业以太网技术，它充分利用了以太网的全双工特性。使用主从模式介质访问控制（MAC），主站发送以太网帧给从站，从站从数据帧中抽取数据或将数据插入数据帧。主站使用标准的以太网接口卡，从站使用专门的 EtherCAT 从站控制器 ESC（EtherCAT Slave Controller），EtherCAT 物理层使用标准的以太网物理层器件。

从以太网的角度来看，一个 EtherCAT 网段就是一个以太网设备，它接收和发送标准的 ISO/IEC 8802-3 以太网数据帧。但是，这种以太网设备并不局限于一个以太网控制器及相应的微处理器，它可由多个 EtherCAT 从站组成，EtherCAT 系统运行如图 7-9 所示，这些从站可以直接处理接收的报文，并从报文中提取或插入相关的用户数据，然后将该报文传输到下一个 EtherCAT 从站。最后一个 EtherCAT 从站发回经过完全处理的报文，并由第一个从站作为响应报文将其发送给控制单元。

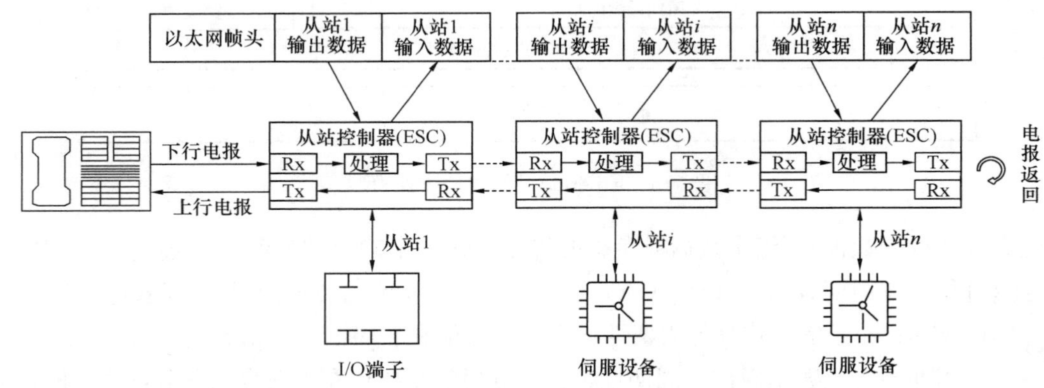

图 7-9 EtherCAT 系统运行

实时以太网 EtherCAT 技术采用了主从介质访问方式。在基于 EtherCAT 的系统中，主站控制所有的从站设备的数据输入与输出。主站向系统中发送以太网帧后，EtherCAT 从站设备在报文经过其节点时处理以太网帧，嵌入在每个从站中的现场总线存储管理单元（FMMU）在以太网帧经过该节点时读取相应的编址数据，并同时将报文传输到下一个设备。同样，输入数据也是在报文经过时插入至报文中。当该以太网帧经过所有从站并与从站进行数据交换后，由 EtherCAT 系统中最末一个从站将数据帧返回。

整个过程中，报文只有几纳秒的时间延迟。由于发送和接收的以太帧压缩了大量的设备数据，所以可用数据率可达 90%以上。

EtherCAT 支持同步时钟，EtherCAT 系统中的数据交换完全是基于纯硬件机制，由于通信采用了逻辑环结构，主站时钟可以简单、精确地确定各个从站传播的延迟偏移。分布时钟均基于该值进行调整，在网络范围内使用精确的同步误差时间基。

EtherCAT 具有高性能的通信诊断能力，能迅速地排除故障；同时也支持主站、从站冗余检错，以提高系统的可靠性；EtherCAT 实现了在同一网络中将安全相关的通信和控制通信融合为一体，并遵循 IEC 61508 标准论证，满足安全 SIL4 级的要求。

4. EtherCAT 的协议标准帧结构

一般常规的工业以太网都是采用先接收通信帧，进行分析后作为数据送入网络中各个模块的通信方式，而 EtherCAT 的以太网协议帧中已经包含了网络中各个模块的数据。EtherCAT 的协议标准帧结构如图 7-10 所示。

数据的传输采用移位同步的方法进行，即在网络的模块中得到其相应地址数据的同时，数据帧可以传送到下一个设备，相当于数据帧通过一个模块时输出相应的数据后，马上转入下一个模块。由于这种数据帧的传送从一个设备到另一个设备延迟时间仅为微秒

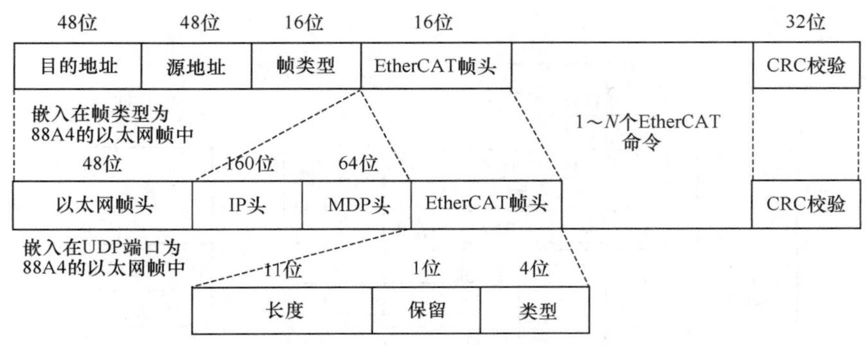

图 7-10　EtherCAT 的协议标准帧结构

级，所以与其他以太网解决方法相比，性能得到了提高。在网络段的最后一个模块中结束了整个数据传输的工作，形成了一个逻辑和物理环形结构。所有传输数据与以太网的协议相兼容，同时采用双工传输，提高了传输的效率。

EtherCAT 技术突破了其他以太网解决方案的系统限制，通过该项技术，无须接收以太网数据包，再将其解码，之后再将过程数据复制到各个设备。EtherCAT 从站设备在报文经过其节点时读取相应的编址数据，输入数据也是在报文经过时插入至报文中。

7.4.4　Ethernet POWERLINK

2002 年 4 月，EtherNet POWERLINK 标准公布，其主要内容是同步驱动和特殊设备的驱动要求。POWERLINK 通信协议模型如图 7-11 所示。

POWERLINK 协议对第 3 层和第 4 层的 TCP（UDP）/IP 栈进行了实时扩展，增加了基于 TCP/IP 的 Async 中间件用于异步数据传输，Isochron 等时中间件用于快速、周期性的数据传输。POWERLINK 栈控制网络上的数据流量。POWERLINK 避免网络上数据冲突的方法是采用时间片网络通信管理机制（Slot Communication Network Management，SCNM）。SCNM 能够做到无冲突的数据传输，专用的时间片用于调度等时同步传输的实时数据；共享的时间片用于异步的数据传输。在网络上，只能指定一个站为管理站，它为所有网络上的其他站建立一个配置表，并分配时间片，只有管理站能接收和发送数据，其他站只有在管理站授权下才能发送数据，因此，POWERLINK 需要采用基于 IEEE 1588 的时间同步。

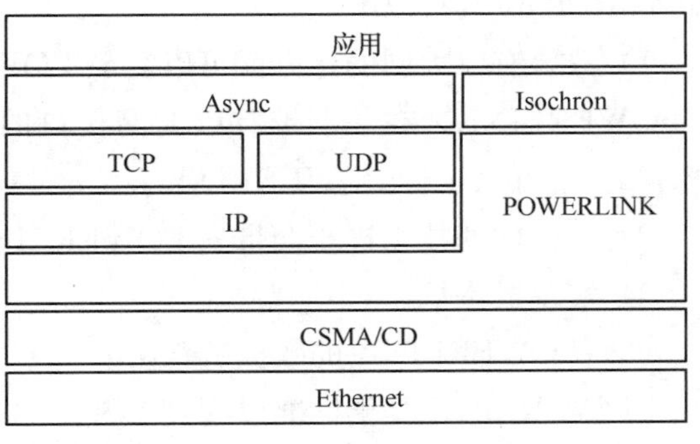

图 7-11　POWERLINK 通信协议模型

1. POWERLINK 的网络参考模型

POWERLINK 是 IEC 国际标准，同时也是国家标准《以太网 POWERLINK 通信行规规范》GB/T 27960—2011。如图 7-12 所示，POWERLINK 是一个 3 层的通信网络，

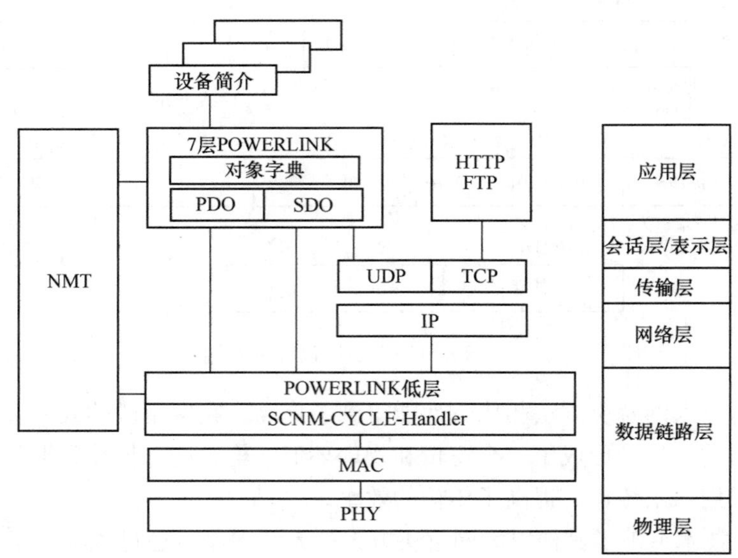

图 7-12　POWERLINK 的 OSI 模型

它规定了物理层、数据链路层和应用层，这 3 层包含了 OSI 模型中规定的 7 层协议。

（1）POWERLINK 的物理层

POWERLINK 的物理层采用标准的以太网，遵循 IEEE 802.3 快速以太网标准。因此，无论是 POWERLINK 的主站还是从站，都可以运行于标准的以太网之上。这使得 POWERLINK 具有以下优点：

1）只要有以太网的地方就可以实现 POWERLINK，例如，在用户的 PC 机上可以运行 POWERLINK，在一个带有以太网接口的 ARM 上可以运行 POWERLINK，在一片 FPGA 上也可以运行 POWERLINK。

2）以太网的技术进步会带来 POWERLINK 的技术进步。

3）实现成本低。

（2）POWERLINK 的数据链路层

POWERLINK 基于标准以太网 CSMA/CD 技术（IEEE 802.3），因此可工作在所有传统以太网硬件上。但是，POWERLINK 不使用 IEEE 802.3 定义的用于解决冲突的报文重传机制，该机制会引起传统以太网的不确定行为。

POWERLINK 的从站通过获得 POWERLINK 主站的允许来发送自己的帧，所以不会发生冲突，因为管理节点会统一规划每个节点收发数据的确定时序。

（3）POWERLINK 的网络层

主站应当支持 IP 通信，对于那些不支持经由 UDP 的 SDO 的从站则不需要 IP 栈。应当确保 POWERLINK 节点可以在异步阶段通过 SDO 通信，但不保证 IP 协议族的正常运行。为了在异步阶段通过 IPv4 来通信，POWERLINK 节点至少需要处理 256B 的 SDO 有效载荷，不要求 IP 分解与重组。

（4）POWERLINK 的应用层

POWERLINK 技术规范规定的应用层为 CANopen，但是 CANopen 并不是必需的，用户可以根据自己的需要自定义应用层，或者根据其他行规编写相应的应用层。

POWERLINK 应用层是由 CANopen 协议改进而来。这一协议在不同的设备与应用程序之间提供了一个统一的接口，使之能够用统一方式进行访问。POWERLINK 的应用层遵循 CANopen 标准。CANopen 是一个应用层协议，它为应用程序提供了一个统一的接口，使得不同的设备与应用程序之间有统一的访问方式。

CANopen 协议有 PDO、SDO 和对象字典 OD 3 个主要部分。

2. POWERLINK 的网络拓扑结构

由于 POWERLINK 的物理层采用标准的以太网，因此以太网支持的所有拓扑结构它都支持。而且可以使用 HUB 和 Switch 等标准的网络设备，这使得用户可以非常灵活地组网，如菊花链、树形、星形、环形和其他任意组合。

因为逻辑与物理无关，所以用户在编写程序的时候无须考虑拓扑结构。网路中的每个节点都有一个节点号，POWERLINK 通过节点号来寻址节点，而不是通过节点的物理位置来寻址。由于协议独立的拓扑配置功能，POWERLINK 的网络拓扑与机器的功能无关。因此 POWERLINK 的用户无须考虑任何网络相关的需求，只需专注满足设备制造的需求。

3. POWERLINK 的功能和特点

（1）一“网”到底

POWERLINK 物理层采用普通以太网的物理层，因此可以使用工厂中现有的以太网布线，从机器设备的基本单元到整台设备、生产线，再到办公室，都可以使用以太网，从而实现一“网”到底。

1）多路复用。网络中不同的节点具有不同的通信周期，兼顾快速设备和慢速设备，使网络设备达到最优。

一个 POWERLINK 周期中既包含同步通信阶段，也包括异步通信阶段。同步通信阶段即周期性通信，用于周期性传输通信数据；异步通信阶段即非周期性通信，用于传输非周期性的数据。因此 POWERLINK 网络可以适用于各种设备。

2）大数据量通信。POWERLINK 每个节点的发送和接收分别采用独立的数据帧，每个数据帧最大为 1490B，与一些采用集束帧的协议相比，通信量提高数百倍。在集束帧协议里，网络中的所有节点的发送和接收共用一个数据帧，这种机制无法满足大数据量传输的场合。

在过程控制中，网络的节点数多，每个节点传输的数据量大，因而 POWERLINK 很受欢迎。

3）故障诊断。组建一个网络，网络启动后，可能会由于网络中的某些节点配置错误或者节点号冲突等，导致网络异常。需要有一些手段来诊断网络的通信状况，找出故障的原因和故障点，从而修复网络异常。

4）网络配置。POWERLINK 使用开源的网络配置工具 OpenCONFIGUROR，用户可以单独使用该工具，也可以将该工具的代码集成到自己的软件中，成为软件的一部分。

使用该软件可以方便地组建、配置 POWERLINK 网络。

（2）节点的寻址

POWERLINKMAC 的寻址遵循 IEEE 802.3，每个设备的地址都是唯一的，称为节点 ID。因此，新增一个设备就意味着引入一个新地址。节点 ID 可以通过设备上的拨码开关手动设置，也可以通过软件设置，拨码 FF 默认为软件配置地址。此外还有三个可选方法，POWERLINK 也可以支持标准 P 地址。因此，POWERLINK 设备可以通过万维网随时随地被寻址。

（3）热插拔

POWERLINK 支持热插拔，而且不会影响整个网络的实时性。根据这个属性，可以实现网络的动态配置，即可以动态地增加或减少网络中的节点。POWERLINK 允许无限制地即插即用，因为该系统集成了 CANopen 机制。新设备只需插入就可立即工作。

配置管理是 POWERLINK 系统中最重要的一部分。它能本地保存自己和系统中所有其他设备的配置数据，并在系统启动时加载。这个特性可以实现即插即用，这使初始安装和设备替换变得非常简单。

（4）冗余

POWERLINK 的冗余包括双网冗余、环网冗余和多主冗余 3 种。

7.4.5 EPA

2004 年 5 月，由浙江大学牵头制定的新一代现场总线标准——《用于工业测量与控制系统的 EPA 通信标准》（简称 EPA 标准）成为我国第一个拥有自主知识产权并被 IEC 认可的工业自动化领域国际标准（IEC/PAS 62409）。

EPA（EtherNet for Plant Automation）系统是一种分布式系统，它是利用 ISO/IEC 8802-3、IEEE 802.11、IEEE 802.15 等协议定义的网络，将分布在现场的若干个设备、小系统以及控制、监视设备连接起来，使所有设备一起运作，共同完成工业生产过程和操作过程中的测量和控制。EPA 系统可以用于工业自动化控制环境。

EPA 标准定义了基于 ISO/IEC 8802-3、IEEE 802.11、IEEE 802.15 以及 RFC 791、RFC768 和 RFC793 等协议的 EPA 系统结构、数据链路层协议、应用层服务定义与协议规范以及基于 XML 的设备描述规范。

1. EPA 技术

作为一种分布式系统，EPA 系统是利用 ISO/IEC 8802-3、IEEE 802.11、IEEE 802.15 等协议定义的网络，将分布在现场的若干设备、小系统以及控制、监视设备连接起来，使所有设备一起运作，共同完成工业生产过程和操作过程中的测量和控制。EPA 系统可以用于工业自动化控制环境。

EPA 采用逻辑隔离式微网段化技术，形成了“总体分散，局部集中”的控制系统的网络拓扑结构，如图 7-13 所示。通过图 7-13 对 EPA 控制系统中的设备解释如下。

（1）EPA 主设备

EPA 主设备是监控级 L2 网段上的 EPA 设备，具有 EPA 通信接口，不要求具有控制

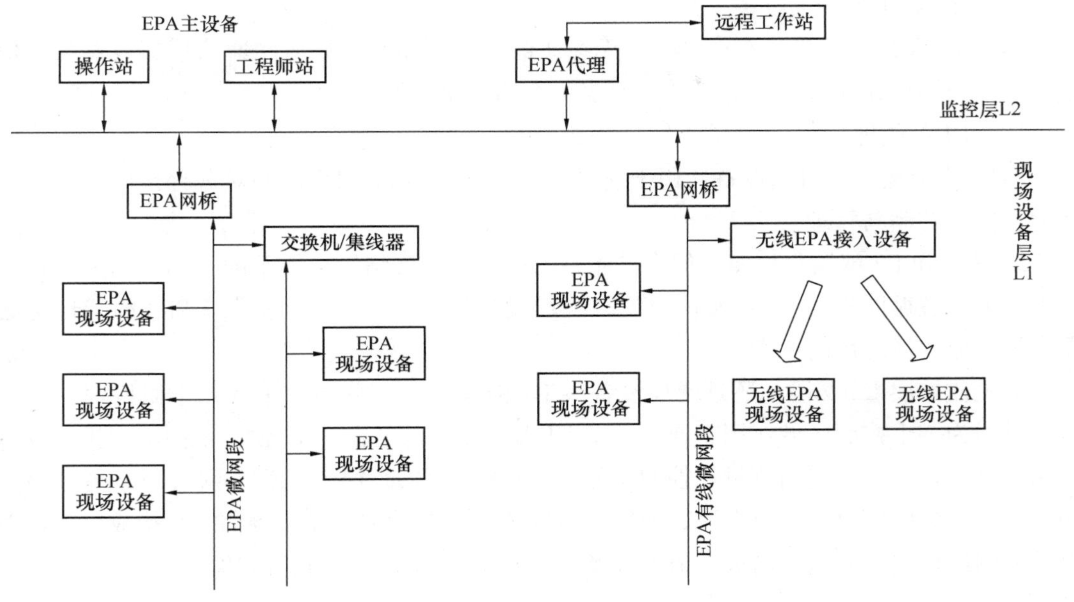

图 7-13 EPA 系统的网络拓扑结构

功能块或功能块应用进程。EPA 主设备一般指 EPA 控制系统中的组态、监控设备或人机接口等，如工程师站、操作站和 HMI 等。EPA 主设备的 IP 地址必须在系统中唯一。

(2) EPA 现场设备

EPA 现场设备是指处于工业现场环境中的设备，如变送器、执行器、开关、数据采集器、现场控制器等。EPA 现场设备必须具有 EPA 通信实体，并包含至少一个功能块实例。EPA 现场设备的 IP 地址也必须在系统中唯一。

(3) EPA 网桥

EPA 网桥是一个微网段与其他微网段或监控层 L2 连接的设备。一个 EPA 网桥至少有两个通信接口，分别连接两个微网段。

EPA 网桥是可以组态的设备，具有以下功能：

1) 通信隔离。一个 EPA 网桥必须将其所连接的本地所有通信流量限制在其所在的微网段内，而不占用其他微网段的通信带宽资源。这里所指的通信流量包括以广播、一点对多点传输的组播，以及点对点传输的单播等所有类型的通信报文所占的带宽资源。

2) 报文转发与控制。一个 EPA 网桥还必须对分别连接在两个不同微网段、一个微网段与 L2 网段的设备之间互相通信的报文进行转发与控制，即连接在一个微网段的 EPA 设备与连接在其他微网段或 L2 网段的 EPA 设备进行通信时，其通信报文由 EPA 网桥负责控制转发。本标准推荐每个 L1 微网段使用一个 EPA 网桥，但在系统规模不大、整个系统为一个微网段时，可以不使用 EPA 网桥。

(4) 无线 EPA 接入设备

无线 EPA 接入设备是一个可选设备，由一个无线通信接口（如无线局域网接口或蓝牙通信接口）和一个以太网通信接口构成，用于连接无线网络与以太网。

（5）无线 EPA 现场设备

无线 EPA 现场设备具有至少一个无线通信接口（如无线局域网通信接口或蓝牙通信接口），并具有 EPA 通信实体，包含至少一个功能块实例。

（6）EPA 代理

EPA 代理是一个可选设备，用于连接 EPA 网络与其他网络，并对远程访问和数据交换进行安全控制与管理。

Ll 网段和 L2 网段是按照它们在控制系统中所处的网络层次关系的不同而划分的，它们本质上都遵循同样的 EPA 通信协议。现场设备层 L1 网段在物理接口和线缆特性上必须满足工业现场应用的要求。

无论监控层 L2 网段，还是现场设备级 L1 网段，均可分为一个或几个微网段。一个微网段即为一个控制区域，用于连接几个 EPA 现场设备。在一个控制区域内，EPA 设备间相互通信，实现特定的测量和控制功能。一个微网段通过一个 EPA 网桥与其他微网段相连。一个微网段可以由以太网、无线局域网或蓝牙三种网络类型中的一种构成，也可以由其中的两种或三种组合而成，但不同类型的网络之间需要通过相应的网关或无线接入设备连接。

2. EPA 通信协议

EPA 通信协议使用的通信模型层级结构与 OSI 模型类似，EPA 通信模型层级结构中在 OSI 模型的应用层上添加了用户层，在应用层除了使用简单网络管理协议、文件传输协议、动态主机组态协议等常用通信协议外，还加入了 EPA 应用协议，并在数据链路层添加了 EPA 通信调度管理实体，EPA 与 OSI 参考模型的比较如图 7-14 所示。

图 7-14　EPA 与 OSI 参考模型的比较

EPA 通信协议模型如图 7-15 所示。除了 ISO/IEC 8802-3、IEEE 802.11、IEEE 802.15、TCP（UDP）/IP、SNMP、SNTP、DHCP、HTTP、FTP 等协议组件外，还包括以下 6 个部分：

（1）应用进程，包括 EPA 功能块应用进程与非实时应用进程。

（2）EPA 系统管理实体。

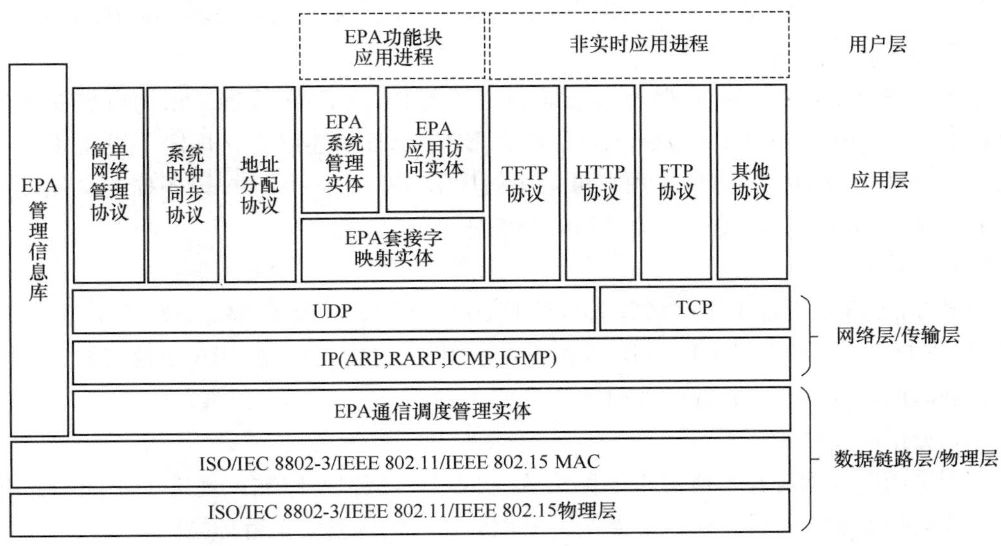

图 7-15　EPA 通信协议模型

（3）EPA 应用访问实体。

（4）EPA 通信调度管理实体。

（5）EPA 管理信息库。

（6）EPA 套接字映射实体。

3. EPA 技术特点

EPA 具有以下技术特点。

（1）确定性通信

以太网由于采用CSMA/CD介质访问控制机制，因此具有通信“不确定性”的特点，并成为其应用于工业数据通信网络的主要障碍。虽然以太网交换技术、全双工通信技术以及IEEE 802.1P&Q 规定的优先级技术在一定程度上避免了碰撞，但也存在一定的局限性。

（2）“E”网到底

EPA 是应用于工业现场设备间通信的开放网络技术，采用分段化系统结构和确定性通信调度控制策略，解决了以太网通信的不确定性问题，使以太网、无线局域网及蓝牙等广泛应用于工业/企业管理层、过程监控层网络的商业现货（Commercial Off-The-Shelf，COTS）技术直接应用于变送器、执行机构、远程 I/O 及现场控制器等现场设备间的通信。采用 EPA 网络，可以实现在工业企业综合自动化智能工厂系统中，从底层的现场设备层再到上层的控制层、管理层的通信网络平台基于以太网技术的统一，即所谓的“E（EtherNet）”网到底。

（3）互操作性

《用于工业测量与控制系统的 EPA 系统结构与通信规范》GB/T 20171—2006 除了解决实时通信问题外，还为用户层应用程序定义了应用层服务与协议规范，包括系统管理服务、域上载/下载服务、变量访问服务以及事件管理服务等。至于 ISO/OSI 通信模型中的会话层、表示层等中间层次，为了降低设备的通信处理负荷，可以省略，而在应用层直接定义与 TCP/IP 协议的接口。

为支持来自不同厂商的 EPA 设备之间的互可操作，《EPA 标准》采用可扩展标记语言（Extensible Markup Language，XML）为 EPA 设备描述语言，规定了设备资源、功能块及其参数接口的描述方法。用户可采用通用 DOM 技术对 EPA 设备描述文件进行解释，而无须专用的设备描述文件编译和解释工具。

（4）开放性

EPA 标准完全兼容 IEEE 802.3、IEEE 802.1P&Q、IEEE 802.1D、IEEE 802.11、IEEE 802.15 以及 UDP（TCP）/IP 等协议，采用 UDP 协议传输 EPA 协议报文，以减少协议处理时间，提高报文传输的实时性。

（5）分层的安全策略

对于采用以太网等技术所带来的网络安全问题，《EPA 标准》规定了企业信息管理层、过程监控层和现场设备层三个层次，采用分层化的网络安全管理措施。

（6）冗余

EPA 支持网络冗余、链路冗余和设备冗余，并规定了相应的故障检测和故障恢复措施，例如设备冗余信息的发布、冗余状态的管理以及备份的自动切换等。

7.5 工业以太网应用实例

7.5.1 项目背景及介绍

空调系统作为现代办公建筑必不可少的组成部分，对保证人们舒适的工作环境具有重大作用，而传统的中央空调系统受楼层高度和密封性问题的限制，空调系统制冷供暖效果并不理想。依靠纯人工手动操作开关，并不能及时地调整室内的温度，另外，传统的空调系统仅能调节温度，并不能提高室内空气质量。

某市某办公大楼总建筑面积为 34312 m^2，地下 2 层布置大楼管理运行的机电设备，地上 25 层主要为办公场所。大楼的中央空调系统采用基于西门子 S7-300PLC 和 PROFINET 与 PROFIBUS-DP 总线相结合的监控系统设计方案。实际应用表明，该新风空调监控系统运行精度高、稳定度高，空调系统的变频节能控制和新风系统对二氧化碳的恒值控制效果明显，完全符合现代办公建筑对室内温度和空气质量的要求。

7.5.2 项目总体设计方案

新风空调监控系统采用工控机（IPC）作上位机，在上位机上安装组态软件、PLC 编程软件等。S7-300 PLC 和分布式 I/O 设备作为下位机，由多总线结构构成 IPC＋PLC＋分站的控制系统，实现新风空调中机组设备的自动检测与控制，系统总体方案如图 7-16 所示。

整个新风空调监控系统采用三层架构，分别是以工控机为代表的监控层，以

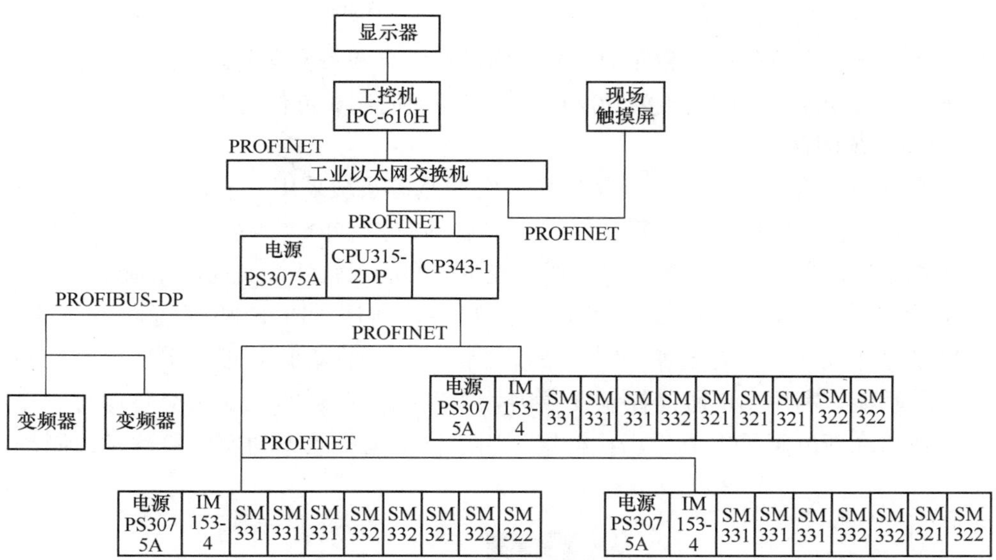

图 7-16 系统总体方案

S7-300PLC为代表的控制层，以及由各种设备组成的执行层。工控机选用研华工控机 IPC-610H，通过 UPS 电源，确保断电时数据不会丢失。PLC 的 CPU 模块选用西门子公司的 CPU315-2DP 模块，配备 CP343-1，具有 PROFINET 总线接口。通过 PROFINET 总线，将分布式 I/O 设备直接连接到工业以太网，构成主系统与从站的通信路径。PROFINET 将响应时间缩短到 1～10ms，完全可以满足新风空调监控系统的要求。PROFIBUS-DP 总线更适合于 PLC 与变频器的通信，将变频器放置在离执行机构较近的地方，可以减少大量接线，且编程容易，组态简单。

室内的 CO_2浓度以及地下设备的液位、流量和供水温度直接与 AI 模块相连，通过传感器转换为 4～20mA 电流信号。无论是电流信号或是脉冲信号都会被采集进 S7-300 PLC，PLC 通过对数据的处理和运算，输出控制信号和取得监控数据。另外，利用 PLC 与变频器 DP 通信的方式，通过比较循环水温度与设定温度，实现水泵的变频控制，保证制冷供暖水系统的平稳运行。在满足室内温度的同时，采用基于 PLC 的模糊控制算法，保证室内 CO_2浓度处于恒定值。

7.5.3 项目具体设计方案

1. 新风空调监控系统的功能

(1) 控制功能

该监控系统提供远程和就地两种控制模式，可方便地实现自动/手动控制切换，具备完善的控制功能。

(2) 监视功能

该监控系统利用各类传感器等检测设备，实时显示新风空调水系统的温度、压力、流量值，以及每台设备的运行状况，便于操作员掌握整个新风空调系统的运行状况。

（3）故障报警和保护功能

该监控系统具有故障报警和保护功能，确保新风空调系统安全运行。系统报警模式有两种：屏幕提醒和声音提醒，报警功能可以记录报警时间，方便查询。

2. 监控系统硬件构成

监控系统硬件构成如图 7-17 所示，新风空调监控系统采用三层架构。以工控机、显示器和打印机为代表的监控层，建立在地下二层的监控室内，通过 Ethernet 连接到交换机，且监控层硬件设备用于支持新风空调监控系统的应用软件，实现监控画面的动态显示和数据的存储。以 S7-300 PLC 为代表的控制层，利用 PROFINET 总线电缆使其与 ET200M 从站建立连接，对温度、CO_2 浓度等信号进行收集和处理，实现信息处理、运算和上传等功能，利用 DP 通信控制变频器，实现冷却水泵的工变频交替运行。冷却水泵、送风风机和新风阀等组成现场执行层，用于设备运行状态的实时检测及控制动作的执行。

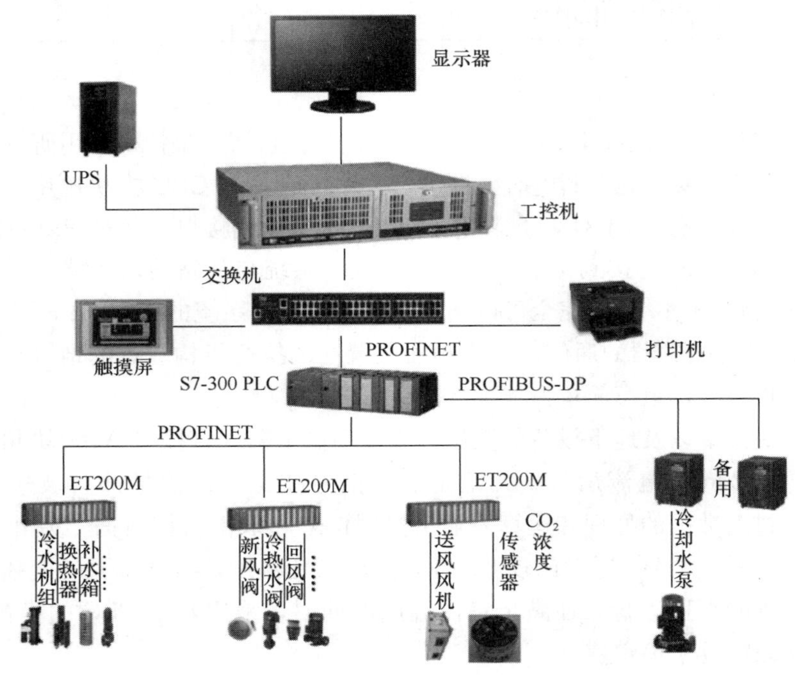

图 7-17　监控系统硬件构成

3. 新风空调监控系统工作原理

在新风空调系统中，对室内温度具有调节作用的是空调（制冷供暖）水系统，通过温控器切换空调水系统的制冷和制热模式，调节室内温、湿度。对室内空气质量具有调节作用的是新风机组，通过控制新风量的大小调节室内 CO_2浓度。开启自动控制模式，根据温度范围，选择夏季模式、冬季模式和春秋季模式，控制相应设备的运行。

4. 新风空调监控系统的功能

新风空调监控系统软件设计包括三个部分：上位机监控软件设计、下位机硬件组态与通信和触摸屏应用设计。

（1）上位机监控软件设计

新风空调监控系统上位机监控软件采用组态软件设计。其监控画面包括地下二层空调水系统运行画面、每层的新风系统画面和二层的组合式空调系统画面。利用组态软件的动态显示功能，将设备的运行状态和相关数值显示在界面上，供操作员查看；利用报警功能，当温度、压力和流量值超过设定范围时，启动报警程序，以画面或声音的形式报警，方便人员检修；同时借助报警窗口和实时历史趋势曲线生成各种报表，便于存档保存。监控画面的软件架构如图 7-18 所示。

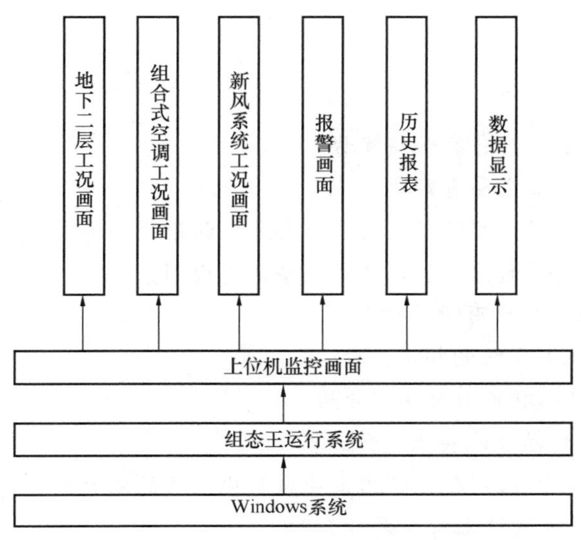

图 7-18　监控画面的软件架构

（2）下位机硬件组态与通信

下位机设计需要完成 PLC 硬件组态和程序编写，实现新风空调系统控制方案。西门子 S7-300 PLC 采用 STEP 7 编程软件、组态 PLC 硬件、分配地址量、编写控制程序段。根据硬件选型，搭建基于 S7-300 PLC 主站的三个 ET200M 从站，选用 PROFINET 总线，随时访问连接的设备。对冷却水泵的控制采用变频器控制，利用 DP 通信，在 PROFIBUS-DP 总线上设置两个 MM440 变频器，一个主控，一个备用。

（3）触摸屏应用设计

在新风空调系统的设计中，利用 PROFINET 总线技术与触摸屏技术之间的融合，提升操作和管理层的信息化水平。采用 MPI 转以太网的模块，通过 PROFINET 总线将触摸屏连接到网络，并从 PLC 读取数据。

实际应用表明，该监控系统运行精度高、稳定度高，空调系统的变频节能控制和新风系统对二氧化碳的恒值控制效果明显，完全符合办公建筑对室内温度和空气质量的要求。

本章小结

本章分为 5 节，详细地讲解和叙述了工业以太网技术。(1) 介绍了工业以太网与传统以太网的区别、安全要求和发展趋势；(2) 介绍了工业以太网技术的特点、解决实时性和确定性的方法、通信模型和供电技术；(3) 介绍了 Ethernet/IP、PROFINET、EtherCAT、POWERLINK、EPA 等几种实时以太网技术；最后以某市某办公大楼新风空调计算机监控系统设计为案例，简要介绍了工业以太网技术在建筑设备自动化系统中的应用。

本章习题

1. 什么是工业以太网？它有哪些优势？
2. 工业以太网的标准主要有哪些？
3. 什么是实时以太网？实时以太网采用哪些措施来提高通信节点的实时性？
4. 画出实时以太网的通信模型，并对模型进行说明。
5. Ethernet/IP 报文种类有哪几种？
6. 简述 PROFINET 系统的组成。
7. EtherCAT 协议标准帧由哪些部分组成？
8. POWERLINK 的功能和特点是什么？
9. 我国目前有被国际认可和接受的工业自动化领域的以太网技术标准吗？
10. EPA 实时以太网的技术特点是什么？

第 8 章　智能建筑中的总线与数字孪生集成

本章提要

总线技术是实现建筑智能化的基础，为智能建筑系统集成应用提供了连接不同设备和系统的方式，实现系统数据的传输、控制和协调。本章介绍了智能建筑系统总线集成、建筑电气总线与建筑数字孪生的智能集成，以北京泰豪大厦为例，展示建筑总线技术智能集成典型案例，加深读者对建筑总线在智能建筑系统集成中应用的理解。

智能建筑的应用已经成为现代建筑发展的必由之路，本章通过介绍智能建筑系统总线集成，培养学生系统观念的专业科学素养。讲述建筑电气总线技术与数字孪生的智能集成，引导学生理解复杂的系统由多个子系统组合而成，启迪学生的创新思维，训练思维技巧。以典型案例促教学，提升学生对专业、对行业的认识，培养学生的民族精神和工匠精神。

8.1　智能建筑系统总线集成

在经济飞速发展的今天，人们对生活质量的要求也不断提高，智能建筑、智能家居等智能化产品不断投入到现实生活中。智能建筑系统在生活中扮演越来越重要的角色，而总线技术在智能建筑系统中也愈发重要。智能建筑系统利用现代通信技术、信息技术、计算机网络技术、监控技术等，通过对建筑和建筑设备的自动检测与优化控制、信息资源的优化管理，实现对建筑物的智能控制与管理，以满足用户对建筑物的监控、管理和信息共享的需求，达到投资合理、适应信息社会需要的目标。

智能建筑系统在建筑物中应用广泛，它可以提高建筑物的质量，提高室内环境，保障人们的安全并减少能源消耗。但是，传统的智能建筑技术存在系统复杂、环境变化快、高度耦合、组态容易出错等问题。在这些问题的影响下，智能建筑的发展受到了严重的限制。为了解决这些问题，现代智能建筑技术开始采用总线集成技术。目前，用于智能建筑系统集成的总线技术主要有 LonWorks、BACnet、CAN、EIB 和 Profibus 等几种。这些总线集成技术可以将多个类型的设备连接在一起，使得建筑物设备之间可以实现简单、统一的通信，实现设备、系统、建筑的智能化管理。图 8-1 展示了智能建筑总线集成方法示意图。智能建筑系统总线集成方式可依据集成的对象分为网关集成、通信集成、应用集成和数据集成，具体介绍如下。

1. 网关集成

建筑总线网关用于连接不同建筑自动化系统之间的设备和子系统，使不同数据格式的设备能够相互通信和协同工作。网关集成通过适当的标准将智能建筑系统中不同设备的连

图 8-1 智能建筑总线集成方法示意图

接器如 Modbus、HTTP、MQTT 连接器等进行集成。确保不同厂商、不同类型的硬件设备能够在同一总线网关上协同工作，实现智能建筑系统的高效运行。

2. 通信集成

建筑总线中常见的通信协议包括 OPC、BACnet、LonWorks、KNX 等。通信集成常采用 OPC 通信协议，通常分为 OPC 服务器和 OPC 客户端。OPC 服务器对于不同协议的设备，使用协议转换器、OPC 接口和协议堆叠将数据转换为统一协议。客户端则将不同的通信设备、平台或软件整合到一个统一的系统中，使它们能够相互协作和共享信息。

3. 应用集成

智能建筑系统通常包含多种应用，如照明控制、空调系统、安防系统等。应用集成是将多种应用系统与其他系统进行整合，建立一个统一的应用控制平台，使得各系统之间可以交换数据。用户能够通过应用控制平台使用开放式 API（应用程序接口）实现应用之间集中式的控制和管理，确保建筑总线能够支持并整合这些不同类型的应用，实现控制和监控等系统协同应用。

4. 数据集成

在智能建筑系统中，建筑总线可支持智能建筑系统中各种设备和系统之间的数据集成和管理。数据集成是通过数据感知、数据存储、数据处理、数据软件平台、数据同步、数据安全等过程将包括建筑静态数据和物联网（IoT）数据的多种数据整合，进行数据交换和协调，以实现数据共享的目标。构建“数据中台”，提供数据接口服务，通过接口访问数据驱动应用，实现建筑数据全生命周期管理与精细化运营。

总线技术为智能建筑的系统集成提供了一种有效的方式，将各种设备、系统、应用连接起来，集成各建筑智能化子系统，形成可面向多元化需求的统一操作平台。目前，网关集成适合于建筑内部存在多种设备类型且设备信息需直接接入的场景，如工厂、仓库等；

通信集成则适用于具有多种服务器和客户端的建筑场景，如商业办公楼、学校等；应用集成常用于建筑系统中包含不同的应用程序和应用子系统的场景，如医疗建筑、酒店等。数据集成可用于具有庞大数据量、多种应用系统的建筑场景，如酒店、商业建筑等。

8.1.1 网关集成

智能建筑系统总线的网关集成方法是将各种不同的建筑物自动化设备和硬件系统，通过一种标准化的通信网关连接在一起，实现数据交换和互操作性。这些设备和系统可以包括安防、消防、综合布线等多个系统的自动化设备，通过建筑总线实现它们之间的快速通信和联动。建筑总线的网关集成通常采用分布式架构，如图8-2所示。控制器、传感器、执行器等设备分布在不同的位置，通过总线的物联网网关将多个设备连接起来，形成一个统一的网络。这样的设计具有灵活性高、可扩展性强、易于维护等优点。建筑总线的网关集成已经广泛应用于商业建筑、公共建筑、住宅等领域，为建筑物的智能化提供了重要的技术支持。

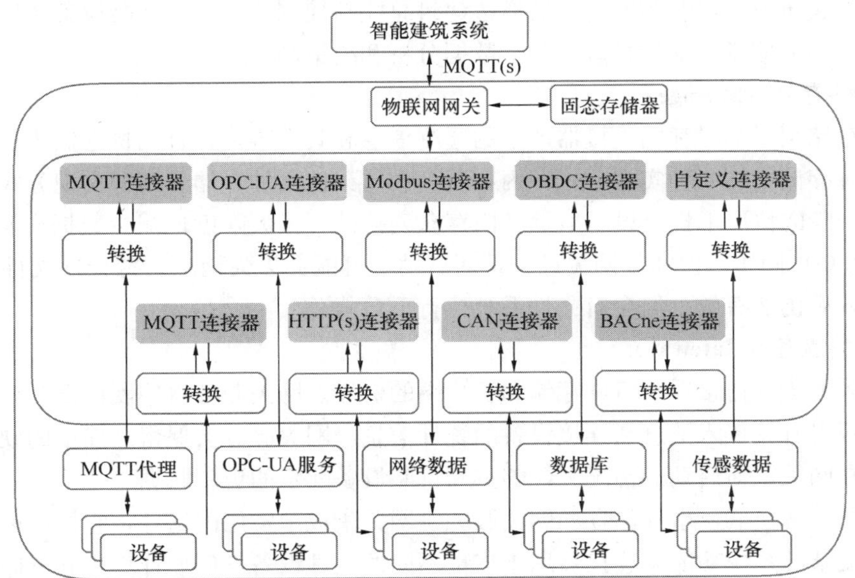

图8-2 网关集成分布式架构

建筑总线的网关集成包括连接器、转换器、控制器、传感器、事件存储、网关服务等设备，这些设备具有不同的功能和任务，具体介绍如下。

1. 连接器（Connector）

连接器的目的是连接到外部系统（例如MQTT代理或OPC-UA服务器）或直接连接到设备（例如Modbus或BLE），也可将数据更新到设备中。连接后，连接器可以从系统中轮询数据，也可订阅更新。轮询与订阅取决于连接器的协议功能。例如，MQTT连接器使用订阅模型，Modbus连接器使用轮询模型。

2. 转换器（Converter）

转换器负责将各种硬件设备的数据从特定的协议格式转换为统一的格式。转换器由连接器调用，转换器通常特定于连接器支持的协议。有上行链路和下行链路转换器。其中，上行链路转换器用于将数据从特定协议转换为统一格式。下行链路转换器用于将数据从统一转换为特定的协议格式。

3. 控制器（Controller）

控制器负责管理和协调连接到建筑总线上的各种智能设备和系统。建筑总线的控制器通常包括照明、空调、安防、能源管理等控制器，管理各智能化子系统的通信，实现对建筑内部环境和设备的全面控制和监测。这些控制器可促进设备协调和控制，整合并传输来自不同传感器和设备的数据，实现实时监控和知情决策。控制器可自动执行和安排任务，调整建筑的照明、温度和气流等参数，以提高能效并满足用户需求。

4. 传感器（Sensors）

传感器负责采集和监测建筑环境和设备的各种数据，智能建筑通常连接温度、湿度、光照、视觉、压力、声音等的传感器通过建筑总线与控制器和其他智能设备通信，为系统提供实时的环境信息，支持自动控制、数据分析和决策制订。

5. 事件存储（Storage）

事件存储用于临时存储连接器产生的遥测信息和其他事件，直到将它们传送到硬件设备中。事件存储支持两种实现方式：内存队列和持久性文件存储。两种实现方式都可以确保在网络中断的情况下提交设备数据。内存队列存储可最大限度地减少数据交互（Input/Output，I/O）操作，但如果网关进程重新启动，可能会丢失消息。持久性文件存储在重新启动过程后仍然有效，但会对文件系统执行 I/O 操作。

6. 网关服务（Gateway）

网关服务负责连接器、事件存储和客户端的引导。网关服务收集硬件设备信息，定期向客户端报告有关传入消息和连接设备的统计信息。网关服务会保留已连接的硬件设备列表，便于在网关重新启动的情况下能够重新订阅设备配置的更新数据。

连接器、转换器、事件储存和网关服务是网关集成中常用的组件，它们可以通过串联起来实现复杂的系统功能。连接器用于连接不同的硬件设备，例如计算机和打印机之间的 USB 连接器。转换器则用于将一个接口类型数据转换为另一个标准型接口类型数据，例如 HDMI 转 VGA 转换器可将高清晰度视频信号从 HDMI 接口转换为 VGA 接口。事件储存器用于记录系统中发生的事件，例如温度传感器记录的温度数据。网关服务则用于将不同的网络连接在一起，例如将局域网和互联网连接起来。这些组件可以通过串联起来实现更复杂的系统功能。传感器可以通过连接器连接到转换器，将其输出信号转换为数字信号，然后通过网关服务上传到云端进行存储和分析。同时，事件储存器也可以记录下这个传感器的历史数据，以便后续分析和比较。

8.1.2 OPC 集成

在智能建筑系统中，不同的设备和控制器通常采用不同的通信协议，这导致了设备之间无法直接通信和数据共享，增加了建筑系统的复杂度和维护成本。通过建筑总线的通信集成，可以将不同协议的设备连接到同一个总线上，实现数据的互通和共享，从而提高建筑系统的智能化程度和效率。

应用于过程控制的对象链接与嵌入（OLE for Process Control，OPC）技术是目前较为先进的智能化系统集成技术类型，其技术应用具有开放性、灵活性、控制操作准确性等特点。OPC 技术主要以建筑设备自动化系统为中心，利用网络和技术手段来连接建筑其他智能化系统。其主要目的是消除自动化软件和硬件平台之间互操作性的障碍，为用户提供选择。

OPC 技术实现的集成系统能够按照技术规范运行，更具有实用性。例如，围绕建筑设备自动化系统，OPC 技术促使各商家、建筑的子系统按照统一的发展方式和标准，通过网络管理、协议的方式为集成系统提供相应的数据，时刻做到标准化管理。同时，通过应用 OPC 技术，还能将不同供应商所提供的应用程序、服务程序和驱动程序做集成处理，使供应商、用户均能在 OPC 技术中感受其带来的便捷。在建筑智能化系统中，OPC 技术可直接连接服务器与用户，实现即插即用。

建筑总线可通过 OPC 技术综合多种协议构建统一 OPC 接口的通信网络，为智能建筑系统提供各系统功能的选择。如图 8-3 所示为通信集成架构示意图，将建筑系统中各种网关、服务器、终端等设备之间采用不同协议的通信方式集成到 OPC 服务器中。智能建筑系统可作为 OPC 客户端，通过 OPC 接口，进行建筑系统中设备终端的调用，实现设备之间的互联互通和数据共享。通信集成为智能建筑实现系统的数据控制、管理和传输提供技术支撑，它的实现方便了智能建筑中系统自动化控制、数据采集和数据传输。

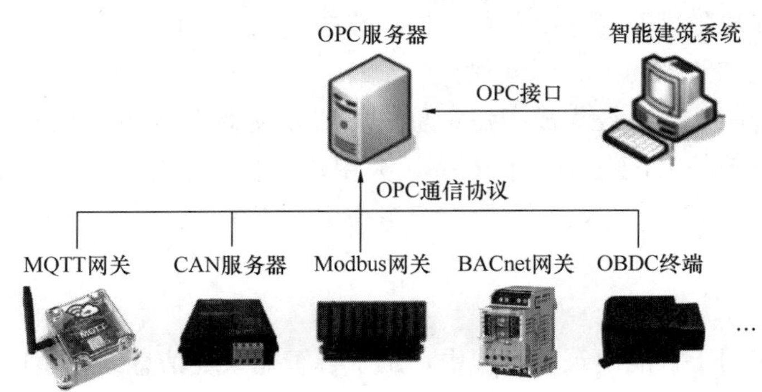

图 8-3　通信集成架构示意图

建筑总线通信集成需要综合考虑多种因素，包括协议收集、物理连接、协议映射、数据交换、安全性、管理和监控等多个方面，以确保建筑总线的通信集成顺利实施，并能够满足建筑系统的功能需求和使用要求。

建筑总线通信集成需要考虑以下几个方面：

1. 协议收集

建筑总线支持多种软件、硬件协议整合，如 BACnet、Modbus、CAN、MQTT 等。在进行通信集成时，需要收集建筑系统中使用的设备和软件的协议类型，解析不同协议的整合方案。如果系统中存在多种协议，可以通过网关设备实现协议之间的转换和兼容。

2. 物理连接

建筑总线的物理连接通常采用双绞线、光纤等传输介质，需要根据建筑结构和设备布局确定线缆走向和连接方式。在进行通信集成前，需要对建筑总线的物理连接进行规划和设计，确保线缆长度、拓扑结构等符合建筑总线规范。

3. 协议映射

不同的协议具有不同的数据结构和通信方式，需要进行协议映射，将不同协议的数据转换为建筑总线的通信格式。在进行通信集成时，需要对每个子系统的协议进行分析和解析，将其映射到OPC通信协议的数据格式中。通常采用协议网关或者软件程序实现协议映射。

4. 数据交换

建筑总线的数据交换采用点对点或者广播方式，需要对数据传输的速率、优先级、安全性等进行设置和管理。确定数据交换的规则和策略，确保各个子系统之间的数据交换顺畅、可靠。

5. 安全性

智能建筑系统中存在大量的敏感信息和控制命令，因此建筑总线的安全性非常重要。增加数据加密、身份认证、权限管理等安全机制，确保建筑总线的数据安全性和系统安全性。

6. 管理和监控

建筑总线的管理和监控是通信集成中重要的一环。管理和监控包括建筑总线设备的配置、管理、诊断和故障排除等，以及对数据传输的监控和分析。添加建筑总线的管理和监控机制，确定管理和监控的工具和流程。

总体来说，智能建筑系统集成中建筑总线通信集成能够实现多个子系统的互通和信息共享，提高建筑系统的智能化程度和效率，为用户提供更加便捷、安全、舒适的使用体验。通信集成是一个复杂的过程，需要综合考虑多种因素。

8.1.3 数据集成

在总线技术应用于智能建筑的过程中，由于各智能系统信息的壁垒，数据共享和业务协同的模式还有待突破和加强。受限于城市数据类型多、体量庞大、数据关联复杂、数据时效性不同、数据质量差异大等具体技术问题，信息孤岛的现象依然存在。在不同的业务阶段，各参与方信息互换流转、协同管理成为难点，无法为管理者的精准决策提供有力的支撑。

由此，基于数据层面集成的智能建筑系统集成方法应运而生，建立建筑数字孪生（Building Digital Twin，BDT）系统，实现数据在各层面、各建筑子系统间的无缝流转成为必要。建筑数字孪生为智能建筑中的数据层提供了一种高效、可靠的解决方案，可以将来自各种设备的数据集成到一个统一的信息平台中，以满足建筑用户对安全、舒适和高效的环境的需求。

建筑数字孪生是以数字化方式对建筑物进行全面建模和仿真，实现对建筑物在不同场景下的运行状态和性能进行全面监测、分析和优化。它是建筑物信息化、智能化的重要组成部分，也是推动建筑业数字化转型的重要手段之一。建筑总线的数据集成主要用于实现智能建筑数据层中各种数据的集成、传输和控制，它将构建统一收集、分析、处理的数据库平台，将集成后的数据传输到平台中，进行进一步处理和分析，实现系统的智能化管理。

因此，从总线集成的角度来看，建筑数字孪生系统需要进行多种数据源的集成和处理，实现建筑物数据的全面可视化、精细化管理和智能化控制。建筑数字孪生要求信息空间里面的虚拟数字模型是“写实”的，是“一种综合多物理、多尺度模拟的载体或系统，以反映其对应实体的真实状态”。建筑数字孪生可以将物理空间里的实时数据与虚拟数字模型紧密联系，描绘相对应的实体建筑的全生命周期过程。

智能建筑的总线数据集成采用上传、新建、接口对接的方式，将 N 种数据源汇总在一个数据库中，如图 8-4 所示，包括静态数据、物联网数据、多种格式的专业模型、图纸、文档、表单以及基于各类硬件通信协议的动态数据。建筑数字孪生可在系统中将所有数据进行有效的关联管理，通过九大类关联类型的数据维护，将系统中所有建筑数据汇集于数据层，形成一张数据网，使数据网中任意节点都可以与该节点有关的其他信息建立通路、互相可达。而在平台中维护好的关联数据可以通过 API 接口，向上层多种应用提供数据支持，减免上层应用二次开发过程中与基础数据组织、数据可视化相关的后台开发工作。

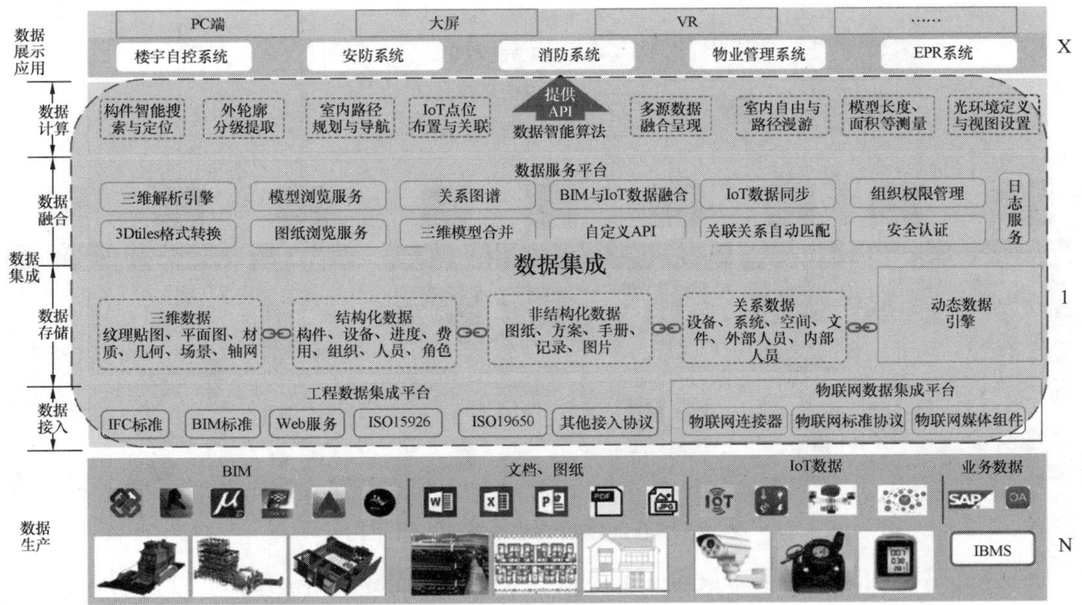

图 8-4　智能建筑总线数据集成的“1+N+X”架构

通过建筑总线技术的数据层集成，可以实现建筑物内各个方面的数据集成和分析，帮助用户更好地管理和控制建筑物，提高建筑物的效率和可靠性，降低能源消耗和运维成本，为建筑物的可持续发展提供支持。

8.1.4 应用集成

智能建筑系统中总线应用集成指在建筑内部将不同的智能安防、智能消防、智能照明等建筑智能系统和设备管理、信息管理等应用系统进行集成，提高建筑控制、管理和监测能力。这种集成使建筑在系统应用方面能够更智能地满足用户需求、降低能源消耗和提高安全性。

智能建筑管理系统（Intelligent Building Management System，IBMS）是智能建筑应用层集成的主要代表技术，是指在BAS（建筑楼宇自动化系统）的基础上实现更高一层的建筑集成管理系统。如图8-5所示的智能建筑管理系统IBMS架构，采用扁平模块化架构，减少数据通信的中间环节，提高数据通信速度与可靠性，降低故障率。应用集成主要由总线系统、控制器和设备三部分组成。总线系统是由总线板、总线接口和总线线路组成，负责将多个设备连接在一起，实现统一的通信；控制器用于接收和处理外部设备发出的控制命令，从而实现对外部设备的控制；设备用于实现智能建筑的实际操作，如温度控制、灯光控制、安防控制等。

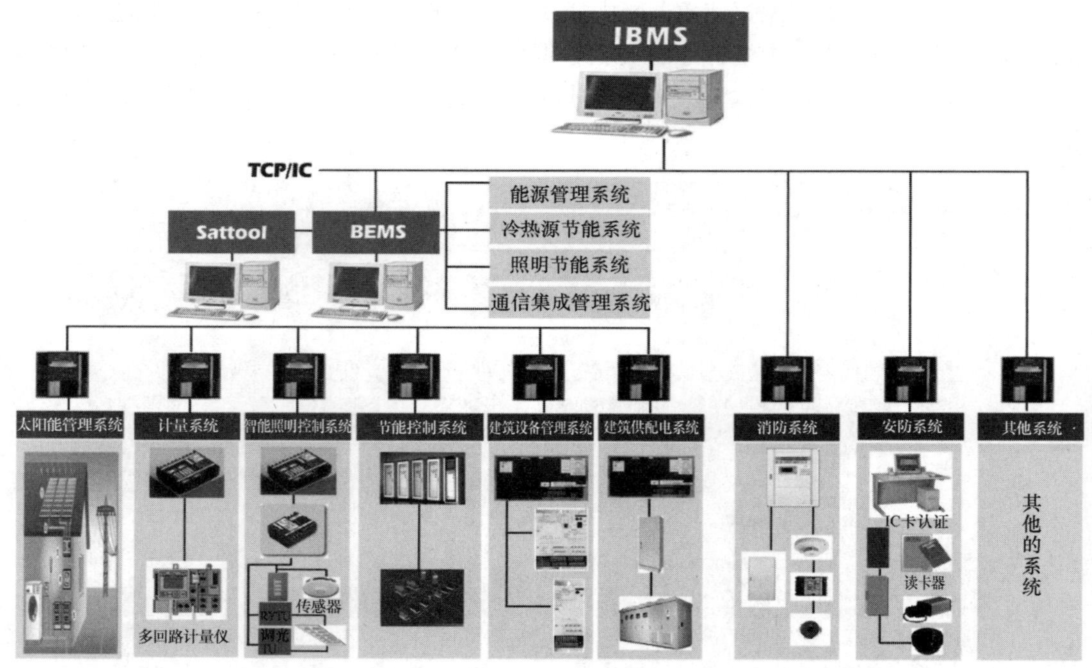

图8-5 智能建筑管理系统IBMS架构

智能建筑管理系统中每个模块既可以独立完成相应的单一功能操作，又可与其他模块配合完成更加复杂的联合功能操作。其确保能够与各种常用标准化数据通信接口可靠进行数据交换的同时，又能与各类标准/或非标数据通信接口直接进行对话，完成其与各子系统的信息交换和通信协议转换，通过统一的平台，实现对各子系统进行全程集中检测、监视和管理。目前，总线应用集成可以实现灯光、温控、安防、综合布线等多种功能，还可以进行远程监控和控制。

建筑总线应用集成技术可以分为多种类型，如基于网络的应用集成、基于无线的应用集成、基于光纤的应用集成等。基于网络的应用集成可以将多台设备连接在一个局域网中，从而实现统一的控制和通信；基于无线的应用集成通过无线信号传输数据，可以实现建筑物中设备之间的高速通信；基于光纤的应用集成则可以将建筑物中的多台设备连接在一个光纤网络中，从而实现高速、安全、稳定的通信。

从应用集成来看，智能建筑管理系统中各应用子系统具有不同的数据来源和接入方式，其各应用之间的数据层和接入层是割裂的。例如，建筑设备管理系统的设备数据层中包括监控、报警、文件等的数据源，可通过 OPC 技术和 BACnet 等接入方式。而通信集成管理系统则有通信设备和建筑管线等数据源，利用 TCP/IP 和串行通信进行接入。各应用系统的设备数据层之间存在明显的“数据孤岛”问题。例如，智能建筑管理系统在进行物业管理需要调用监控数据时，只能通过建筑设备管理系统进行接入，而不能直接从接入层中直接使用监控数据。

8.2 建筑电气总线与建筑数字孪生的智能集成

建筑电气总线与建筑数字孪生是现代智能建筑系统中的两个重要组成部分。建筑电气总线是一种用于连接建筑系统中电气设备的通信网络，可以实现设备之间的互通和数据共享。建筑数字孪生是一种基于物理模型的虚拟建筑，能够实现对建筑系统进行实时监测、模拟和优化。建筑电气总线与建筑数字孪生可以通过统一的数据库，构建更加高效、智能化的建筑系统。

8.2.1 建筑数字孪生

数字孪生是以数字化方式拷贝一个物理对象，模拟对象在现实环境中的行为，对产品、制造过程乃至整个工厂进行虚拟仿真。其目的是了解对象的状态，响应变化，改善业务运营和增加价值。当前，针对数字孪生的通用定义为：充分运用物理模型、传感器更新、运行历史等数据，集成多学科、多物理量、多尺度、多概率的仿真全过程，在虚拟空间中实现映射，进而反映相对应的实体装备的生命周期全过程。在万物互联时代此种软件设计模式的重要性尤为突出，为了达到物理实体与数字实体之间的互动，需要多阶段的演进和基础的支撑技术才能很好地实现物理实体在数字世界中的塑造。

建筑数字孪生通过数字孪生技术，创建一个与实际建筑物或基础设施相对应的虚拟模型。该虚拟模型不仅包括建筑的几何形状，还涵盖了建筑中各种系统（如电力、照明、暖通空调、安全等）的物理和功能特性。通过将实际建筑的物理结构和运行数据与数字模型相结合，建筑数字孪生系统可以模拟、监测和优化建筑的性能，提高其运行效率和可持续性。

目前，建筑数字孪生技术在建筑行业主要应用在自动化进度监控、竣工模型与设计模型、资源规划与物流、安全监控等几个方面。通过这些应用，使用者在建筑数字孪生模型中可以访问实时同步的竣工模型和设计模型；根据建筑数字孪生模型模拟施工过程从而制订的时间表持续监控进度，模型预测控制并根据前项模拟做出决策。

建筑数字孪生有开放化、可扩展和易操作等特点，成为建筑总线集成的关键技术。开放化，体现在系统各层级高度协作，可通过统一的集成平台进行统筹管理与开发；可扩展，体现在基于统一的协议、接口和平台，能更方便地进行系统构件的接入或是系统整体的升级与更换；易操作，体现在由基于建筑数字孪生技术的系统操作从用户体验出发，为用户提供功能全面、高度智能的交互体验。

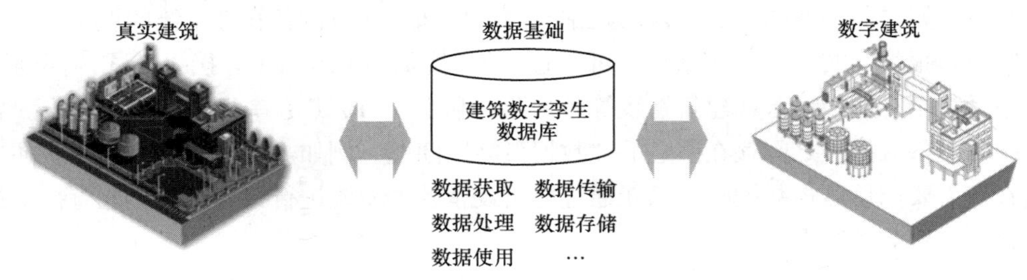

图 8-6 建筑数字孪生的数据映射

数据是建筑数字孪生最核心的要素，它源于物理实体、虚拟模型、服务系统，同时在数据处理后融入各部分中，推动了各部分的运转，建筑数字孪生的数据映射如图 8-6 所示。虚拟模型需要包含物体或系统的所有组成部分，以及各个组成部分之间的联系和相互作用。同时，还需要将各个传感器的数据和其他相关数据集成到虚拟模型中，实现对物体或系统的实时监测和仿真。因此，数据的采集是建筑数字孪生的基础。为了更好地适应不同用途场景的复杂环境，建筑数字孪生需要实现多种数据源集成和处理。

建筑数字孪生技术的应用需要依赖各种传感器、控制器、执行器等设备。这些设备之间需要进行数据交换和协调，以实现建筑数字孪生的目标。建筑数字孪生可利用总线集成实现对建筑物各种设备和系统的数据采集和集成，并实现建筑物全面的数据监测和控制。总线技术提供了一种有效的方式，将各种设备连接起来，实现数据的共享和协调。例如，可以将建筑物中的传感器、智能设备、能源管理系统、安防系统等各种设备和系统的数据集成到一个总线系统中，通过数据采集、传输、处理和分析，实现建筑物的全面监测、控制和优化。

8.2.2 建筑数字孪生总线映射

总线在建筑数字孪生中的映射方法是一种将建筑数字孪生的存储器（内存）和外部设备（如：输入/输出设备）连接起来的一种技术。总线映射的目的是让 CPU 和其他外部设备之间的数据传输更加有效率，从而提高建筑数字孪生系统的性能。其原理是通过在外部设备和 CPU 之间建立一种可以进行数据传输的通信链路，从而将数据从外部设备传输到 CPU，或者将数据从 CPU 传输到外部设备。

在建筑数字孪生系统中，有全双工总线、环路总线和静态总线三种总线映射方法。目前，主要使用的总线映射方法是全双工总线，全双工总线可以同时实现数据的读取和写入；它的特点是带宽宽度越大，数据传输的速度就越快，可以将外部设备和CPU之间的数据传输变得更加高效。环路总线是一种传输数据的线路，它可以将外部设备和CPU之间的数据传输变得更加简单，它的特点是实现数据的双向传输，即可以实现数据的读取和写入。静态总线的特点是带宽宽度较小，只能实现数据的单向传输，即只能实现数据的读取，而不能实现数据的写入。不同的总线映射方法有各自的优缺点，选择哪种方法应该根据具体的应用场景和要求来确定。在实际应用中，也可以综合使用多种总线映射方法，以达到更好的效果。

建筑数字孪生中的总线映射方法用于实现数字信号从一个设备向另一个设备传输。总线映射允许多个设备通过一个共享的总线连接在一起，而无须在设备之间建立单独的连接。总线映射方法的设计允许设备之间的数据传输具有高效率、低延迟和可靠性。总线映射是将不同的物理设备、传感器和控制器连接起来的关键步骤。建筑数字孪生的总线映射可以通过手动配置、自然语言处理（NLP）和基于运行参数等方式实现。下面将从这三个方面分别介绍。

1. 手动配置

手动配置是最常见的数字孪生总线映射方法之一，它需要专业技术人员逐个设置设备和传感器的属性，并将其与总线进行连接。手动配置需要耗费大量的时间和精力，并且容易出错。但是，手动配置可以提供最高的精度和可靠性，因为它允许人员根据具体情况进行调整和优化。

2. 自然语言处理（NLP）

自然语言处理（NLP）是一种新兴的总线映射方法，它将人类语言转换为计算机可读的指令。NLP可以极大地简化总线映射过程，减少人工干预和错误。例如，当管理员需要添加一个新的温度传感器时，他可以使用智能语音助手或聊天机器人，告诉系统要添加哪些设备，以及设备的位置和属性。然后，系统将自动解析这些信息，并将其映射到总线上。这种方法不仅提高了效率，而且还可以降低技术门槛，使更多的人能够参与到智慧建筑的管理中来。

建筑数字孪生中，通过NLP技术来实现总线映射的具体步骤如下：收集和整理相关的建筑物数据、设备数据和传感器数据等信息。利用NLP技术对这些数据进行自然语言处理和文本分析，提取其中的关键词、实体、属性等信息。建立一个基于NLP技术的知识图谱，将不同的实体和属性之间的关系进行建模和表示。利用知识图谱来实现总线映射，将不同设备和传感器之间的通信协议进行转换和匹配，从而实现智能化控制和管理。

3. 基于运行参数

基于运行参数的总线映射方法是一种实时的、自适应的映射方法，它根据设备和传感器的实际运行参数来进行映射。例如，当一个新的传感器被添加到总线上时，系统可以自动检测该传感器的类型、数据格式和输出范围，并将其映射到合适的控制器上。如果传感器的参数发生变化，系统也会自动调整映射关系，以确保数据的准确性和一致性。这种方法可以提高系统的自适应性和稳定性，同时减少人工干预和配置时间。

总线映射是一种将外部设备和CPU之间的数据传输变得更加高效的技术，它可以提高数字孪生系统的性能。全双工总线、环路总线和静态总线都是常用的总线映射方法，它们分别有不同的特点，都可实现数据传输的高效操作。

8.3 建筑总线技术智能集成典型案例

本节以中国建筑节能协会评选的“中国好建筑”“智慧建筑”“三星好建筑”北京泰豪智能大厦为例，介绍总线技术在智能建筑系统集成中的应用。

8.3.1 工程项目概况

该项目位于北京大兴亦庄核心区，运成街2号，建筑共12层，分别为地上11层和地下1层，标准层高度为3.9m，建筑面积4.1万m^2。该智能建筑工程经过多次改造，对智慧安防、人脸识别、物联网控制、人员定位、智慧平台等系统部署的完成标志着向智慧建筑的转变。该项目的整个建筑过程秉承了“技术先进性”“精细化设计”和“利旧”的原则，避免大拆大建，并同时为未来技术升级预留继续改造的空间。该项目的建筑数字孪生体具体内容如下。

1. 建立BIM模型

对大厦进行全面的BIM建模，包括建筑、结构、机电、幕墙等专业建模信息，建立建筑物的数字孪生模型。

2. 安装传感器

在大厦各关键位置安装传感器，如监控摄像头、温度传感器、湿度传感器、照度传感器、二氧化碳传感器等，智能建筑系统总线网关集成设备如图8-7所示，通过物联网技术将传感器数据传输到建筑数字孪生平台。

3. 建立总线系统

建立传感器总线、控制总线、数据总线和供能总线等总线系统，将传感器数据、控制系统和能源设备等信息集成到建筑数字孪生平台中，实现建筑数字孪生系统的集成化管理。

4. 实现智能控制

通过控制总线实现对建筑设备的远程控制和监控，对建筑物的环境和能源进行实时监测和优化。

5. 实现运行和维修数字化、流程化

将大厦运行和维修流程数字化，建立运行和维修数据库，通过数据总线实现对运行和维修记录等信息的集成和分析，提高维护效率和质量。

6. 管理一张图

管理一张图是以数字空间作为集成建筑全生命周期数据的基础，在展示平台中起到核心串联的作用。基于数字空间的静态空间数据，结合设备的运行数据与人的行为数据，建

(a)　(b)　(c)　(d)

图 8-7　智能建筑系统总线网关集成设备

(a) 筒机形监控；(b) 半球形监控；(c) 门禁设备；(d) 连接设备

筑数字孪生平台则以图报表形式提供数据可视化展示。管理一张图可以有效地辅助管理人员对关键数据、指标进行直观查阅，辅助决策支持，同时基于三维的展示形式，全面提升可视化效果，丰富平台的数据类别与视觉效果。建筑数字孪生平台管理一张图如图 8-8 所

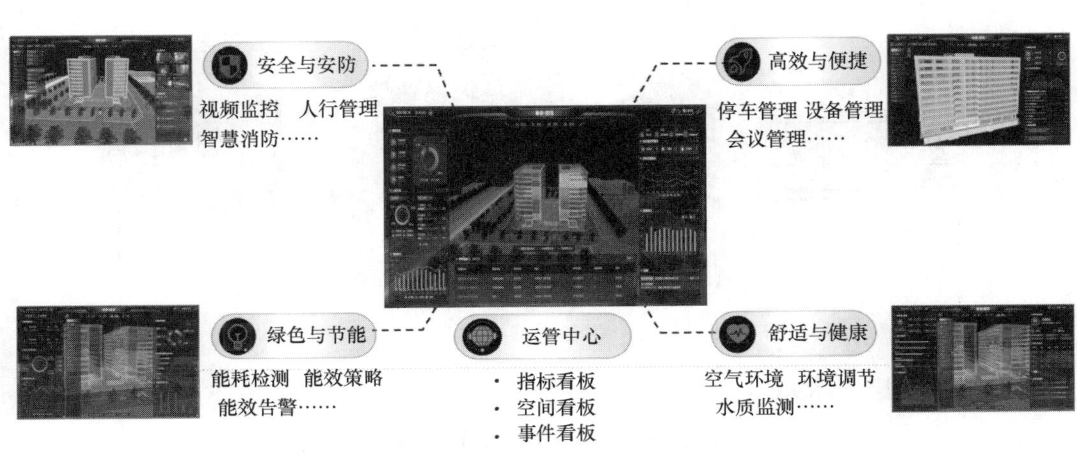

图 8-8　建筑数字孪生平台管理一张图

示，是通过数字建模技术将物理大厦映射到大屏和计算机上，3D 可视化表达现有各信息化系统的状态和关键指标，如天气、新闻、室内外温度、空余车位、消防报警等。

8.3.2 工程项目 BIM 模型

对基于总线技术的建筑数字孪生工程项目来说，BIM 模型是一个重要的组成部分。BIM 模型可以帮助工程项目实现数字化管理，提高效率和质量，降低成本和风险，为建筑系统设计、建设和维护提供全面的支持和保障。工程项目 BIM 模型的建筑建模主要包含结构、机电、幕墙等的专业建模：

（1）建筑结构包含外墙、内墙、阳台、楼梯、栏杆、门、窗等构件，建筑结构模型是将各构件按照设计图纸和说明的内容来三维模拟表达；结构柱、梁、剪力墙、结构板，多栋单体轴网，必须与总图轴网对应。BIM 模型必须与图纸的平面、立面、剖面图一致。

（2）机电工程包含水、暖、电等主干管线，机电模型需要按照设计图纸和说明的内容来模拟表达，各机电管线模型的排布必须按照管综原则来进行综合管线调整。

（3）幕墙工程包含幕墙石材、玻璃等材质，幕墙模型需要与幕墙图纸平面、立面、剖面保持一致，幕墙模型是用来展示建筑外立面的效果及细节，确保设计的准确性和施工的可行性。

基于总线技术的建筑数字孪生项目 BIM 模型展示如图 8-9 所示，它不仅是一个三维

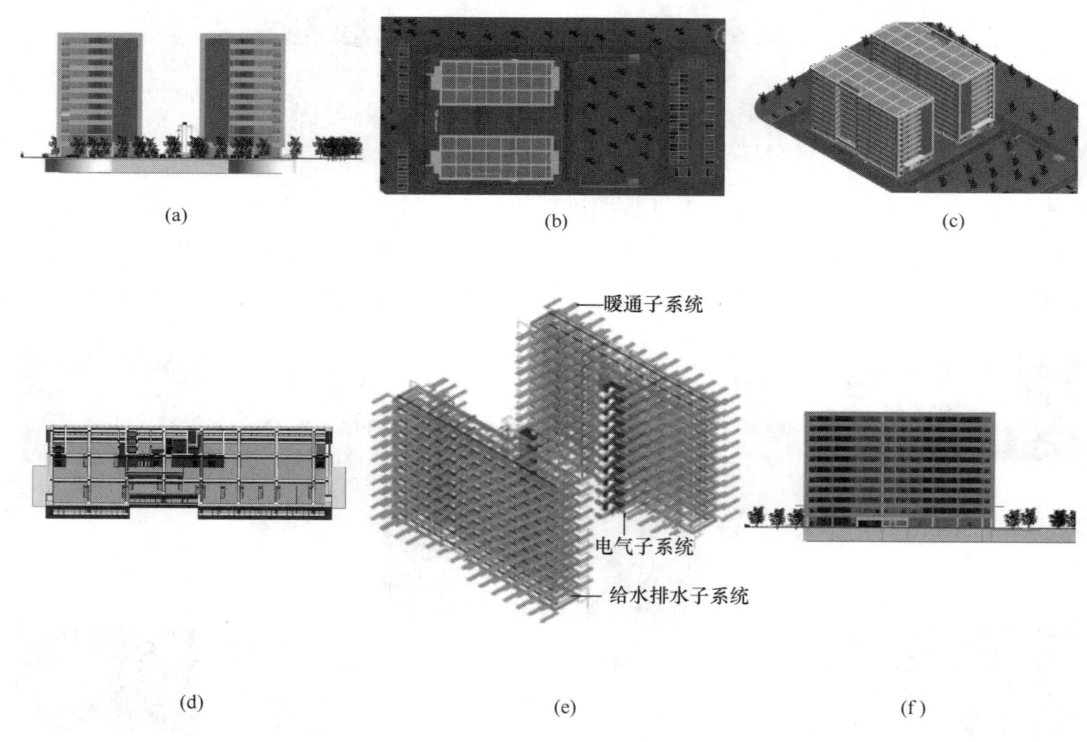

图 8-9 建筑数字孪生项目 BIM 模型展示（一）

（a）模型主视图；（b）模型俯视图；（c）东南俯视图；（d）结构模型；（e）机电模型；（f）幕墙模型展示

图 8-9　建筑数字孪生项目 BIM 模型展示（二）

（g）模型数量明细表；（h）模型系统浏览表；（i）模型设备管理

的建筑模型，还包含了建筑物各方面的信息，包括材料、系统、设备等。BIM 中包含的信息可以为智慧建筑整个生命周期数据共享、业务协同与科学决策提供可靠的基础。

基于总线技术的建筑数字孪生项目智能建筑子系统 BIM 模型如图 8-10 所示，按照配色代表不同的建筑系统中给水排水、暖通、电气等子系统。这些子系统模型可以与建筑模型进行集成和协作，实现多方面的信息共享和协作。例如，给水排水系统模型可以与建筑结构模型进行集成，以确保管道的穿越位置不会影响建筑结构的安全。暖通系统模型可以与建筑外立面模型进行集成，以确保外立面的开窗位置和通风口位置不会影响暖通系统的

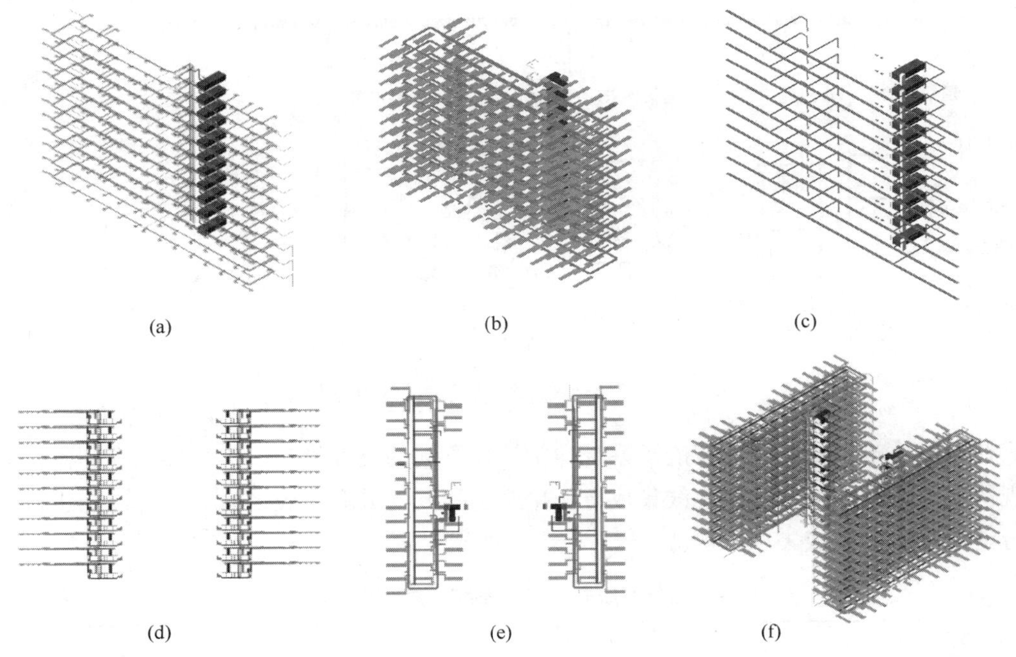

图 8-10　智能建筑子系统 BIM 模型

（a）给水排水子系统；（b）暖通子系统；（c）电气子系统；

（d）机电子系统主视图；（e）机电子系统俯视图；（f）机电子系统西南俯视图

工作效率。电气系统模型可以与建筑设备模型进行集成，以确保设备的电源、电压等信息的准确性和安全性。因此，在BIM模型中建立给水排水、暖通、电气等子系统模型是非常重要的，可以为基于总线技术的建筑数字孪生工程项目提供全面的支持和保障。

8.3.3 工程项目总线系统

该工程项目涉及总线的智能化系统包括：Modbus、TCP/IP、网关集成、BACnet、SDK开发包集成等总线技术。如图8-11所示为智能建筑系统总线集成的总体架构。总体架构中各种硬件设备可通过通信网关和TCP/IP等方法集成至OPC服务器中，并通过各智能子系统的主机进行控制。不同的智能子系统都有相应的总线集成方案，如照明系统和消防系统多为有线设备通过Modbus总线进行集成；安防系统多为无线设备通过TCP/IP和BACnet总线进行集成。管理用户则可通过TCP/IP访问OPC服务器进行智能系统的协同控制。

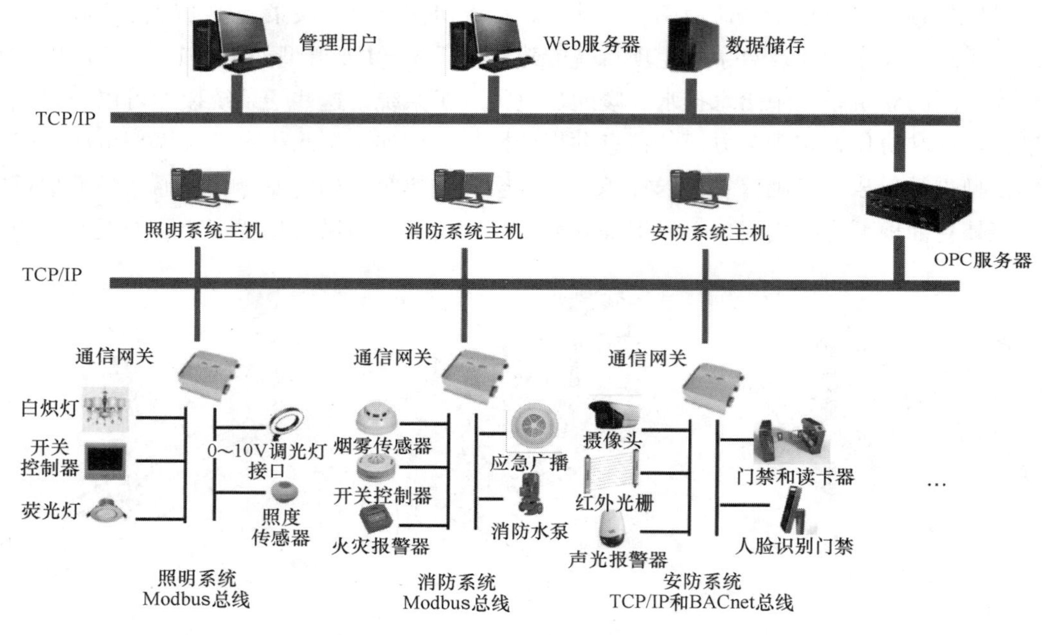

图8-11 智能建筑系统总线集成的总体架构

在智能建筑系统中，各智能子系统通常涉及不同的硬件设备、传感器和控制器，为了实现协同工作和集成管理，总线集成方法也会有不同的方案。表8-1所示为智能建筑系统各智能子系统的总线集成方法。

智能建筑系统各智能子系统的总线集成方法 **表8-1**

智能化系统	总线技术	集成方法
智慧消防	Modbus	智慧消防系统将火灾自动报警系统信号传输线和消防联动系统合二为一，即有探测器，手动报警按钮，控制消防联动设施连接在Modbus总线协议的屏蔽双绞线上

续表

智能化系统	总线技术	集成方法
智慧安防	TCP/IP 平台集成	智慧安防系统的视频监控子系统和入侵报警子系统是以 TCP/IP 通信集成的总线技术进行集成，而出入口控制部分是通过平台集成与智慧安防系统进行集成
智慧照明	Modbus	智慧照明系统是通过 Modbus 实现总线集成，系统中控制主机柜到配电箱之间的通信总线要求选用 RVS 双绞线，配电箱到灯具的通信总线采用 2 芯双绞线
水电	网关集成	水电系统主干线为 RVVP2×0.75+BVV2×1.5 至信号采集器，从信号采集器接一条 RVV3×0.5 至每一块脉冲表。集采器下发搜表、读表指令，水表向集采器上传身份识别 ID、故障代码等
设备监控	BACnet	设备监控系统是基于 BACnet 总线的树状拓扑结构，将设备分布在不同的子网中，保证通信效率和安全性。为每个设备安装基于 BACnet 的总线控制器，设置设备地址和参数。集成设备管理软件便于管理和监控设备，配置数据交换和通信协议
停车	CAN 总线	停车系统根据停车场的实际布局和设备位置，采用 CAN 总线。选择车位检测器、车辆识别器等控制器和设备，并根据需要配置设备地址和参数。根据设备类型和通信需求，编写 CAN 总线通信协议，管理和监控设备，配置数据交换和通信协议
会议	SDK 接口 TCP/IP	会议系统是根据会议的实际需求和设备类型进行选择和配置，并通过建筑数字孪生软件平台，使用 SDK 开发包集成

1. 智慧消防系统

本项目设置一套智慧消防系统，主楼按火灾报警系统一级保护对象设计。采用控制中心报警系统，智慧消防系统包括火灾自动报警系统、消防设备联动控制系统。管理主机设置在消防安防控制室，设计 4 台区域火灾报警控制器分别负责。按防火分区及使用功能划分报警区，并按环境特点设置相应类型的探测器。消防安防总控室应能显示所有火灾报警、故障报警、显示保护对象的重点部位、疏散通道及消防设备所在位置的平面图或模拟图。

火灾自动报警系统采用 Modbus 总线协议，并提供通信接口。该工程选用智能型火灾自动报警控制器和联动控制装置，火灾报警控制器的报警/控制回路采用二总线环形连接方式，每个系统部件上内置短路隔离器，回路断路、短路时系统仍能正常工作，报警与联动控制接口地址占用数量预留有不少于 15%的余量。消防安防总控室设置专用接地极，用 BV-1×35mm 的导线穿硬质塑料管保护引至接地装置。

2. 智慧安防系统

设置一套视频智慧安防系统，管理主机设置在消防安防控制室。智慧安防系统设备主要包括：各类型网络摄像机、专用网络、编码器、解码器、视频管理服务器、流媒体服务器、磁盘阵列、电视墙、安防集成管理平台等。本系统基于专用网络（设备网）的“核心+汇聚+接入”三级结构，采用双核心和万兆核心保证满足传输视频的传输需要。每台核心交换机配置单电源模块、单引擎模块，实现链路级、设备级故障保护，用以支撑视频监控、门禁管理、BA 等系统。设备网布线采用星形结构，共分两级，一级管理间设置在消防安防控制室，二级管理间设在各楼层弱电竖井。本系统采用 IPSAN 存储，满足实时存储时间 60 天，每天 24 小时连续存储方式。

3. 智慧照明系统

本项目设置一套智慧照明系统，每楼层根据建筑结构以及功能需要设置照明分区，每个照明分区设置两条或三条 RVS 双绞线作为控制总线。每条控制总线将区域所辖配电箱中模块与控制面板，以手递手的形式依次连接成总线形构造。动静探测器通过控制线连接通用输入模块而接入总线。每条总线通过通信协议模块与楼层交换机相连接，形成子网形式。凭借楼宇的主干网络，各楼层的子网形成统一的智能照明控制网络，智慧照明系统使用 Modbus 总线协议。

4. 水电系统

水电系统对水、电计费表进行自动抄表。水、电表要求采用通过相关部门认可的脉冲仪表。本系统主干线为 RVVP2×0.75+BVV2×1.5 至信号采集器，从信号采集器接一条 RVV3×0.5 至每一块脉冲表，导线利用金属线槽明敷或穿阻燃 PVC 管沿楼面垫层或顶板、墙、柱暗敷等。

5. 设备监控系统

本项目设置一套设备监控系统，本系统监控空调系统、排风系统、给水系统、排水系统、空气品质等。控制主机设置于消防安防控制室，在工程部办公室设置分控工作站。本系统由工作平台、直接数字控制器（DDC）、末端控制器、传感器、执行机构、网关等组成，采用 BACNet、LON、TCP/IP 网络结构。BA 系统内设备采用开放式协议系统编程，适合升级，系统的所有元件采用模块化设计，能够增加容量，各控制器的配置均需考虑 20%扩容性。本系统为分布式智能系统，在总线通信网络失效时，各直接数字控制器（DDC）均能独自继续其正常运作。

6. 停车系统

根据停车场的实际布局和设备位置，所有硬件设备采用 CAN 现场工业总线协议，上层管理主机间则采用 TCP/IP 协议、数据库采用的 SQLSERVER，因此与其他的管理系统具有较好的数据交换功能。

7. 会议系统

会议系统是根据会议的实际需求和设备类型进行选择和配置，并通过建筑数字孪生的软件平台，使用 SDK 开发包进行集成。

8.3.4 总线集成系统功能展示

1. 集成界面

基于总线集成系统的建筑数字孪生项目通过建立智慧楼宇综合监管平台，对楼宇各子系统进行集中监管，实现能源、运维、应急一体化管理和各关联系统的联动控制、协同处置；达到降低能源消耗、降低运维成本、延长设备使用寿命的目的，实现楼宇精细化管理。

总线集成系统的集成一览图是对现有各信息化子系统的状态和关键指标进行数据直观展示，如图 8-12 所示。利用数据分析及预测等技术实现建筑智能化管理，实现管理方对建筑运营分析、运维分析、安全状态、能耗状态等进行决策分析辅助。平台的数据沉淀为智慧楼宇的运营以及未来发展方向提供坚实的数据支撑，掌握所有项目的运营情况，为决策者提供数据可视化支持。图形显示清晰、简便，利于分析项目效益情况，对资源进行更好的配置。

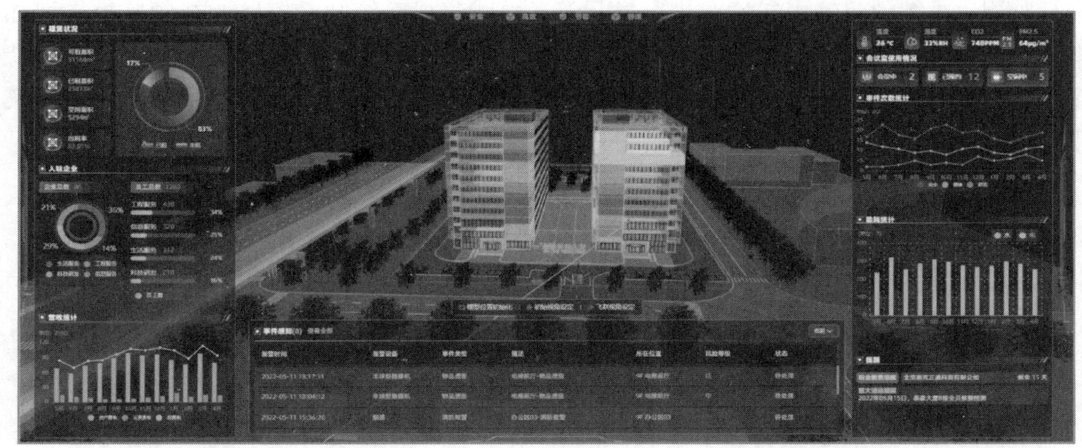

图 8-12　总线集成系统的集成一览图

2. 各系统的总线集成

(1) 智慧消防

总线集成系统的智慧消防对接智能楼宇内的消防系统，对消防设备的运行状态和报警状态进行实时监控，并与智慧安防系统进行实时联动。依托智能传感、监控和数据采集系统，实现对各类空间消防态势的感知与三维模型结合。消防设备空间分布位置一览、消防设备状态监测、支持定位与视频画面查看，以及消防设备台账资料查看如图 8-13 所示。

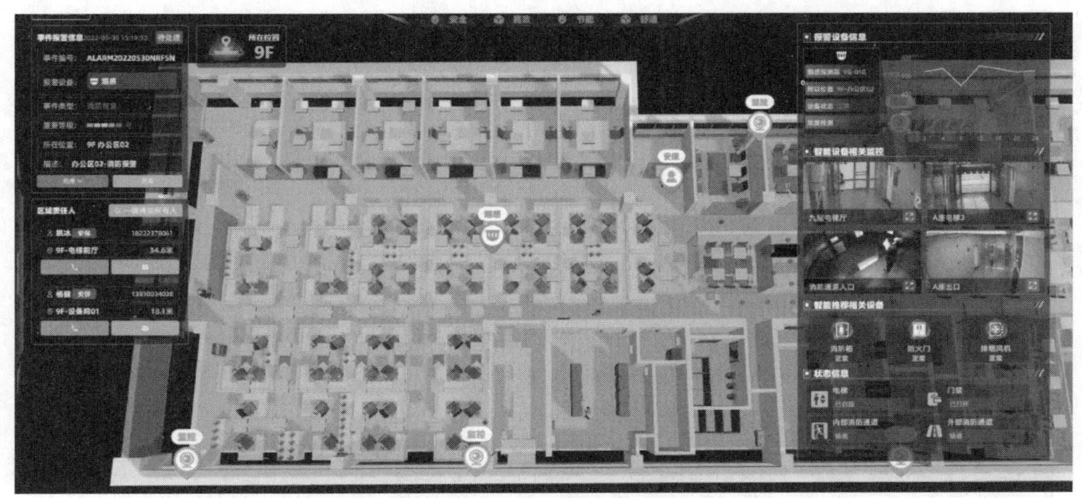

图 8-13　总线集成系统智慧消防集成界面

总线集成系统中智慧消防子系统使用 Modbus 总线协议进行集成，由 3 个子系统构成，即防火卷帘门控制系统、应急广播控制系统、应急照明控制系统。3 个子系统分别由各自的总线连接，子系统的总线通常会汇聚到防火分区的消防控制器，各个消防控制器再由总线连接到楼层火灾消防控制器，最终汇总到消防控制室。

（2）智慧安防

总线集成系统智慧安防是将视频监控、门禁管理等系统进行集成，对楼宇中人员状态进行监测、员工的门禁刷卡情况进行显示等，总线集成系统智慧安防的视频监控界面如图 8-14所示。视频监控系统使用 TCP/IP 协议，支持多种视频输入输出，可以有效地支持多个视频摄像头的连接，从而实现多种数字孪生视频监控方案，支持多平台视频传输，实现跨平台视频监控。

图 8-14　总线集成系统智慧安防视频监控界面

门禁系统采用网络端口集成，门禁系统的控制装置设计在各个防护分区的出入口、通道、办公室门口等位置，总线集成系统智慧安防门禁管理界面如图 8-15 所示。门禁系

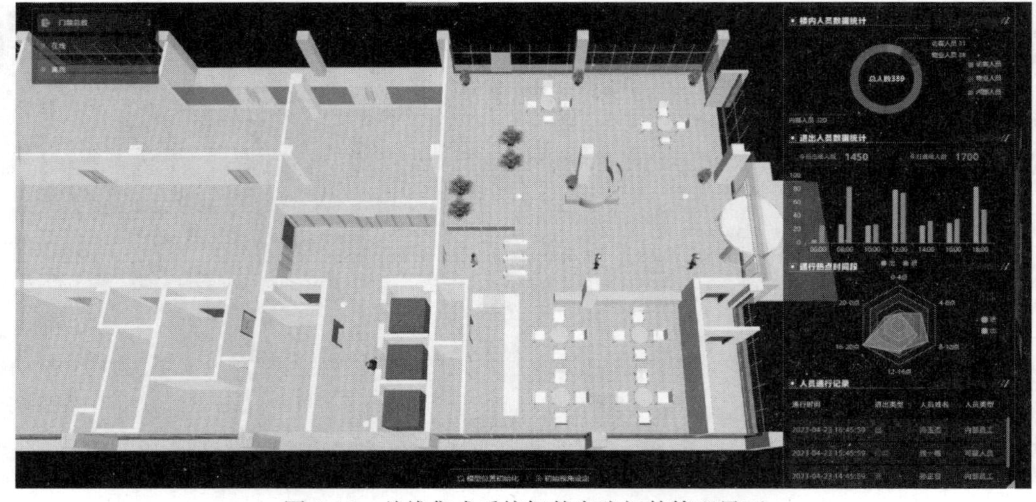

图 8-15　总线集成系统智慧安防门禁管理界面

统主要设备有：辨别装置、执行设备、管理设备。门禁系统可以独立工作，即将识别设备、执行设备总线和后台管理设备连接，作为一个单独的系统工作；也可以联网工作，即多个单独的门禁系统通过总线连接，与安防监控中心的总机通信，实现对全建筑的安防门禁管理。

（3）智慧照明

总线集成系统的智慧照明是使用Modbus技术进行集成。总线集成系统的照明系统集成界面如图8-16所示。通过实时采集照明设备的用电量、电功率等数据，总线系统将这些数据传输到层控制器。各层的控制器再通过总线上传到控制室的计算机，从而实现整体建筑的照明系统用电能耗监测。其监测结果还可以通过无线网络上传到云端，实现远程查看。

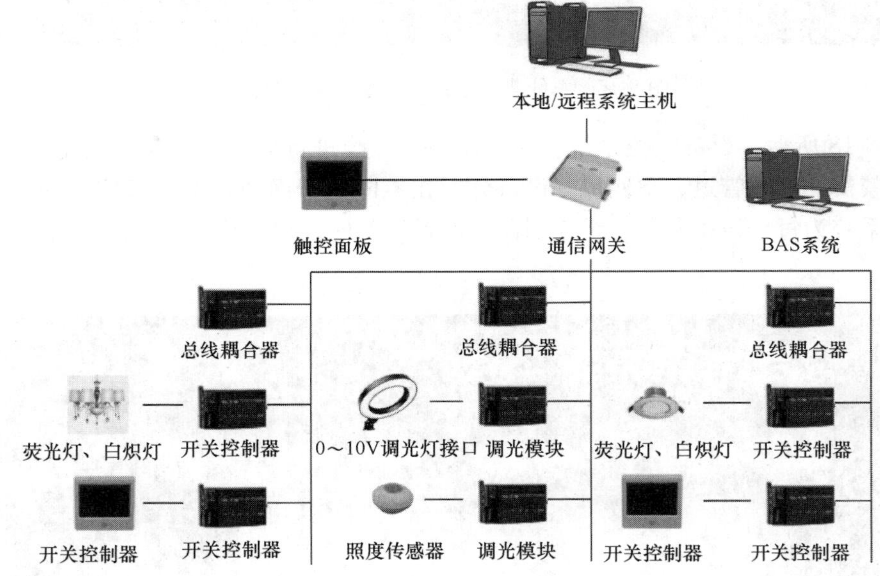

图8-16　总线集成系统的照明系统集成界面

（4）水电系统

总线集成系统的水电系统与智慧楼宇的暖通系统和空间环境管理对接，可在建筑数字孪生平台中集成查看楼宇房间的温度和用水量，实现对各类环境数据的感知，总线集成系统水电系统集成界面如图8-17所示。

水电系统使用网关集成的方式，通过双绞线通信，依托智能传感、监控和数据集采器，通过双绞线下发搜表、读表指令，水表向集采器上传温度、用水量等数据和身份识别ID、故障代码等指令，融合人与人、人与物、物与物进行大数据分析，动态调节楼宇空间内部环境。

（5）设备监控

总线集成系统的设备监控是设备子系统对设备进行实时监测和管理，结合三维模型实现设备定位、查看设备基本信息、查看设备关联摄像头等，总线集成系统的设备监控集成

图 8-17　总线集成系统水电系统集成界面

界面如图 8-18 所示。设备监控系统基于 BACnet 总线进行集成，将各种设备，如监控摄像头、门禁机、供水管道、空调机等设备分布在不同的子网中，保证通信效率和安全性。设备监控系统为每个设备安装总线控制器，设置设备地址和参数，确保每个设备都可以与总线通信。

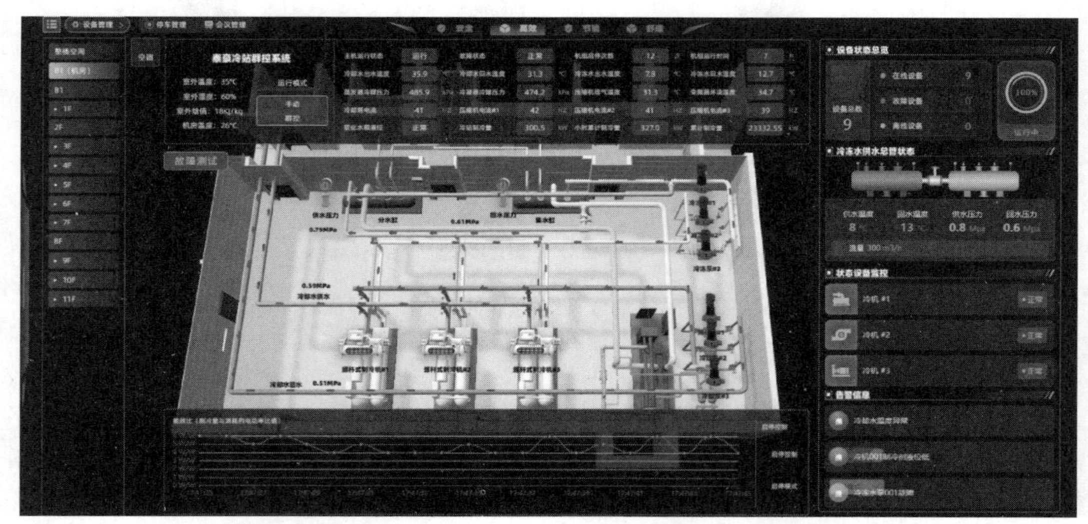

图 8-18　总线集成系统的设备监控集成界面

总线集成系统的设备监控可与三维模型结合，实现监控、门禁、水泵机、电动机等设备的空间分布位置一览，设备状态检测等功能。本系统支持设备定位与视频画面查看，以及设备台账管理资料等信息查看。

（6）停车系统

总线集成系统中的停车系统通常包括车位检测、车辆识别、停车场导航等功能。如

图 8-19所示是系统对室内外停车场的车辆情况进行实时监测和管理，结合三维模型实现车辆定位、查看停车场基本信息、查看车辆关联信息、车位数量等。

停车系统根据停车场的实际布局和设备位置，采用 CAN 总线进行集成，并与三维模型结合。配置车位检测器、车辆识别器等控制器和设备的地址和参数，确保所有设备均可与总线通信。本系统实现了停车位空间分布位置一览，车辆状态监测等功能，支持车辆定位与停车位视频画面查看等服务。停车系统的车辆进出记录是实时监测并且支持车牌、停车费管理等。

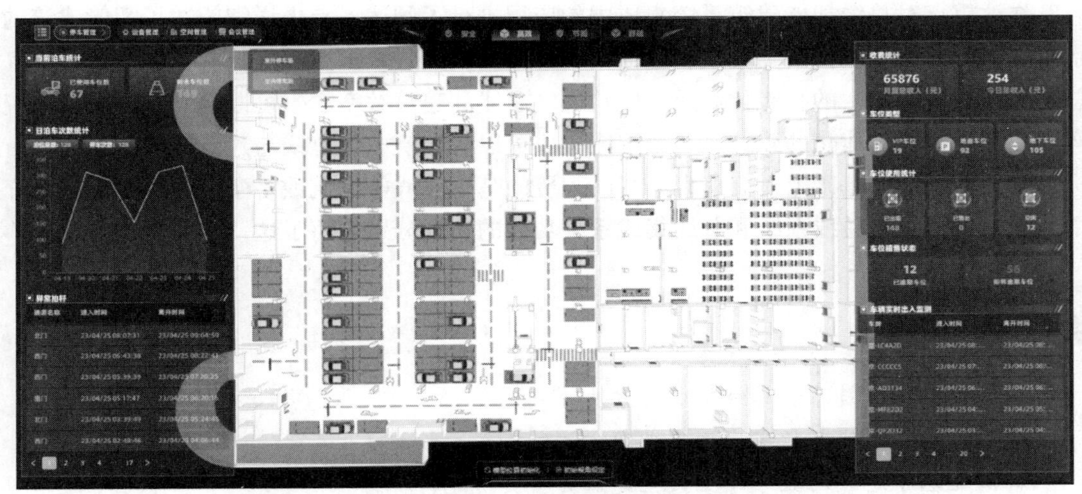

图 8-19　总线集成系统的停车管理集成界面

（7）会议系统

总线集成系统的会议系统通常包括会议状态管理、会议音视频系统、会议控制系统、投影仪、音响设备等。如图 8-20 所示是对楼宇中各会议室的会议状态和预约状态进行实时管理，实现会议时间、地点和人员信息的高效管理。

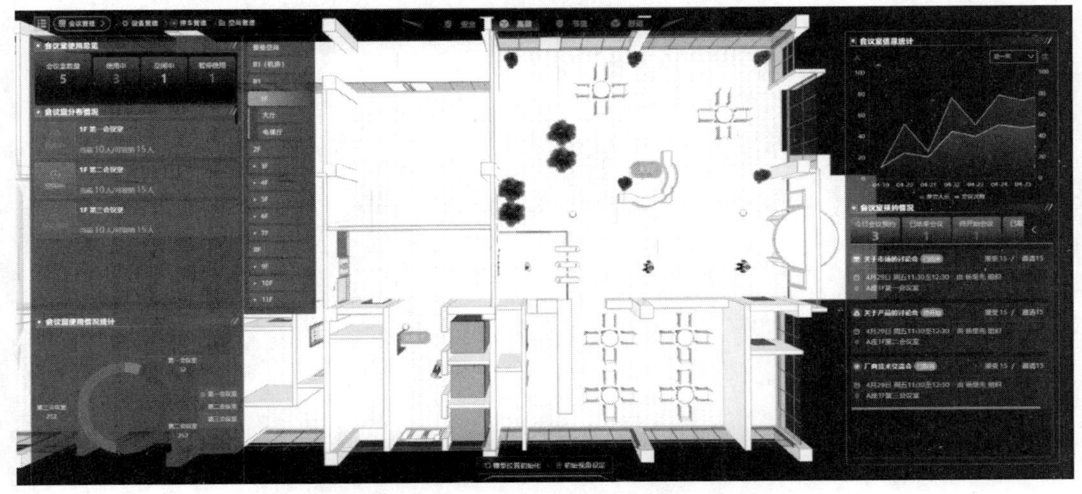

图 8-20　总线集成系统的会议系统集成界面

会议系统是根据会议的实际需求和设备类型进行选择和配置，通过建筑数字孪生的软件平台使用SDK开发包进行集成。会议系统能够将会议信息上传至云端与企业进行关联，企业可以实时查看会议室使用情况，方便企业进行会议时间、地点的预约，让企业办公更加高效便捷。

本章小结

本章重点对总线智能建筑系统集成中的应用进行了阐述。首先详细阐述了智能建筑的系统集成的方法，包括网关集成、通信集成、应用集成、数据集成。其次介绍了建筑电气总线与建筑数字孪生的智能化集成，建筑电气总线和建筑数字孪生可以通过智能集成系统实现更加高效、智能化的建筑系统。智能集成可以将建筑电气总线与建筑数字孪生进行有机结合。最后在此基础上对北京泰豪智能大厦的基于总线的建筑数字孪生典型案例进行介绍，并从项目工程总线系统和总线集成系统功能的角度分别介绍了这一经典案例。

本章习题

1. 简述智能建筑系统总线集成的方法。
2. 总结建筑总线与数字孪生集成的方法和优势。
3. 简述基于总线的数字孪生典型建筑的主要功能特征。
4. 如何确保智能建筑系统在计算机技术发展和建筑需求变化的情况下仍然具有可扩展性?
5. 讨论怎样通过建筑总线技术实现对能源系统的更有效管理和优化? 能否在系统中集成智能能源管理策略?

参 考 文 献

[1] 阳宪慧．现场总线技术及其应用[M]. 北京：清华大学出版社，2008.

[2] 谢希仁．计算机网络[M]. 北京：电子工业出版社，2021.

[3] 华镕．从 Modbus 到透明就绪：施耐德电气工业网络的协议、设计、安装和应用[M]. 北京：机械工业出版社，2009.

[4] 樊昌信，曹丽娜．通信原理[M]. 北京：国防工业出版社，2012.

[5] 金兆楠．基于 CAN 总线的智能节点[J]. 山西电子技术．2015(4)：41-43+18.

[6] 张培仁，王洪波．独立 CAN 总线控制器 SJA1000[J]. 电子设计工程，2001(1)：20-22.

[7] 贾长春．基于 SJA1000 的 CAN 总线智能节点设计[J]. 工业控制计算机，2015，28 (2)：5-6.

[8] 阳宪惠．网络化控制系统—现场总线技术[M]. 北京：清华大学出版社，2009.

[9] 李正军．EtherCAT 工业以太网应用技术[M]. 北京：机械工业出版社，2020.

[10] 李正军，李潇然．工业以太网与现场总线[M]. 北京：机械工业出版社，2022.

[11] 廉迎战．现场总线技术与工业控制网络系统[M]. 北京：机械工业出版社，2022.

[12] 郭其一，黄世泽，薛吉，等．现场总线与工业以太网应用[M]. 北京：科学出版社，2019.

[13] 李正军，李潇然．现场总线与工业以太网[M]. 北京：中国电力出版社，2018.

[14] 贾鸿莉，吴玲．现场总线技术及其应用[M]. 北京：化学工业出版社，2016.

[15] 张甜．旭隆能源大厦新风空调计算机监控系统设计[D]. 西安：西安石油大学，2019.

[16] 吴浩源．基于 KNX 总线的照明控制系统节能研究与应用[D]. 广州：华南理工大学，2020.

[17] 李少雷．基于 KNX 总线的智能照明控制系统[J]. 电子设计工程，2016，24(2)：140-141+145.

[18] 王崇，过李峤，廖勇，等．基于现场总线 KNX 的智能照明控制系统设计[J]. 物联网技术，2020，10(7)：57-58+62.

[19] Zhou X，Wang J，Guo M，et al. Cross-platform online visualization system for open BIM based on WebGL[J]. Multimedia Tools and Applications，2019(78)：28575-28590.

[20] Zhou X，Li H，Wang J，et al. CloudFAS：Cloud-based building fire alarm system using Building Information Modelling[J]. Journal of Building Engineering，2022(53)：104571.

[21] Zhou X，Sun K，Wang J，et al. Computer Vision Enabled Building Digital Twin Using Building Information Model[J]. IEEE Transactions on Industrial Informatics，2023，19(3)：2684-2692.

[22] 周小平，赵吉超，王佳作．建筑信息模型(BIM)与建筑大数据[M]. 北京：科学出版社，2020.

[23] 成明盛．OPC 技术在智能建筑领域的应用研究[J]. 铁道工程学报，2008(10)：67-69+95.

[24] 赵添．基于现场总线的智能建筑监控系统的网络结构[J]. 建筑科学，2000(2)：54-55.

[25] 中华人民共和国住房和城乡建设部．民用建筑电气设计标准：GB 51348—2019[S]. 北京：中国建筑工业出版社，2019.

[26] 中华人民共和国住房和城乡建设部．智能建筑设计标准：GB 50314—2015[S]. 北京：中国计划出版社，2015.

[27] 中华人民共和国住房和城乡建设部．建筑设计防火规范(2018 年版)：GB 50016—2014[S]. 北京：

中国计划出版社，2018.

[28] 中华人民共和国住房和城乡建设部．火灾自动报警系统设计规范：GB 50116—2013[S]. 北京：中国计划出版社，2014.

[29] 中华人民共和国住房和城乡建设部．安全防范工程技术标准：GB 50348—2018[S]. 北京：中国计划出版社，2018.